高等职业教育土建类"教、学、做"理实一体化特色教材

建筑工程计量与计价

主 编 何 俊 何军建 樊宗义

中国水利水电出版社
www.waterpub.com.cn
·北京·

内 容 提 要

本书主要内容包括：建筑工程计价基础知识；建筑工程消耗量定额；工程量清单编制；建筑工程建筑面积计算；建筑工程工程量清单计量；建筑工程工程量清单计价；综合案例等。本书编写采用了我国最新的工程造价领域的规范和标准，对工程量清单计量与计价方法进行了全面、系统的讲述，内容的深度和难度按照高水平大学建设要求，根据职业教育的特点，着重于工程造价实践应用中的建筑工程计量与计价，培养学生编制建筑工程招标工程量清单与招标控制价、投标报价的能力。

本书紧扣规范、结合实际、简明扼要，可作为高等职业院校建筑工程技术、工程造价、工程监理等土木工程类专业的教材，也可作为造价员培训教材或工程造价技术人员的自学参考书。

图书在版编目（CIP）数据

建筑工程计量与计价 / 何俊, 何军建, 樊宗义主编. -- 北京：中国水利水电出版社, 2017.1
高等职业教育土建类"教、学、做"理实一体化特色教材
ISBN 978-7-5170-5138-1

Ⅰ. ①建… Ⅱ. ①何… ②何… ③樊… Ⅲ. ①建筑工程—计量—高等职业教育—教材②建筑造价—高等职业教育—教材 Ⅳ. ①TU723.3

中国版本图书馆CIP数据核字(2017)第007292号

书　　名	高等职业教育土建类"教、学、做"理实一体化特色教材 **建筑工程计量与计价** JIANZHU GONGCHENG JILIANG YU JIJIA
作　　者	主编　何俊　何军建　樊宗义
出版发行	中国水利水电出版社 （北京市海淀区玉渊潭南路1号D座　100038） 网址：www.waterpub.com.cn E-mail: sales@waterpub.com.cn 电话：（010）68367658（营销中心）
经　　售	北京科水图书销售中心（零售） 电话：（010）88383994、63202643、68545874 全国各地新华书店和相关出版物销售网点
排　　版	中国水利水电出版社微机排版中心
印　　刷	三河市鑫金马印装有限公司
规　　格	184mm×260mm　16开本　16印张　399千字
版　　次	2017年1月第1版　2017年1月第1次印刷
印　　数	0001—2000册
定　　价	**42.00元**

凡购买我社图书，如有缺页、倒页、脱页的，本社营销中心负责调换

版权所有·侵权必究

前言

本书是安徽省地方技能型高水平大学建设项目重点建设专业——工程造价、建筑工程、工程监理专业建设与课程改革的重要成果，是"教、学、做"理实一体化特色教材。"建筑工程计量与计价"是一门实践性很强的专业课，也是高等职业院校工程造价、建筑工程、工程监理专业的核心课程之一。为增强学生的职业能力，培养高素质技能型专业人才，本书的编写着重提高学生职业岗位技能，以适应企业对于工程造价岗位职业能力的需求。因此，本书在编写过程中，按照高水平大学建设要求，力求理论联系实际，综合运用建筑工程计价的最新理论知识，以学生实践能力培养为主体，精选内容，具有以下特点：

（1）按照"教、学、做"一体化的课程编排思路，便于基于工作过程为导向的项目教学实施，注重课程内容对学生建筑工程工程量清单计量与计价实践操作能力的培养，突出了应用性。

（2）每个章节明确了学习的知识要点、任务内容与要求，列举了大量的分部分项工程案例和完整的房屋建筑工程案例，突出了新颖性和可操作性。

（3）结合国家现行《建设工程工程量清单计价规范》（GB 50500—2013）、《房屋建筑与装饰工程工程量计算规范》（GB 50854—2013）、《关于印发〈建筑安装工程费用项目组成〉的通知》（建标〔2013〕44号）、《建筑工程建筑面积计算规范》（GB/T 50353—2013）等规范、标准和房屋建筑工程实际，坚持课程内容的理论知识与实务训练有机结合，突出了先进性和实用性。

本书由安徽水利水电职业技术学院何俊、何军建、樊宗义主编，具体编写分工为：安徽水利水电职业技术学院何俊编写第5章5.1~5.8节；何军建编写第1章、第7章；樊宗义编写第5章5.9~5.13节；何芳编写第3章、第4章；胡昱玲编写第6章；谢颖编写第2章；许大勇、宛春喜编写第7章综合案例软件校核。全书由何俊统稿并校订；由安徽水利水电职业技术学院艾思平、赵慧敏审核。

本书在编写过程中引用了大量的规范、专业文献和资料，在本书中未一一注明出处，在此对有关作者深表感谢，并对所有支持和帮助本书编写的人员一致表示谢意。

限于编者的水平有限，书中难免存在不足之处，恳切希望广大读者批评指正。

编者

2016年12月

目录

前言

第1章 建筑工程计价基础知识 1
1.1 建设项目概述 1
1.2 建设工程造价基础知识 7
1.3 建筑安装工程费用项目组成 14

第2章 建筑工程消耗量定额 25
2.1 建筑工程消耗量定额的概念和分类 25
2.2 建筑工程消耗量定额编制及应用 43
思考题 56

第3章 建筑工程工程量清单编制 57
3.1 房屋建筑与装饰工程工程量清单编制 57
3.2 工程量清单编制内容 58

第4章 建筑工程建筑面积计算 67
4.1 建筑面积的概念、作用 67
4.2 建筑面积的计算 68
4.3 工程量计算规则 76

第5章 房屋建筑与装饰工程工程量清单计量 81
5.1 土石方工程 81
5.2 地基处理与边坡支护工程 89
5.3 桩基工程 92
5.4 砌筑工程 98
5.5 混凝土及钢筋混凝土工程 124
5.6 门窗工程 137
5.7 屋面及防水工程 144
5.8 保温、隔热、防腐工程 152
5.9 楼地面装饰工程 156
5.10 墙、柱面装饰与隔断、幕墙工程 165
5.11 天棚工程 172
5.12 油漆、涂料、裱糊工程 176
5.13 措施项目 180

第6章 建筑工程工程量清单计价 ……………………………………… 191
6.1 工程量清单计价概述 …………………………………………… 191
6.2 招标控制价的编制 ……………………………………………… 196
6.3 工程量清单计价方法 …………………………………………… 205
第7章 综合实例 …………………………………………………………… 215
7.1 工程量清单编制 ………………………………………………… 215
7.2 招标控制价编制 ………………………………………………… 234
参考文献 …………………………………………………………………… 249

第1章 建筑工程计价基础知识

教学重点：
(1) 建设项目的概念、分类与组成。
(2) 建设项目建设程序的主要内容及工程造价体现形式。
(3) 建设工程造价的含义、特点、作用，计价模式与基本方法。
(4) 建筑安装工程人工费、材料费、施工机具使用费、企业管理费、利润的含义与组成；建筑安装工程分部分项工程费、措施项目费、其他项目费、规费和税金的含义与组成。

教学要求：
(1) 了解建设项目的划分，建设项目在建设程序中工程造价的体现形式。
(2) 掌握建设工程造价的含义和计价方法，理解建设项目投资与建设工程造价的构成。
(3) 熟悉建筑安装工程费用按费用构成要素划分和工程造价形式划分的不同费用组成。

1.1 建 设 项 目 概 述

1.1.1 建设项目的概念

建设项目通常为基本建设项目的简称。一般是指需要一定量的投资，经过决策和实施（设计、施工）等一系列程序，在一定的约束条件（时间、资源和质量等）下，以形成固定资产为目标的建设工程项目。

建设项目一般按照一个总体设计或初步设计范围进行施工，在行政上具有独立的组织形式，经济上实行独立核算，具有独立的生产能力或使用功能。例如，一个工厂、一所学校、一所医院等。

1.1.2 建设项目的分类

1. 按建设项目的性质分类

建设项目按建设性质不同可以分为新建项目、扩建项目、改建项目、迁建项目和重建项目。

(1) 新建项目是指从无到有的项目。按照国家规定，若建设项目在原有基础上扩大建设规模后，其新增固定资产的价值超过原有固定资产价值3倍以上的，也看作新建工程项目。

(2) 扩建项目是指企事业单位在原有的基础上为扩大原有产品的生产能力或增加新产品的生产能力而投资扩大建设的项目。

(3) 改建项目是指企事业单位对原有设施、工艺条件进行技术改造、固定资产更新和相应配套的辅助工程、生活福利设施（如职工宿舍、食堂、浴室等）建设的项目。

(4) 迁建项目是指原有企事业单位，根据需要经有关部门批准搬迁到其他地方建设的项目。

(5) 重建项目是指对由于自然、战争或其他人为灾害等原因而遭到毁坏的固定资产进行重建的项目。对于尚未有固定资产的在建项目，因自然灾害损坏而重建的，不属于重建项目。

2．按建设项目的用途分类

建设项目按用途可分为生产性建设项目和非生产性建设项目。

（1）生产性建设项目是指直接用于物质生产或为了满足物质生产需要的建设项目，如工业项目、农田水利项目、交通项目、商业项目、地质勘探建设项目、房地产项目等。

（2）非生产性建设项目是指用于满足人们物质和文化生活需要的建设项目。如文化、教育、卫生、公用事业、住宅和其他建设项目等。

3．按行业特点分类

建设项目按行业性质和特点可分为竞争性项目、基础性项目和公益性项目。

（1）竞争性项目主要是指投资效益比较高、竞争性比较强的一般性建设项目。此类项目应以企业为主体投资，由企业自主决策、自担投资风险。

（2）基础性项目主要是指具有自然垄断性、建设周期长、投资额大而收益低的基础设施和需要重点扶持的基础工业项目，以及直接增强国力的符合经济规模的支柱产业项目。此类项目主要由政府组织，通过经济实体投资完成。

（3）公益性项目主要包括科技、文化、教育、卫生、体育和环保等设施，以及政府机关及社会团体办公设施等。此类项目主要由国家财政投资完成。

4．按建设项目的规模分类

建设项目按建设规模和总投资的大小可分为大型建设项目、中型建设项目和小型建设项目。具体划分标准按国家相关标准执行。

5．按建设项目建设过程分类

建设项目按建设过程可分为筹建项目、施工项目、竣工投产项目等。

6．按建设项目资金来源分类

建设项目按资金来源不同可分为国家投资项目、自筹资金项目、国家贷款投资项目、引进外资项目等。

1.1.3　建设项目的组成分解

建设工程项目是一个庞杂而又完整配套的综合性产品，为了准确确定整个建设项目的建设费用，根据基本建设管理工作和合理确定建筑安装工程造价的需要，建设项目由大到小可划分为建设项目、单项工程、单位工程、分部工程和分项工程。

1．建设项目

建设项目一般是指按照一个总体设计进行建设的各个单项工程所构成的总体，在经济上实行统一核算，行政上具有独立的组织形式，如一所学校、一所医院、一个工厂。

2．单项工程

单项工程是建设工程项目的组成部分。一个建设工程项目可以是一个单项工程，也可以包括多个单项工程。单项工程是指具有独立的设计文件，建成后可以独立发挥生产能力和使用效益的工程，如一所学校的教学楼、试验楼等。

3．单位工程

单位工程是单项工程的组成部分。单位工程是指具有独立的设计文件，可以独立组织施工，但建成后不能独立发挥生产能力和使用效益的工程，如某办公楼的土建工程、给排水工程、电气照明工程等。

4. 分部工程

分部工程是单位工程的组成部分。分部工程是指在一个单位工程中，按工程部位及使用材料和工种进一步划分的工程，如一般土建工程的土石方工程、桩与地基基础工程、砌筑工程、混凝土和钢筋混凝土工程等。

5. 分项工程

分项工程是分部工程的组成部分。分项工程是指在一个分部工程中，按不同的施工方法、不同的材料和规格，对分部工程进一步划分，用较为简单的施工过程就能完成，以适当的计量单位就可以计算工程量及其单价的建筑或设备安装工程的产品。如土方工程可以划分为平整场地、挖一般土方、挖沟槽土方、挖基坑土方、挖淤泥流沙、管沟土方等分项工程；砌筑工程划分为砖基础、实心砖墙、多孔砖墙等分项工程。分项工程没有独立存在的意义，只是为了便于计算建筑工程造价而分解出来的"假定产品"。

1.1.4　建设项目的建设程序

建设项目的建设程序是指建设项目从策划、评估、决策、设计、施工到竣工验收、投入生产或交付使用的全过程中，各项工作必须遵循的先后工作次序。它是建设项目建设过程及其规律性的反映。

1.1.4.1　建设程序的主要内容

建设项目的建设程序一般由项目投资决策阶段、实施阶段、竣工验收交付使用阶段三部分组成。各个主要阶段所包括的具体工作内容如下。

1. 项目投资决策阶段

投资决策阶段包括项目建议书、可行性研究、项目审批等内容。

（1）项目建议书。项目建议书是拟建项目单位向国家提出的要求建设某一项目的建议性文件，是对拟建项目的初步设想。项目建议书应充分论述拟建项目建设的必要性、建设条件的可行性和效益，是确定建设项目和建设方案的重要文件。

按照国家有关部门的规定，对于政府投资项目，项目建议书按要求编制完成后，应根据建设规模和限额划分分别报送有关部门审批。项目建议书经批准后，才可进行下一步的可行性研究工作。对于非政府投资项目，不需要编制项目建议书，可以直接编制可行性研究报告。

（2）可行性研究。可行性研究是指在项目决策之前，对与拟建项目有关的社会、技术、经济、工程等方面进行科学的分析和论证，同时对项目建成后的经济、社会效益进行预测和评价。可行性研究一般包括市场研究、技术研究和效益研究等内容。

可行性研究工作完成后，应编制建设项目可行性研究报告，按规定报相关职能部门审批。可行性研究报告是项目最终决策立项的重要文件，也是初步设计的重要依据。可行性研究报告经批准后，不得随意修改和变更。

（3）项目审批。按照国家有关部门的规定，政府投资项目和非政府投资项目分别实行审批制、核准制或备案制。

对于政府投资项目，政府需要从投资决策的角度审批项目建议书、可行性研究报告或资金申请报告。

对于非政府投资项目，不实行审批制。对于"政府核准的投资项目目录"中的项目，只需向政府提交项目申请报告，实行核准制；对于"政府核准的投资项目目录"以外的项目，实行备案制。

2. 项目实施阶段

项目实施阶段包括工程设计、建设准备、组织施工、生产准备等内容。

(1) 工程设计。工程设计一般采用两阶段设计，即初步设计和施工图设计。对于重大项目和技术复杂项目，可根据需要增加技术设计阶段。

1) 初步设计。初步设计是根据批准的项目可行性研究报告和必要的设计基础资料，拟定工程项目建设实施的初步方案；阐明在指定的时间、地点和投资控制限额内，拟建项目在技术上的可行性和经济上的合理性；并编制项目的总概算。

初步设计必须报送有关部门审批，经审查批准的初步设计，一般不得随意修改。初步设计不得随意改变被批准的可行性研究报告所确定的建设规模、产品方案、工程标准、建设地址和总投资等控制目标。如果初步设计提出的总概算超过可行性研究报告总投资的10%以上或其他主要指标需要变更时，应说明原因和计算依据，并重新向原审批单位报批可行性研究报告。

2) 技术设计。技术设计根据初步设计和详细的调查研究资料编制；以进一步解决初步设计中的重大技术问题，使工程项目的设计更具体、更完善，技术指标更好；并编制项目的修正总概算。

3) 施工图设计。施工图设计根据初步设计或技术设计的要求编制；是将初步设计中确定的设计原则和设计方案进一步具体化、明确化，完整地表现建筑物外形、内部使用功能、结构体系、构造状况、建筑设备以及工程各构成部分的尺寸、布置，以图样及文字的形式加以确定的设计文件。

施工图设计完成后，建设单位应当将施工图报送有关施工图审查机构审查。任何单位或者个人不得擅自修改审查合格的施工图。

(2) 建设准备。建设项目在开工建设之前要切实做好各项准备工作，其主要内容如下：

1) 征地和拆迁。

2) 四通一平：包括工程施工现场的水通、电通、路通、通信通和场地平整工作。

3) 组织招标选择工程监理单位、承包单位及设备、材料供应商。

4) 建造施工现场建设工程临时设施及各项资料准备。

5) 办理工程各项开工手续，包括工程质量监督手续和施工许可证。

(3) 组织施工。工程项目经批准新开工建设，即进入施工安装阶段。这是项目决策的实施、建成投产、发挥效益的关键环节。项目新开工建设时间，是指建设项目设计文件中规定的任何一项永久性工程第一次正式破土开槽开始施工的日期。不需要开槽的工程，以建筑物的基础正式开始打桩作为开工日期；铁路、公路、水利等需要大量土石方工程的工程，以开始进行土石方工程作为正式开工日期。分期建设的项目分别按各期工程开工的日期计算。

组织施工活动应按照工程设计要求、施工合同条款、有关工程建设法律（法规、规范、标准）及施工组织设计，在保证工程质量、工期、成本、安全、环保等目标的前提下进行，达到竣工验收标准要求，经过竣工验收后，由施工承包单位移交给建设单位。

(4) 生产准备。对于生产性建设工程项目，生产准备是建设单位在项目投产前进行的一项重要工作，是项目建设转入生产经营的必要条件。一般应包括以下主要内容：

1) 设备调试与验收。
2) 招收和培训生产人员。
3) 组织准备、技术准备、物资准备等。

3. 竣工验收交付使用阶段

竣工验收交付使用阶段包括竣工验收、项目后评价等内容。

（1）竣工验收。项目竣工验收阶段是建设项目建设完成的标志，它是全面考核建设成果，检查工程是否符合设计要求和工程质量的重要环节，也是投资成果转入生产或使用的标志。

当工程项目按设计文件的规定内容和施工图纸的要求全部建完后，经过各单位工程的验收，符合设计要求，并具备竣工图、竣工决算、工程总结等必要的文件资料，由项目主管部门或建设单位向负责验收的单位提出竣工验收申请报告。

按照国家有关规定，特别重要的项目，由国务院批准组织国家验收委员会验收；大中型项目，由各部门、各地区组织验收；小型项目，由主管单位组织验收。建设项目竣工验收可以是单项工程验收，也可以是全部工程验收。建设单位应当自工程竣工验收合格之日起 15 日内向工程所在地县级以上人民政府建设主管部门备案。

（2）项目后评价。项目后评价是建设项目实施阶段管理的延伸，是对建设项目建设和运营是否达到投资决策时所确定的实际效果、经济效益、社会效益、环境保护等目标的判断、总结和评估。通过项目后评价可以综合反映建设项目在建设和经营管理各环节工作中的成效和存在的问题，并为以后改进和提高建设工程项目管理水平、制订科学的工程项目建设计划提供依据。

在实际工作中，通常从过程后评价和效益后评价两个方面对建设工程项目进行后评价。

1.1.4.2 建设程序不同阶段的工程造价形式

建设项目在工程建设程序的不同阶段需对建设工程中所支出的各项费用进行准确合理的计算和确定，根据编制阶段、编制依据和编制目的的不同，建筑工程项目的费用分别体现为建设项目投资估算、设计概算、施工图预算、施工预算、工程结算、竣工决算等。

1. 投资估算

投资估算是指在整个投资决策过程中，由建设单位或其委托的咨询机构根据项目建议书或可行性研究报告、估算指标和类似工程的有关资料，对建设项目的投资数额进行的估计计算的费用文件。

投资估算是项目建设前期编制项目建议书和可行性研究报告的重要组成部分，是进行建设项目技术经济评价和投资决策的基础。被批准后的投资估算是建设项目投资的最高限额，一般不得随意突破。

2. 设计概算

设计概算是指在初步设计或扩大初步设计阶段，由设计单位根据初步设计方案、概算定额或概算指标、各项费用定额或取费标准、设备和材料的价格等资料编制和确定的建设项目从筹建到竣工验收所需全部费用的文件。它是设计文件的重要组成部分，一般可分为单位工程概算、单项工程综合概算和建设项目总概算。

设计概算是编制固定资产投资计划、确定和控制建设项目投资的依据，是实行投资包干和办理工程拨款、贷款的依据，是评价设计方案经济合理性和选择最佳设计方案的依据，是控制施工图设计和施工图预算的依据,是考核建设项目投资效果的依据。

3. 施工图预算

施工图预算是指在施工图设计阶段,当施工图设计完成后、工程开工前,根据已批准的施工图纸、现行的规范、定额、单位估价表及各种费用和取费标准等有关资料,在既定的施工方案或施工组织设计的前提下,编制和确定建筑安装工程全部建设费用的技术经济文件。

施工图预算是检验设计方案经济合理性的依据,是确定招标控制价、投标报价和合同价的依据,是控制工程投资、拨付工程款、工程结算和竣工决算的依据,是编制施工计划、施工成本控制、加强经济核算和施工管理的依据。

4. 施工预算

施工预算是指在工程施工前,施工单位根据施工图纸、施工定额、施工组织设计等相关资料,编制完成一个单位工程所需费用的经济文件。

施工预算是施工企业内部的一种技术经济文件,是施工企业进行施工准备、编制施工作业计划、加强内部经济核算的依据,是向班组签发施工任务单、考核单位用工、限额领料的依据,是企业开展经济活动分析、进行"两算"对比、控制工程成本的主要依据。

5. 工程结算

工程结算是指施工单位在工程实施过程中,依据建设工程的发(承)包合同中有关付款约定条件,按照规定的程序向建设单位收取工程预付款、进度款和竣工结算价款的一项经济活动。

工程结算是该工程的实际价格,一般分为工程中间结算和竣工结算。工程结算是施工企业核算工程成本、进行计划统计和经济核算的依据,是施工企业结算工程价款、确定工程收入的依据,也是建设单位编制工程竣工决算的主要依据。

6. 竣工决算

竣工决算是指建设项目或单项工程竣工经验收合格后,建设单位根据竣工结算资料编制的反映建设项目或单项工程从筹建到竣工验收、交付使用全过程中实际建设成本的技术经济文件。

竣工决算是建设项目的最终实际工程造价,是工程竣工验收、交付使用的重要依据,是建设单位办理新增固定资产的主要依据,是建设项目投资管理的重要环节,是考核建设项目执行水平的基础资料。

基本建设程序与工程造价形式对照如图1.1所示。

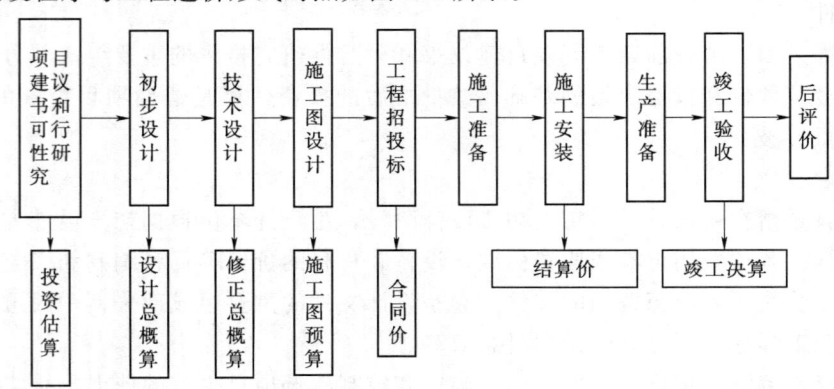

图1.1 基本建设程序与工程造价形式对照示意图

1.2 建设工程造价基础知识

1.2.1 建设工程造价简述

1.2.1.1 工程造价的含义

建筑工程造价即建筑工程产品的价格。市场经济条件下，工程造价通常有两种含义。

（1）从投资者的角度理解，工程造价是指建设一项工程的全部固定资产投资费用。通常包括以下费用：

1) 工程费用。包括建筑安装工程费、设备及工器具购置费。

2) 工程建设其他费用。包括固定资产其他费用、无形资产费用和其他资产费用。

3) 预备费。包括基本预备费和涨价预备费。

4) 建设期利息。

（2）从承发包方的角度理解，工程造价是指建设一项工程的承发包价格。它是在建筑市场上通过招投标，由发包方和承包方共同认可的价格，如建筑安装工程造价。

1.2.1.2 工程造价的特点

由工程建设的特点所决定，建设工程造价具有以下特点。

1. 大额性

任何一项建设工程，不仅实物形态庞大，且需较大投资金额。工程造价的大额性关系到多方面的经济利益，同时也对社会宏观经济产生重大影响。

2. 单个性（个别性、差异性）

任何一项建设工程都有特殊的用途，其功能、用途各不相同，因而，使得每一项工程的结构、造型、平面布置、设备配置和内外装饰都有不同的要求。工程内容和实物形态的个别差异性决定了工程造价的单个性。

3. 动态性

任何一项建设工程从决策到竣工交付使用，都有一个较长的建设期，在这一期间，如工程变更、材料价格、费率、利率、汇率等会发生变化，这种变化必然会影响工程造价的变动，直至竣工决算后才能最终确定工程造价。

4. 层次性

一个建设项目往往含有多个单项工程，一个单项工程又由多个单位工程组成。与此相适应，工程造价也由三个层次相对应，即建设项目总造价、单项工程造价和单位工程造价。

5. 阶段性（多次性）

建设工程周期长、规模大、造价高，不能一次确定可靠的价格，要在建设程序的各个阶段进行多次性计价，以保证工程造价确定和控制的科学性，逐步接近最终工程造价的过程。如投资估算、设计概算、施工图预算、工程结算、竣工决算等。

1.2.1.3 工程造价的职能和作用

1. 预测职能

工程造价对于投资者是工程项目决策和资金准备的依据，对于承包商是确定工程投标决策和投标报价的依据。

2. 控制职能

工程造价对于投资者是控制工程项目投资的依据，对于承包商是控制工程项目成本的依据。

3. 评价职能

工程造价是评价项目投资效果的重要指标，也是评价建设工程项目管理水平和经营成果的重要依据。

1.2.2 建设工程造价计价方法

1.2.2.1 建设工程计价模式

我国现行的建筑工程计价模式有定额计价模式和工程量清单计价模式。

1. 定额计价模式

（1）定额计价模式的概念。定额计价模式是我国传统的计价模式，在招投标时，不论是作为招标标底，还是投标报价，其招标人和投标人都需要按国家规定的统一的工程量计算规则计算工程数量，然后按建设行政主管部门颁布的预算定额计算人工、材料、机械的费用，再按有关费用标准记取其他费用，汇总后得到的工程造价。

（2）定额计价模式下建筑工程计价文件的编制方法。编制方法通常有两种：单价法和实物法。

2. 工程量清单计价模式

（1）工程量清单计价模式的概念。工程量清单计价是在建设工程招标投标工作中，招标人自行或委托具有资质的中介机构编制工程量清单，并作为招标文件的一部分提供给投标人，由投标人依据工程量清单自主报价，经评审合理低价中标的工程造价计价方式。

（2）工程量清单计价方法。

工程量清单计价是指投标人完成由招标人提供的工程量清单所需的全部费用，包括分部分项工程费、措施项目费、其他项目费、规费和税金。

工程量清单计价应采用综合单价，综合单价指完成一个规定清单项目或措施清单项目所需的人工费、材料费和工程设备费、施工机械使用费和企业管理费及利润，以及一定范围内的风险费用。

（3）工程量清单计价特点。

1）提供了一个平等的竞争条件。

2）满足竞争的需要。

3）有利于工程款的拨付和工程造价的最终确定。

4）有利于实现风险的合理分担。

5）有利于业主对投资的控制。

3. 工程量清单计价与定额计价的区别与联系

（1）清单计价与定额计价的区别。

1）计价依据不同。

2）"量""价"确定方式不同。

3）反映的成本不同。

4）风险承担人不同。

5）项目名称划分不同。

(2) 清单计价与定额计价的联系。

1)"计价规范"中清单项目的设置,参考了全国统一定额的项目划分,注意使清单计价项目设置与定额计价项目的衔接,以便于推广工程量清单计价模式的使用。

2)"计量规范"附录中的"工程内容"基本上取自原定额项目(或子目)设置的工作内容,它是综合单价的组价内容。

3)工程量清单计价,企业需要根据自己的企业实际消耗成本报价,在目前多数企业没有企业定额的情况下,现行全国统一定额或各地区建设主管部门发布的预算定额(或消耗量定额)可作为重要参考。

1.2.2.2 建设工程计价方法

我国现行的工程造价计价方法有:单价法和实物法两种。

1. 单价法

单价法编制工程造价在定额计价模式和工程量清单计价模式下又分为工料单价法与综合单价法。

(1)工料单价法。工料单价法首先根据施工图纸和计价定额要求计算相应的分项工程工程量,套用计价定额中的定额单价得出定额直接费,再按照规定程序计算出其他各项相关费用及利润和税金,最后汇总形成单位工程的工程造价。即

$$单位工程造价 = \sum(分项工程量 \times 定额单价) \times (1 + 各种费用的费率 + 利润率) \times (1 + 税金率)$$

其中 定额单价 = 人工费 + 材料费 + 机械使用费

(2)综合单价法。综合单价法首先根据施工图纸和相关专业工程工程量计算规范要求计算相应的分项工程实物工程量和各项工程量清单(由招标方完成),根据施工组织设计和计价规范得出的综合单价计算出分部分项工程费,再按照规定程序计算出措施项目费、其他项目费、规费、税金等其他费用,最后汇总形成单位工程的工程造价。即

$$单位工程造价 = [\sum(分部分项工程量 \times 综合单价) + 措施项目费 + 其他项目费 + 规费] \times (1 + 税金率)$$

其中 综合单价 = 人工费 + 材料费 + 施工机具使用费 + 企业管理费 + 利润 + 风险费

2. 实物法

实物法首先根据施工图纸计算出各分项工程的实物工程量,然后套用相应定额分别计算其人工、材料、机械台班的消耗量,再分别乘以工程所在地当时的人工、材料、机械台班的市场价,求出单位工程的人工费、材料费和施工机械使用费,并汇总得出直接工程费,再按照规定程序计算出其他各项相关费用及利润和税金,最后汇总形成单位工程的工程造价。即

$$单位工程造价 = [\sum(分项工程量 \times 定额人工用量 \times 当时当地的人工单价) \\ + \sum(分项工程量 \times 定额材料用量 \times 当时当地的材料单价) \\ + \sum(分项工程量 \times 定额机械台班用量 \times 当时当地的机械台班单价)] \\ \times (1 + 各种费用的费率 + 利润率) \times (1 + 税金率)$$

1.2.3 建设工程造价的构成

建设项目投资是指在工程项目建设阶段所需要的全部费用的总和。生产性建设项目总投资包括固定资产投资(建设投资、建设期利息)和流动资产投资(流动资金);非生产性建设项目总投资指固定资产投资(工程造价)。

我国现行建设工程总投资构成如图1.2所示。

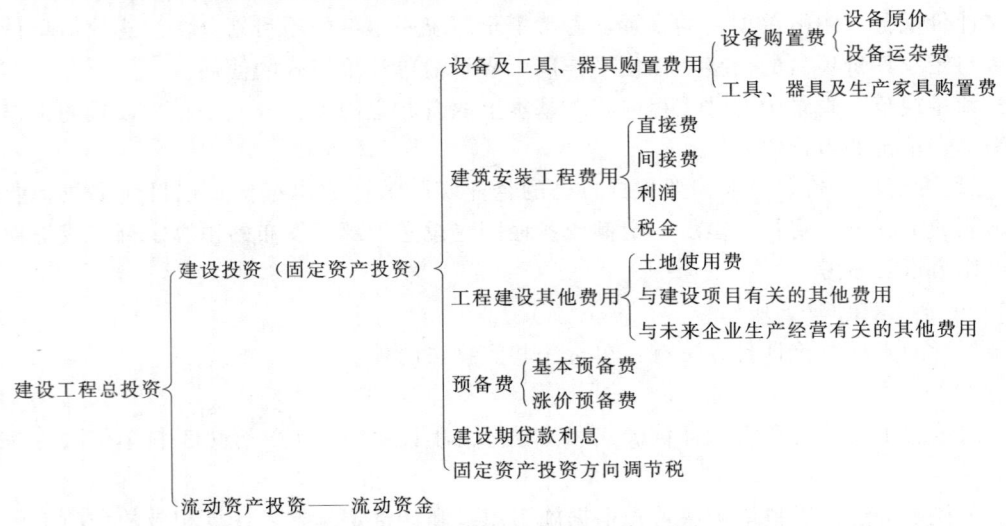

图1.2 我国现行建设工程总投资构成

1.2.3.1 建筑安装工程费用

建筑安装工程费用多为工程施工招投标过程中的建筑工程造价，是建设项目工程造价的重要组成部分，是确定单项工程造价的重要依据。一般包括建筑工程费用和安装工程费用。

1. 建筑工程费用

建筑工程费用是指包括房屋建筑物、构筑物及附属工程等在内的各种工程费用。具体包括以下内容：

（1）各类房屋建筑工程和列入房屋建筑工程预算的供水、供暖、卫生、通风、煤气等设备费用，各种管道、电力、电信和电缆导线敷设工程费用，油饰工程的费用。

（2）设备基础、工作台、烟囱、水塔、水池等建筑工程以及各种炉窑的砌筑工程和金属结构工程的费用。

（3）为施工而进行的工程、水文地质勘察，原有建筑物和障碍物的拆除及场地平整，施工临时用水、电、气、路和完工后的场地清理，环境绿化、美化等费用。

（4）矿井开凿、井巷延伸、露天矿剥离，石油、天然气钻井，修建铁路、公路、桥梁、水库、堤坝、灌渠及防洪等工程的费用。

2. 安装工程费用

安装工程费是指各种机械设备安装及其附属工程的费用。具体包括以下内容：

（1）生产、动力、起重、运输、传动、医疗、实验等各种需要安装的机械设备的装配费用，与设备相关的工作台、梯子、栏杆、附属的管线敷设、绝缘、防腐、保温、油漆等设施工程费用。

（2）为测定安装工程质量，对单台设备进行单机试运转、对系统设备进行系统联动无负荷试运转工作的调试费。

1.2.3.2 设备及工具、器具购置费用

设备及工具、器具（简称工器具）费用由设备购置费和工器具及生产家具购置费组成。它是建设项目工程造价中的积极组成部分。在生产性工程建设中，设备及工器具购置费用占

工程造价比重的增大，意味着生产技术的进步和资本有机构成的提高。

1. 设备购置费

设备购置费是指为建设项目购置或自制的达到固定资产标准的各种国产或进口设备、工器具的购置费用。由设备原价和设备运杂费构成。

$$设备购置费＝设备原价＋设备运杂费＝设备原价×(1＋设备运杂费率)$$

2. 工器具及生产家具购置费

工器具及生产家具购置费是指新建或扩建项目初步设计规定的，保证初期正常生产必须购置的没有达到固定资产标准的设备、仪器、工卡模具、器具、生产家具和备件等的购置费用。一般以设备购置费为计算基数，按照部门或行业规定的工器具及生产家具费率计算。

$$工器具及生产家具购置费＝设备购置费×定额费率$$

1.2.3.3 工程建设其他费用

工程建设其他费用是指从工程筹建到工程竣工验收、交付生产使用的整个建设期间，为保证工程建设顺利完成和交付使用后能够正常发挥效用而发生的各项费用。工程建设其他费用按资产属性分为固定资产其他费用、无形资产费用和其他资产费用。

1. 固定资产其他费用

（1）建设管理费。建设管理费是指建设单位从项目筹建开始直至工程竣工验收合格或交付使用为止的项目建设管理费用。其费用包括以下各项：

1）建设单位管理费。是指建设单位发生的管理性质的各项开支。包括工作人员工资、工资性补贴、施工现场津贴、职工福利费、住房基金、基本养老保险费、基本医疗保险费、失业保险费、工伤保险费、办公费、差旅交通费、劳动保护费、工具用具使用费、固定资产使用费、必要的办公及生活用品购置费、必要的通信设备及交通工具购置费、零星固定资产购置费、招募生产工人费、技术图书资料费、业务招待费、设计审查费、工程招标费、合同契约公证费、法律顾问费、咨询费、完工清理费、竣工验收费、印花税和其他管理性质开支。

2）工程监理费。是指建设单位委托工程监理单位实施工程监理的费用。

3）工程质量监督费。是指工程质量监督检验部门检验工程质量而收取的费用。

4）招标代理费。是指建设单位委托招标代理单位进行工程、设备材料和服务招标支付的服务费用。

5）工程造价咨询费。是建设单位委托具有相应资质的工程造价咨询企业进行工程建设项目的投资估算、设计概算、施工图预算、招标控制价、工程结算等或进行工程建设全过程造价控制与管理所发生的费用。

（2）建设用地费。建设用地费即土地使用费，是指建设项目征用或租用土地所应支付的土地征用及迁移补偿费或土地使用权出让金。

1）土地征用及迁移补偿费。是指建设项目通过划拨方式取得无限期土地使用权，按照《中华人民共和国土地管理法》等规定所需支付的费用。具体包括土地补偿费、青苗补偿费和被征用土地上的附着物补偿费、安置补助费、耕地占用税或城镇土地使用税、土地登记费及征地管理费、征地动迁费、水利水电工程水库淹没处理补偿费等。

2）土地使用权出让金。是指建设项目通过土地使用权出让方式取得有限期土地使用权，按照《中华人民共和国城镇国有土地使用权出让和转让暂行条例》规定支付的土地使用权出让金。

(3) 可行性研究费。可行性研究费是指在建设项目前期工作中，编制和评估项目建议书（或预可行性研究报告）、可行性研究报告所需的费用。

(4) 研究试验费。研究试验费是指为本建设项目提供或验证设计数据、资料等进行必要的研究试验及按照设计规定在建设过程中必须进行试验、验证所需的费用。

(5) 勘察设计费。勘察设计费是指委托勘察设计单位进行工程水文地质勘察、工程设计所发生的各项费用。具体包括工程勘察费、初步设计费（基础设计费）、施工图设计费（详细设计费）、设计模型制作费。

(6) 环境影响评价费。环境影响评价费是指按照《中华人民共和国环境保护法》《中华人民共和国环境影响评价法》等规定，为全面、详细地评价本建设项目对环境可能产生的污染或造成的重大影响所需的费用。具体包括编制环境影响报告书（含大纲）、环境影响报告表和评估环境影响报告书（含大纲）、评估环境影响报告表等所需的费用。

(7) 劳动安全卫生评价费。劳动安全卫生评价费是指按照劳动部《建设项目（工程）劳动安全卫生监察规定》和《建设项目（工程）劳动安全卫生预评价管理办法》的规定，为预测和分析建设项目存在的职业危险、危害因素的种类和危险危害程度，并提出先进、科学、合理可行的劳动安全卫生技术和管理对策所需的费用。具体包括编制建设项目劳动安全卫生预评价大纲和劳动安全卫生预评价报告书，以及为编制上述文件所进行的工程分析和环境现状调查等所需的费用。

(8) 场地准备及临时设施费。场地准备及临时设施费包括场地准备费和临时设施费。

1) 场地准备费。是指建设项目为达到工程开工条件所发生的场地平整和对建设场地内其他设施进行拆除清理的费用。

2) 临时设施费。是指为满足施工建设需要而供应到场地界区的临时水、电、路、通信等其他工程费用和建设单位的现场临时建筑物的搭设、维修、拆除、摊销或建设期间的租赁费用，以及施工期间专用公路养护费、维修费。

(9) 引进技术和引进设备其他费。引进技术和引进设备其他费是指引进技术和设备发生的未计入设备费的费用。具体内容包括：引进项目图纸资料翻译复制费、备品备件测绘费，出国人员费用，国外工程技术人员来华费用，银行担保及承诺费等。

(10) 工程保险费。工程保险费是指建设项目在建设期间根据需要对建筑工程、安装工程、机器设备和人身安全进行投保而发生的保险费用。具体内容包括建筑安装工程一切险、引进设备财产保险和人身意外伤害险等。

(11) 联合试运转费。联合试运转费是指新建项目或新增加生产能力的工程，在交付生产前按照批准的设计文件所规定的工程质量标准和技术要求，进行整个生产线或装置的负荷联合试运转或局部联动试车所发生的费用净支出（试运转支出大于收入的差额部分费用）。

(12) 特殊设备安全监督检验费。特殊设备安全监督检验费是指在施工现场组装的锅炉及压力容器、消防设备、燃气设备、电梯等特殊设备和设施，由安全监察部门按照有关安全监察条例和实施细则及设计技术要求进行安全检验，应由建设项目支付的、向安全监察部门缴纳的费用。

(13) 市政公用设施费。市政公用设施费是指使用市政公用设施的建设项目，项目建设单位按照项目所在地省一级人民政府有关规定建设或缴纳的市政公用设施建设配套费用，以及绿化工程补偿费用。

2. 无形资产费用

无形资产费用是指直接形成无形资产的建设投资，主要是指专利及专有技术使用费。具体包括以下各项：

（1）国外设计及技术资料费，引进有效专利、专有技术使用费和技术保密费。

（2）国内有效专利、专有技术使用费。

（3）商标使用费和特许经营权费等。

3. 其他资产费用

其他资产费用主要是指生产准备及开办费。即建设项目为保证正常生产或使用而发生的人员培训费、提前进厂费，以及投产使用初期必备的生产办公、生活家具用具、工器具等购置费用。具体包括以下各项：

（1）人员培训费及提前进厂费。包括自行组织培训或委托其他单位培训的人员工资、工资性补贴、职工福利费、差旅交通费、劳动保护费、学习资料费等。

（2）为保证初期正常生产或使用所必需的生产办公、生活家具用具购置费。

（3）为保证初期正常生产或使用必需的第一套不够固定资产标准的生产工器具、用具购置费（不包括备品备件费）。

1.2.3.4 预备费

在编制建设项目投资估算、设计概算时，除工程费用、工程建设其他费用以外，还应计算预备费、建设期贷款利息。按我国现行规定，预备费包括基本预备费和涨价预备费。

1. 基本预备费

基本预备费是指在编制建设项目投资估算、设计概算时，针对项目实施过程中可能发生难以预料的支出而需要事先预留的费用，又称工程建设不可预见费。具体包括以下各项：

（1）在批准的初步设计范围内，技术设计、施工图设计及施工过程中所增加的工程费用；设计变更、局部地基处理等增加的费用。

（2）一般自然灾害造成的损失和预防自然灾害所采取的措施费用。

（3）竣工验收时为鉴定工程质量对隐蔽工程进行必要的挖掘和修复费用。

基本预备费是按工程费用和工程建设其他费用二者之和为计取基础，乘以基本预备费费率进行计算。即

$$基本预备费 = (工程费用 + 工程建设其他费用) \times 基本预备费费率$$

2. 涨价预备费

涨价预备费是指针对建设项目在建设期间内由于人工、材料、设备、施工机械等价格变化引起工程造价变化而事先预留的费用，又称价差预备费或价格变动不可预见费。具体内容包括人工、材料、设备、施工机械的价差费，建筑安装工程费及工程建设其他费用调整，利率、汇率调整等增加的费用。

涨价预备费一般根据国家规定的投资综合价格指数，以估算年份价格水平的投资额为基数，根据价格变动趋势，预测年均投资价格上涨率，采用复利方法计算。

1.2.3.5 建设期利息

建设期利息是指工程项目在建设期间内发生并计入固定资产的利息，主要是指在项目建设期发生的支付银行贷款、出口信贷、债券等的借款利息和融资费用。

建设期贷款利息一般根据建设期资金用款计划，按当年借款在当年年中支用考虑，即当

年借款按半年计息，上年借款按全年计息。利用国外贷款的利息计算中，还应考虑贷款协议中向贷款方收取的手续费、管理费和承诺费，以及国内代理机构经国家主管部门批准的以年利率的方式向贷款方收取的转贷费、担保费和管理费等。

1.3 建筑安装工程费用项目组成

为适应深化工程计价改革的需要，根据国家有关法律、法规及相关政策，在总结原建设部、财政部《关于印发〈建筑安装工程费用项目组成〉的通知》（建标〔2003〕206 号）（以下简称《通知》）执行情况的基础上，国家住房和城乡建设部、财政部联合下达了《关于印发〈建筑安装工程费用项目组成〉的通知》（建标〔2013〕44 号），具体规定如下。

1.3.1 建筑安装工程费（按费用构成要素划分）

建筑安装工程费用项目按费用构成要素组成划分为人工费、材料费、施工机具使用费、企业管理费、利润、规费和税金，如图 1.3 所示。

1.3.1.1 人工费

人工费是指按工资总额构成规定，支付给从事建筑安装工程施工的生产工人和附属生产单位工人的各项费用，内容包括如下几个方面。

1. 计时工资或计件工资

计时工资或计件工资是指按计时工资标准和工作时间或对已做工作按计件单价支付给个人的劳动报酬。

2. 奖金

奖金是指对超额劳动和增收节支支付给个人的劳动报酬。如节约奖、劳动竞赛奖等。

3. 津贴补贴

津贴补贴是指为了补偿职工特殊或额外的劳动消耗和因其他特殊原因支付给个人的津贴，以及为了保证职工工资水平不受物价影响支付给个人的物价补贴。如流动施工津贴、特殊地区施工津贴、高温（寒）作业临时津贴、高空津贴等。

4. 加班加点工资

加班加点工资是指按规定支付的在法定节假日工作的加班工资和在法定日工作时间外延时工作的加点工资。

5. 特殊情况下支付的工资

特殊情况下支付的工资是指根据国家法律、法规和政策规定，因病、工伤、产假、计划生育假、婚丧假、事假、探亲假、定期休假、停工学习、执行国家或社会义务等原因按计时工资标准或计时工资标准的一定比例支付的工资。

1.3.1.2 材料费

材料费是指施工过程中耗费的原材料、辅助材料、构配件、零件、半成品或成品、工程设备的费用，内容包括如下几个方面。

1. 材料原价

材料原价是指材料、工程设备的出厂价格或商家供应价格。

2. 运杂费

运杂费是指材料、工程设备自来源地运至工地仓库或指定堆放地点所发生的全部费用。

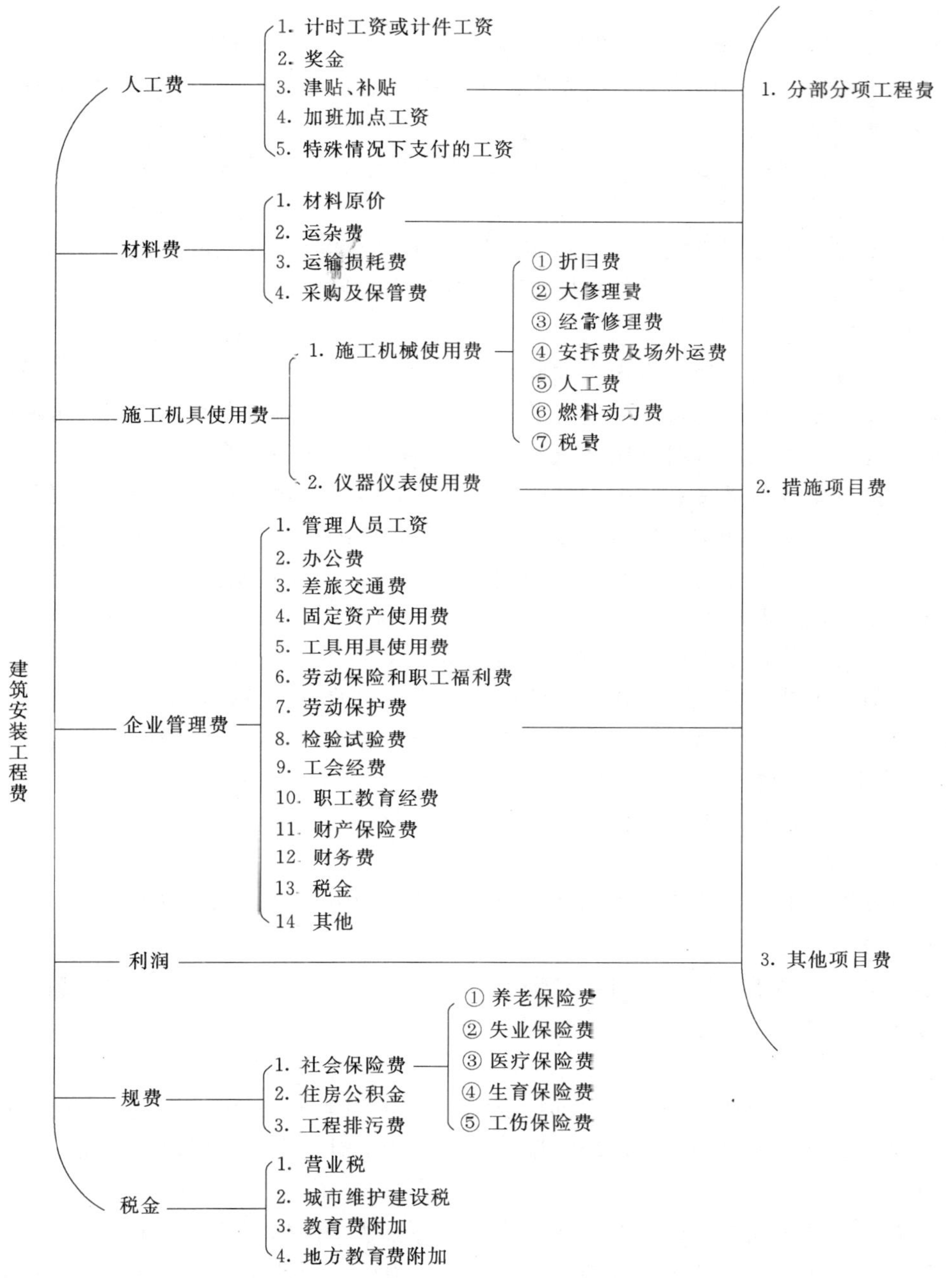

1.3 建筑安装工程费用项目组成

```
                  ┌ 1. 计时工资或计件工资
                  │ 2. 奖金
           人工费 ─┤ 3. 津贴、补贴                                   ┌ 1. 分部分项工程费
                  │ 4. 加班加点工资
                  └ 5. 特殊情况下支付的工资

                  ┌ 1. 材料原价
           材料费 ─┤ 2. 运杂费
                  │ 3. 运输损耗费
                  └ 4. 采购及保管费
                                        ┌ ① 折旧费
                                        │ ② 大修理费
                                        │ ③ 经常修理费
                  ┌ 1. 施工机械使用费 ──┤ ④ 安拆费及场外运费
       施工机具    │                    │ ⑤ 人工费
        使用费  ──┤                    │ ⑥ 燃料动力费
                  │                    └ ⑦ 税费
                  └ 2. 仪器仪表使用费                                 ├ 2. 措施项目费

                  ┌ 1. 管理人员工资
                  │ 2. 办公费
                  │ 3. 差旅交通费
                  │ 4. 固定资产使用费
                  │ 5. 工具用具使用费
                  │ 6. 劳动保险和职工福利费
                  │ 7. 劳动保护费
建筑     企业管理费┤ 8. 检验试验费
安装              │ 9. 工会经费
工程              │ 10. 职工教育经费
费                │ 11. 财产保险费
                  │ 12. 财务费
                  │ 13. 税金
                  └ 14. 其他

           利润                                                     └ 3. 其他项目费
                                        ┌ ① 养老保险费
                                        │ ② 失业保险费
                  ┌ 1. 社会保险费 ──────┤ ③ 医疗保险费
           规 费 ─┤ 2. 住房公积金      │ ④ 生育保险费
                  └ 3. 工程排污费       └ ⑤ 工伤保险费

                  ┌ 1. 营业税
           税 金 ─┤ 2. 城市维护建设税
                  │ 3. 教育费附加
                  └ 4. 地方教育费附加
```

图 1.3　建筑安装工程费用项目组成（按费用构成要素划分）

3. 运输损耗费

运输损耗费是指材料在运输装卸过程中不可避免的损耗。

4. 采购及保管费

采购及保管费是指为组织采购、供应和保管材料、工程设备的过程中所需要的各项费用。包括采购费、仓储费、工地保管费和仓储损耗。

工程设备是指构成或计划构成永久工程一部分的机电设备、金属结构设备、仪器装置及其他类似的设备和装置。

1.3.1.3 施工机具使用费

施工机具使用费是指施工作业所发生的施工机械、仪器仪表使用费或其租赁费。

1. 施工机械使用费

以施工机械台班耗用量乘以施工机械台班单价表示，施工机械台班单价应由下列七项费用组成：

（1）折旧费。指施工机械在规定的使用年限内，陆续收回其原值的费用。

（2）大修理费。指施工机械按规定的大修理间隔台班进行必要的大修理，以恢复其正常功能所需的费用。

（3）经常修理费。指施工机械除大修理以外的各级保养和临时故障排除所需的费用。包括为保障机械正常运转所需替换设备与随机配备工具附具的摊销和维护费用，机械运转中日常保养所需润滑与擦拭的材料费用及机械停滞期间的维护和保养费用等。

（4）安拆费及场外运费。安拆费指施工机械（大型机械除外）在现场进行安装与拆卸所需的人工、材料、机械和试运转费用以及机械辅助设施的折旧、搭设、拆除等费用；场外运费指施工机械整体或分体自停放地点运至施工现场或由一施工地点运至另一施工地点的运输、装卸、辅助材料及架线等费用。

（5）人工费。指机上司机（司炉）和其他操作人员的人工费。

（6）燃料动力费。指施工机械在运转作业中所消耗的各种燃料及水、电等。

（7）税费。指施工机械按照国家规定应缴纳的车船使用税、保险费及年检费等。

2. 仪器仪表使用费

指工程施工所需使用的仪器仪表的摊销及维修费用。

1.3.1.4 企业管理费

指建筑安装企业组织施工生产和经营管理所需的费用。包括以下内容：

1. 管理人员工资

管理人员工资是指按规定支付给管理人员的计时工资、奖金、津贴补贴、加班加点工资及特殊情况下支付的工资等。

2. 办公费

办公费是指企业管理办公用的文具、纸张、账表、印刷、邮电、书报、办公软件、现场监控、会议、水电、烧水和集体取暖降温（包括现场临时宿舍取暖降温）等费用。

3. 差旅交通费

差旅交通费是指职工因公出差、调动工作的差旅费、住勤补助费，市内交通费和误餐补助费，职工探亲路费，劳动力招募费，职工退休、退职一次性路费，工伤人员就医路费，工地转移费以及管理部门使用的交通工具的油料、燃料等费用。

4. 固定资产使用费

固定资产使用费是指管理和试验部门及附属生产单位使用的属于固定资产的房屋、设备、仪器等的折旧、大修、维修或租赁费。

5. 工具用具使用费

工具用具使用费是指企业施工生产和管理使用的不属于固定资产的工具、器具、家具、交通工具和检验、试验、测绘、消防用具等的购置、维修和摊销费。

6. 劳动保险和职工福利费

劳动保险和职工福利费是指由企业支付的职工退职金、按规定支付给离休干部的经费、集体福利费、夏季防暑降温、冬季取暖补贴、上下班交通补贴等。

7. 劳动保护费

劳动保护费是指企业按规定发放的劳动保护用品的支出。如工作服、手套、防暑降温饮料以及在有碍身体健康的环境中施工的保健费用等。

8. 检验试验费

检验试验费是指施工企业按照有关标准规定，对建筑以及材料、构件和建筑安装物进行一般鉴定、检查所发生的费用，包括自设试验室进行试验所耗用的材料等费用。不包括新结构、新材料的试验费，以及对构件做破坏性试验及其他特殊要求检验试验的费用和建设单位委托检测机构进行检测的费用，对此类检测发生的费用，由建设单位在工程建设其他费用中列支。但对施工企业提供的具有合格证明的材料进行检测不合格的，该检测费用由施工企业支付。

9. 工会经费

工会经费是指企业按《中华人民共和国工会法》规定的全部职工工资总额比例计提的工会经费。

10. 职工教育经费

职工教育经费是指按职工工资总额的规定比例计提，企业为职工进行专业技术和职业技能培训，专业技术人员继续教育、职工职业技能鉴定、职业资格认定以及根据需要对职工进行各类文化教育所发生的费用。

11. 财产保险费

财产保险费是指施工管理用财产、车辆等的保险费用。

12. 财务费

财务费是指企业为施工生产筹集资金或提供预付款担保、履约担保、职工工资支付担保等所发生的各种费用。

13. 税金

税金是指企业按规定缴纳的房产税、车船使用税、土地使用税、印花税等。

14. 其他

其他包括技术转让费、技术开发费、投标费、业务招待费、绿化费、广告费、公证费、法律顾问费、审计费、咨询费、保险费等。

1.3.1.5 利润

利润是指施工企业完成所承包工程获得的盈利。

1.3.1.6 规费

规费是指按国家法律、法规规定，由省级政府和省级有关权力部门规定必须缴纳或计取的费用。包括以下各项：

1. 社会保险费

（1）养老保险费。是指企业按照规定标准为职工缴纳的基本养老保险费。

（2）失业保险费。是指企业按照规定标准为职工缴纳的失业保险费。

（3）医疗保险费。是指企业按照规定标准为职工缴纳的基本医疗保险费。

（4）生育保险费。是指企业按照规定标准为职工缴纳的生育保险费。

（5）工伤保险费。是指企业按照规定标准为职工缴纳的工伤保险费。

2．住房公积金

住房公积金是指企业按规定标准为职工缴纳的住房公积金。

3．工程排污费

工程排污费是指按规定缴纳的施工现场工程排污费。

其他应列而未列入的规费，按实际发生计取。

1.3.1.7 税金

税金是指国家税法规定的应计入建筑安装工程造价内的营业税、城市维护建设税、教育费附加以及地方教育附加。

1.3.2 建筑安装工程费（按造价形式划分）

建筑安装工程费按照工程造价形式由分部分项工程费、措施项目费、其他项目费、规费、税金组成，分部分项工程费、措施项目费、其他项目费包含人工费、材料费、施工机具使用费、企业管理费和利润，如图1.4所示。

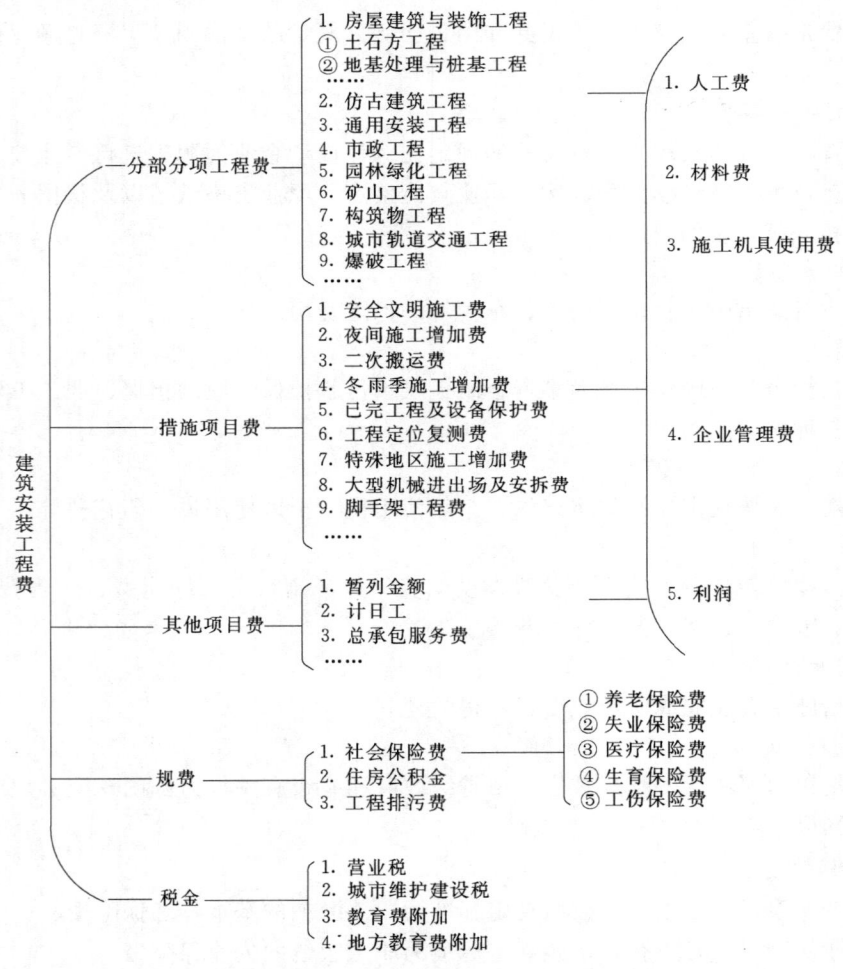

图1.4 建筑安装工程费用项目组成（按造价形成划分）

1.3.2.1 分部分项工程费

分部分项工程费是指各专业工程的分部分项工程应予列支的各项费用。

(1) 专业工程。是指按现行国家计量规范划分的房屋建筑与装饰工程、仿古建筑工程、通用安装工程、市政工程、园林绿化工程、矿山工程、构筑物工程、城市轨道交通工程、爆破工程等各类工程。

(2) 分部分项工程。是指按现行国家计量规范对各专业工程划分的项目。如房屋建筑与装饰工程划分的土石方工程、地基处理与桩基工程、砌筑工程、钢筋及钢筋混凝土工程等。

各类专业工程的分部分项工程划分见现行国家或行业计量规范。

1.3.2.2 措施项目费

措施项目费是指为完成建设工程施工，发生于该工程施工前和施工过程中的技术、生活、安全、环境保护等方面的费用。包括以下各项：

(1) 安全文明施工费。

1) 环境保护费。是指施工现场为达到环保部门要求所需要的各项费用。

2) 文明施工费。是指施工现场文明施工所需要的各项费用。

3) 安全施工费。是指施工现场安全施工所需要的各项费用。

4) 临时设施费。是指施工企业为进行建设工程施工所必须搭设的生活和生产用的临时建筑物、构筑物和其他临时设施费用。包括临时设施的搭设、维修、拆除、清理费或摊销费等。

(2) 夜间施工增加费。是指因夜间施工所发生的夜班补助费、夜间施工降效、夜间施工照明设备摊销及照明用电等费用。

(3) 二次搬运费。是指因施工场地条件限制而发生的材料、构配件、半成品等一次运输不能到达堆放地点，必须进行二次或多次搬运所发生的费用。

(4) 冬雨季施工增加费。是指在冬季或雨季施工需增加的临时设施、防滑、排除雨雪，人工及施工机械效率降低等费用。

(5) 已完工程及设备保护费。是指竣工验收前，对已完工程及设备采取的必要保护措施所发生的费用。

(6) 工程定位复测费。是指工程施工过程中进行全部施工测量放线和复测工作的费用。

(7) 特殊地区施工增加费。是指工程在沙漠或其边缘地区、高海拔、高寒、原始森林等特殊地区施工增加的费用。

(8) 大型机械设备进出场及安拆费。是指机械整体或分体自停放场地运至施工现场或由一个施工地点运至另一个施工地点，所发生的机械进出场运输及转移费用及机械在施工现场进行安装、拆卸所需的人工费、材料费、机械费、试运转费和安装所需的辅助设施的费用。

(9) 脚手架工程费。是指施工需要的各种脚手架搭、拆、运输费用以及脚手架购置费的摊销（或租赁）费用。

措施项目及其包含的内容详见各类专业工程的现行国家或行业计量规范。

1.3.2.3 其他项目费

(1) 暂列金额。是指建设单位在工程量清单中暂定并包括在工程合同价款中的一笔款项。用于施工合同签订时尚未确定或者不可预见的所需材料、工程设备、服务的采购，施工中可能发生的工程变更、合同约定调整因素出现时的工程价款调整以及发生的索赔、现场签证确认等的费用。

(2) 计日工。是指在施工过程中，施工企业完成建设单位提出的施工图纸以外的零星项目或工作所需的费用。

（3）总承包服务费。是指总承包人为配合、协调建设单位进行的专业工程发包，对建设单位自行采购的材料、工程设备等进行保管以及施工现场管理、竣工资料汇总整理等服务所需的费用。

1.3.2.4 规费

定义同前。

1.3.2.5 税金

定义同前。

1.3.3 建筑安装工程费用参考计算方法

1.3.3.1 各费用构成要素参考计算方法

1. 人工费

公式1：

$$人工费 = \sum(工日消耗量 \times 日工资单价)$$

$$日工资单价 = \frac{生产工人平均月工资(计时、计件) + 平均月(奖金 + 津贴补贴 + 特殊情况下支付的工资)}{年平均每月法定工作日}$$

(1.1)

注：公式1主要适用于施工企业投标报价时自主确定人工费，也是工程造价管理机构编制计价定额确定定额人工单价或发布人工成本信息的参考依据。

公式2：

$$人工费 = \sum(工程工日消耗量 \times 日工资单价) \tag{1.2}$$

日工资单价是指施工企业平均技术熟练程度的生产工人在每工作日（国家法定工作时间内）按规定从事施工作业应得的日工资总额。

工程造价管理机构确定日工资单价应通过市场调查、根据工程项目的技术要求，参考实物工程量人工单价综合分析确定，最低日工资单价参考工程所在地人力资源和社会保障部门所发布的最低工资标准：普工不低于1.3倍最低工资标准、一般技工不低于2倍最低工资标准、高级技工不低于3倍最低工资标准。

工程计价定额不可只列一个综合工日单价，应根据工程项目技术要求和工种差别适当划分多种日人工单价，确保各分部工程人工费的合理构成。

注：公式2适用于工程造价管理机构编制计价定额时确定定额人工费，是施工企业投标报价的参考依据。

2. 材料费

（1）材料费。

$$材料费 = \sum(材料消耗量 \times 材料单价)$$

$$材料单价 = \{(材料原价 + 运杂费) \times [1 + 运输损耗率(\%)]\} \times [1 + 采购保管费率(\%)]$$

(1.3)

（2）工程设备费。

$$工程设备费 = \sum(工程设备量 \times 工程设备单价)$$

$$工程设备单价 = (设备原价 + 运杂费) \times [1 + 采购保管费率(\%)] \tag{1.4}$$

（3）施工机具使用费。

1）施工机械使用费。
$$施工机械使用费=\Sigma（施工机械台班消耗量×机械台班单价）$$
$$机械台班单价=台班折旧费+台班大修费+台班经常修理费+台班安拆费及场外运费$$
$$+台班人工费+台班燃料动力费+台班车船税费$$

注：工程造价管理机构在确定计价定额中的施工机械使用费时，应根据《建筑施工机械台班费用计算规则》结合市场调查编制施工机械台班单价。施工企业可以参考工程造价管理机构发布的台班单价，自主确定施工机械使用费的报价，如租赁施工机械，公式为：
$$施工机械使用费=\Sigma（施工机械台班消耗量×机械台班租赁单价）$$

2）仪器仪表使用费。
$$仪器仪表使用费=工程使用的仪器仪表摊销费+维修费$$

（4）企业管理费费率。

1）以分部分项工程费为计算基础。
$$企业管理费费率(\%)=\frac{生产工人年平均管理费}{年有效施工天数×人工单价}×人工费占分部分项工程费比例(\%)$$

2）以人工费和机械费合计为计算基础。
$$企业管理费费率(\%)=\frac{生产工人年平均管理费}{年有效施工天数×(人工单价+每一工日机械使用费)}×100\%$$

3）以人工费为计算基础。
$$企业管理费费率(\%)=\frac{生产工人年平均管理费}{年有效施工天数×人工单价}×100\%$$

注：上述公式适用于施工企业投标报价时自主确定管理费，是工程造价管理机构编制计价定额确定企业管理费的参考依据。

工程造价管理机构在确定计价定额中企业管理费时，应以定额人工费或（定额人工费+定额机械费）作为计算基数，其费率根据历年工程造价积累的资料，辅以调查数据确定，列入分部分项工程和措施项目中。

（5）利润。

1）施工企业根据企业自身需求并结合建筑市场实际自主确定，列入报价中。

2）工程造价管理机构在确定计价定额中利润时，应以定额人工费或（定额人工费+定额机械费）作为计算基数，其费率根据历年工程造价积累的资料，并结合建筑市场实际确定，以单位（单项）工程测算，利润在税前建筑安装工程费的比重可按不低于5%且不高于7%的费率计算。利润应列入分部分项工程和措施项目中。

（6）规费。

1）社会保险费和住房公积金。社会保险费和住房公积金应以定额人工费为计算基础，根据工程所在地省、自治区、直辖市或行业建设主管部门规定费率计算。
$$社会保险费和住房公积金=\Sigma（工程定额人工费×社会保险费和住房公积金费率）$$

其中：社会保险费和住房公积金费率可以每万元发承包价的生产工人人工费和管理人员工资含量与工程所在地规定的缴纳标准综合分析取定。

2）工程排污费。工程排污费等其他应列而未列入的规费应按工程所在地环境保护等部门规定的标准缴纳，按实计取列入。

（7）税金。税金计算公式：

$$税金 = 税前造价 \times 综合税率(\%)$$

综合税率：

1) 纳税地点在市区的企业。

$$综合税率(\%) = \frac{1}{1-3\%-(3\% \times 7\%)-(3\% \times 3\%)-(3\% \times 2\%)} - 1$$

2) 纳税地点在县城、镇的企业。

$$综合税率(\%) = \frac{1}{1-3\%-(3\% \times 5\%)-(3\% \times 3\%)-(3\% \times 2\%)} - 1$$

3) 纳税地点不在市区、县城、镇的企业。

$$综合税率(\%) = \frac{1}{1-3\%-(3\% \times 1\%)-(3\% \times 3\%)-(3\% \times 2\%)} - 1$$

4) 实行营业税改增值税的，按纳税地点现行税率计算。

1.3.3.2 建筑安装工程计价参考公式

1. 分部分项工程费

$$分部分项工程费 = \sum(分部分项工程量 \times 综合单价)$$

其中：综合单价包括人工费、材料费、施工机具使用费、企业管理费和利润以及一定范围的风险费用（下同）。

2. 措施项目费

(1) 国家计量规范规定应予计量的措施项目，其计算公式为

$$措施项目费 = \sum(措施项目工程量 \times 综合单价)$$

(2) 国家计量规范规定不宜计量的措施项目计算方法如下：

1) 安全文明施工费。

$$安全文明施工费 = 计算基数 \times 安全文明施工费费率(\%)$$

计算基数应为定额基价（定额分部分项工程费＋定额中可以计量的措施项目费）、定额人工费或定额人工费＋定额机械费，其费率由工程造价管理机构根据各专业工程的特点综合确定。

2) 夜间施工增加费。

$$夜间施工增加费 = 计算基数 \times 夜间施工增加费费率(\%)$$

3) 二次搬运费。

$$二次搬运费 = 计算基数 \times 二次搬运费费率(\%)$$

4) 冬雨季施工增加费。

$$冬雨季施工增加费 = 计算基数 \times 冬雨季施工增加费费率(\%)$$

5) 已完工程及设备保护费。

$$已完工程及设备保护费 = 计算基数 \times 已完工程及设备保护费费率(\%)$$

上述2)～5) 项措施项目的计费基数应为定额人工费或定额人工费＋定额机械费，其费率由工程造价管理机构根据各专业工程特点和调查资料综合分析后确定。

3. 其他项目费

(1) 暂列金额由建设单位根据工程特点，按有关计价规定估算，施工过程中由建设单位掌握使用，扣除合同价款调整后如有余额，余额列入建设单位。

(2) 计日工由建设单位和施工企业按施工过程中的签证计价。

(3) 总承包服务费由建设单位在招标控制价中根据总包服务范围和有关计价规定编制，施工企业投标时自主报价，施工过程中按签约合同价执行。

4. 规费和税金

建设单位和施工企业均应按照省（自治区、直辖市）或行业建设主管部门发布标准计算规费和税金，不得作为竞争性费用。

1.3.3.3 相关问题的说明

(1) 各专业工程计价定额的编制及其计价程序，均按本通知实施。

(2) 各专业工程计价定额的使用周期原则上为5年。

(3) 工程造价管理机构在定额使用周期内，应及时发布人工、材料、机械台班价格信息，实行工程造价动态管理，如遇国家法律、法规、规章或相关政策变化以及建筑市场物价波动较大时，应适时调整定额人工费、定额机械费以及定额基价或规费费率，使建筑安装工程费能反映建筑市场实际。

(4) 建设单位在编制招标控制价时，应按照各专业工程的计量规范和计价定额以及工程造价信息编制。

(5) 施工企业在使用计价定额时除不可竞争费用外，其余仅作参考，由施工企业投标时自主报价。

1.3.4 建筑安装工程计价程序

建筑安装工程计价程序见表1.1～表1.3。

表 1.1　　　　　　　　建设单位工程招标控制价计价程序

工程名称：　　　　　　　　　　　　　　　　标段：

序号	内　容	计算方法	金额/元
1	分部分项工程费	按计价规定计算	
1.1			
1.2			
1.3			
1.4			
1.5			
⋮			
2	措施项目费	按计价规定计算	
2.1	其中：安全文明施工费	按规定标准计算	
3	其他项目费		
3.1	其中：暂列金额	按计价规定估算	
3.2	其中：专业工程暂估价	按计价规定估算	
3.3	其中：计日工	按计价规定估算	
3.4	其中：总承包服务费	按计价规定估算	
4	规费	按规定标准计算	
5	税金（扣除不列入计税范围的工程设备金额）	(1+2+3+4)×规定税率	
招标控制价合计＝1+2+3+4+5			

表 1.2　　　　　　　　　　施工企业工程投标报价计价程序

工程名称：　　　　　　　　　　　　　　　　　　　　　　　标段：

序号	内容	计算方法	金额/元
1	分部分项工程费	自主报价	
1.1			
1.2			
1.3			
1.4			
1.5			
⋮			
2	措施项目费	自主报价	
2.1	其中：安全文明施工费	按规定标准计算	
3	其他项目费		
3.1	其中：暂列金额	按招标文件提供金额计列	
3.2	其中：专业工程暂估价	按招标文件提供金额计列	
3.3	其中：计日工	自主报价	
3.4	其中：总承包服务费	自主报价	
4	规费	按规定标准计算	
5	税金（扣除不列入计税范围的工程设备金额）	(1+2+3+4)×规定税率	
投标报价合计＝1+2+3+4+5			

表 1.3　　　　　　　　　　　　竣 工 结 算 计 价 程 序

工程名称：　　　　　　　　　　　　　　　　　　　　　　　标段：

序号	汇总内容	计算方法	金额/元
1	分部分项工程费	按合同约定计算	
1.1			
1.2			
1.3			
1.4			
1.5			
⋮			
2	措施项目	按合同约定计算	
2.1	其中：安全文明施工费	按规定标准计算	
3	其他项目		
3.1	其中：专业工程结算价	按合同约定计算	
3.2	其中：计日工	按计日工签证计算	
3.3	其中：总承包服务费	按合同约定计算	
3.4	索赔与现场签证	按发承包双方确认数额计算	
4	规费	按规定标准计算	
5	税金（扣除不列入计税范围的工程设备金额）	(1+2+3+4)×规定税率	
竣工结算总价合计＝1+2+3+4+5			

第 2 章　建筑工程消耗量定额

教学重点：
（1）建筑工程劳动消耗量定额的确定。
（2）建筑工程材料消耗量定额的确定。
（3）建筑工程机械消耗量定额的确定。

教学要求：
（1）了解建筑工程造价的产生和发展。
（2）熟悉建筑工程消耗量定额的概念和作用。
（3）熟悉建筑工程劳动消耗定额、材料消耗定额、机械消耗定额的确定。
（4）了解全国统一建筑工程基础定额的内容。

2.1　建筑工程消耗量定额的概念和分类

2.1.1　建筑工程造价的产生和发展

2.1.1.1　我国工程造价改革的思路及过程

建设工程造价是指进行其项工程建设自开始直至竣工，到形成固定资产为止的全部费用。平时我们所说的建筑安装工程费用是指某单项工程的建筑及设备安装费用。一般采用定额管理计价方式计算确定的费用就是指建安费用。建设工程计价一直是建筑工程各方最为重视的工作之一。

在改革开放前，我国在经济上施行的根本制度是计划经济制度，与之相适应的建设工程计价方法是定额计价法。定额计价法是由政府有关部门颁发各种工程预算定额，实际工作中以定额为基础计算工程建筑安装工程造价。

我国加入 WTO 后，WTO 的自由贸易准则将促使我国尽快纳入全球经济一体化轨道，放开我国的建筑市场，大量国外建筑承包企业进入我国市场后，将以其采用的先进计价模式与我国企业竞争。这样，我们不得不被迫引进并遵循工程造价管理的国际惯例，所以我国工程造价管理改革的最终目标是建立适应市场经济的计价模式。

那么，市场经济的计价模式是什么？

简言之，就是全国制定统一的工程量计算规则，在招标时，由招标方提供工程量清单，各投标单位（承包商）根据自己的实力，按照竞争策略的要求自主报价，业主择优定标，以工程合同使报价法定化，施工中出现与招标文件或合同规定不符合的情况或工程量发生变化时据实索赔，调整支付。

这种模式其实是一种国际惯例，它的具体内容是："控制量、放开价、由企业自主报价，最终由市场形成价格。"

2.1.1.2 我国传统工程造价管理体制存在的问题

在相当长的一段时期，工程预算定额都是我国建设工程承发包计价、定价的法定依据。在当时，全国各省市都有自己独立实行的工程概预算定额，作为编制施工图设计预算、编制建设工程招标标底、投标报价以及签订工程承包合同等的依据，任何单位、任何个人在使用中必须严格执行，不能违背定额所规定的原则。

应当说，定额是计划经济时代的产物，这种量价合一的工程造价静态管理的模式，在特定的历史条件下起到了确定和衡量建筑安装工程造价标准的作用，规范了建筑市场，使专业人士有所依据、有所凭借，其历史功绩是不可磨灭的。

到 20 世纪 90 年代初，随着市场经济体制的建立，我国的工程施工发包承包中开始初步实行招投标制度，但无论是业主编制标底，还是施工企业投标报价，在计价的规则上也还都没有超出定额规定的范畴。招投标制度本来引入的是竞争机制，可是因为定额的限制，因此也谈不上竞争，而且当时人们的思想也习惯于四平八稳，按定额计划，并没有什么竞争意识。

近年来，我国市场化经济已经基本形成，再用过去那种单一的、僵化的、一成不变的定额计价方式已显然不适应市场化经济发展的需要了。

传统定额模式对招投标工作的影响也是十分明显的。工程造价管理方式还不能完全适应招投标的要求。工程造价计价方式及管理模式上存在的问题主要如下：

（1）定额的指令性过强、指导性不足，反映在具体表现形式上主要是施工手段消耗部分统得过死，把企业的技术装备、施工手段、管理水平等本属竞争内容的活跃因素固定化了，不利于竞争机制的发挥。

（2）组成工程总造价的定额单价虽然能够反映社会平均先进水平，但它是静态的单价，很难反映具体工程中千差万别的动态变化，无法在施工企业中实行有效竞争。

（3）量、价合一的定额表现形式不适应市场经济对工程造价实施动态管理的要求，难以根据人工、材料、机械等价格的变化适时调整工程造价。

（4）现行的造价管理及招投标管理模式跟不上市场经济发展的要求，目前工程招投标都以主管部门的指令为依据，发包方与投标方共用一本定额制定报价，施工企业不能根据自身的劳动生产率以及经济灵活的施工方案合理制定报价，因此往往使预算人员的水平成为是否能中标的关键因素，也导致施工企业之间互相盲目压价，从而产生恶性竞争。

（5）建筑市场的不断更新发展，使得更多新技术、新工艺、新机具和新材料不断出现，相应的人工、材料和机械水平也处于相对的变化中，现行的预算定额水平和更新速度肯定赶不上建筑市场的发展，因此全面以预算定额来确定工程造价很难解决一些现实的复杂问题。

2.1.1.3 我国工程造价发展概况

1. 新中国成立以前

我国现代意义上的工程造价的产生，应追溯到 19 世纪末至 20 世纪上半叶。当时在外国资本侵入的一些口岸和沿海城市，工程投资的规模有所扩大，出现了招投标承包方式，建筑市场开始形成。为适应这一形势，国外工程造价方法和经验逐步传入我国。但是，由于受历史条件的限制，特别是受到经济发展水平的限制，工程造价及招投标仅在狭小的地区和少量的工程建设中采用。

2. 概预算制度的建立时期

1949年新中国成立后，三年经济恢复时期和第一个五年计划时期，全国面临着大规模的恢复重建工作。为合理确定工程造价，用好有限的基本建设资金，引进了苏联的一套概预算定额管理制度，同时也为新组建的国营建筑施工企业建立了企业管理制度。

3. 概预算制度的削弱时期

1958—1966年，概预算定额管理逐渐被削弱。各级基建管理机构的概预算部门被精简，设计单位概预算人员减少，只算政治账，不讲经济账，概预算控制投资作用被削弱，投资大撒手之风逐渐滋长。尽管在短时期内也有过重整定额管理迹象，但总的趋势并未改变。

4. 概预算制度的破坏时期

1966—1976年，概预算定额管理遭到严重破坏。概预算和定额管理机构被撤销，预算人员改行，大量基础资料被销毁。定额被说成是"管、卡、压"的工具。造成设计无概算，施工无预算，竣工无决算，投资大敞口，吃大锅饭。1967年，建工部直属企业实行经常费制度。工程完工后向建设单位实报实销，从而使施工企业变成了行政事业单位。这一制度实行了6年，于1973年1月1日被迫停止，恢复建设单位与施工单位施工图预算结算制度。

5. 概预算制度的恢复和发展时期

1976—1992年，这一阶段是概预算制度的恢复和发展时期。1977年，国家恢复重建造价管理机构。1978年，国家计委、国家建委和财务部颁发《关于加强基本建设概、预、决算管理工作的几项规定》，强调了加强"三算"在基本建设管理工作中的作用和意义。1983年，国家计委、中国人民建设银行又颁发了《关于改进工程建设概预算工作的若干规定》。此外，《中华人民共和国经济合同法》明确了设计单位在施工图设计阶段要编制预算，也就是恢复了设计单位编施工图预算。

1988年，建设部成立标准定额司，各省（自治区、直辖市）、各部委建立了定额管理站，全国颁布一系列推动概预算管理和定额管理发展的文件，以及大量的预算定额、概算定额和估算指标。20世纪80年代后期，中国建设工程造价管理协会成立，全过程造价管理概念逐渐为广大造价管理人员所接受，对推动建筑业改革起到了促进作用。

6. 市场经济条件下工程造价管理体制的建立时期

1993—2001年，在总结十年改革开放经验的基础上，党的十四大明确提出我国经济体制改革的目标是建立社会主义市场经济体制。广大工程造价管理人员也逐渐认识到，传统的概预算定额管理必须改革，不改革没有出路。而改革又是一个长期的艰难的过程，不可能一蹴而就，只能是先易后难、循序渐进、重点突破。与过渡时期相适应的"统一量、指导价、竞争费"工程造价管理模式被越来越多的工程造价管理人员所接受，改革的步伐不断加快。

7. 与国际惯例接轨

2001年，我国顺利加入WTO。为逐步建立起符合中国国情的、与国际惯例接轨的工程造价管理体制，《建设工程工程量清单计价规范》（GB 50500—2003）（以下简称《计价规范》）于2003年2月17日正式发布，自2003年7月1日起在全国范围内施行。《计价规范》的发布实施既是我国工程造价管理工作深化改革的成果，也使我国工程造价管理工作跨入一个新的发展阶段，它开创了工程造价管理工作的新格局，必将推动工程造价管理改革的深入和体制的创新，最终建立由政府宏观调控、市场有序竞争形成工程造价的新机制。

2.1.2 工程造价管理
2.1.2.1 国际工程造价管理

工程造价管理包括两个层面。一是站在投资者或业主的角度，关注工程建设总投资，称为工程建设投资管理，即在拟定的规划、设计方案条件下预测、计算、确定和监控工程造价及其变动的系统活动。工程建设投资管理又分为宏观投资管理和微观投资管理。宏观投资管理的任务是合理地确定投资的规模和方向，提高宏观投资的经济效益；微观投资管理包括国家队投资项目的管理和投资者对自己的管理两方面。国家对企事业单位及个人的投资，通过产业政策和经济杠杆，将分散的资金引导到符合社会需要的建设项目，投资者对自己投资的项目应做好计划组织和监督工作。二是对建筑市场建设产品交易价格的管理，称为工程价格管理，属于价格管理范畴，包括宏观和微观两个层次。在宏观层次上，政府根据社会经济发展的要求，利用法律经济、行政等手段建立，并规划规范市场主体的价格行为；在微观层次上，市场交易主题各方在遵守交易规则的前提下，对建设产品的价格进行能动的计划预测监控和调整，并接受价格对生产的调节。

建设投资管理和工程价格管理既有联系又有区别。在建设投资管理中投资者进行项目决策和项目实施时，完善项目功能，提高工程质量，降低投资费，按期或提前交付使用，是投资者始终关注的问题，降低工程造价是投资者始终如一的追求。工程价格管理是投资者或业主与承包商双方共同关注的问题，投资者希望质量好、成本低和工期短，承包商追求的是尽可能高的利润。

1. 英联邦工程造价管理

英联邦成员遍布世界各大洲，虽然他们所处地域不同，经济社会政治发展状态各异，但他们的工程造价制度有着千丝万缕的联系。英国是英联邦的核心，其工程造价管理体系最完整，许多英联邦国家（地区）的工程造价管理制度以此为基础，再融合了各自实际情况而形成。

英国只有统一的工程量计算规则，没有计价的定额或标准，充分体现了市场经济的特点，工程造价由承包商依据统一的工程量计算规则，参照政府和各类咨询机构发布的造价指数自有报价，通过竞争，合同定价。英国计价模式有着深厚的社会基础：一是有着统一的工程量计算规则。1992年英国首次在全国范围内制定一套工程量计算规则，现名为《建筑工程量标准计算规则方法》（SMM），该方法详细规定了项目划分、计量单位和工程量计算规则。二是有一大批高智能的咨询机构和高素质的测量师（以英国皇家测量师学会会员为核心），为业主和承包商提供造价指数、价格信息指数以及全过程的咨询服务。三是有严格的法律体系规范市场行为，对政府项目和私人投资项目实行分类管理，政府项目实行公开招标，并对工程结算、承包商资格实行系统管理。而对私人项目可采用邀请议标等多种方式确定承包商，政府采取不干预政策。四是有通用合同文本，一切按合同办事。

我国的香港特别行政区（简称香港）仍沿袭着英联邦的工程造价管理方式，且与大陆情况较为接近，其做法也较为成功，现将香港的工程造价管理归纳如下：

（1）政府间接调控。在香港，建设项目划分为政府工程和私人工程两类。政府工程由政府专业部门以类似业主的身份组织实施，统一管理，统一建设；而对于占工程总量大约70%的私人工程的具体实施过程采取"不干预"政策。

（2）动态估价，市场定价。在香港，无论是政府工程还是私人工程，均被视为商品，在工程招标报价中一般都采用自由竞争，按市场经济规律要求进行动态估价。业主对工程的估价一般要委托工料测量师行来完成。测量师行的估价大体上是按比较法和系数法进行，经过长期的估价实践，他们都拥有极为丰富的工程造价实例资料，甚至建立了工程造价数据库。承包商在投标时的估价一般凭自己的经验来完成，他们往往把投标工程划分为若干个分部工程，根据本企业定额计算出所需人工、材料、机械等的耗用量，而人工单价主要根据报价，材料单价主要根据各材料供应商的报价加以比较确定，承包商根据建筑市场供求情况随行就市，自行确定管理费率，最后作出体现当时当地实际价格的工程报价。总之，工程任一方的估价，都以市场状况为重要依据，是完全意义的动态估价。

（3）发育健全的咨询服务业。伴随着建筑工程规模的日趋扩大和建筑生产的高度专业化，香港各类社会服务机构迅速发展起来，他们承担着各建设项目的管理和服务工作，是政府摆脱对微观经济活动直接控制和参与的保证，是承发包双方的顾问和代言人。

在这些社会咨询服务机构中，工料测量师行是直接参与工程造价管理的咨询部门，在工程建设过程中发挥着积极的作用。

（4）多渠道的工程造价信息发布体系。在香港这个市场经济社会中，能否及时、准确地捕捉建筑市场价格信息是业主和承包商保持竞争优势和取得盈利的关键，它是建筑产品估价和结算的重要依据，是建筑市场价格变化的指示灯。

工程造价信息的发布往往采取价格指数的形式。按照指数内涵划分，香港地区发布的主要工程造价指数可分为三类，即投入品价格指数、成本指数和价格指数，分别依据投入品价格、建造成本和建造价格的变化趋势编制。在香港建筑工程诸多投入品中，劳工工资和材料价格是经常变动的因素，因而有必要定期发布指数信息，供估算及价格调整之用。建造成本（construction cost）是指承包商为建造一项工程所付出的代价。建造价格（construction price）是承包商为业主做一项工程所收取的费用，除了包括建造成本外，还有承建商所赚取的利润。

按照发布机构分类，工程造价指数可分为政府指数和民间指数。政府指数由建筑署定期发布，包括建筑工料综合成本指数（labour and material consolidated index）、劳工指数（labour cost index）、建材价格指数（material cost index）和投标价格指数（tender price index）。政府指数主要是用于政府工程结算调价和估算。私人工程也可参照政府指数调整，但这要视业主与承包商签订的合同而定。民间指数是由一些工料测量师行根据其造价资料综合而成，其中最具权威性的指数是威宁谢（香港）公司和利比测量师事务所发布的造价指数。这两种指数虽属民间性质，仅供报价与估价参考之用，但由于它们具有良好的声誉，能够被业主和承包商所共同接受，因而有着不可取代的地位。

目前，香港工程造价信息从编制到发布已形成了较成熟的体系，信息及时、准确、实用，反映了快速、高效、多变的特点，基本上满足了建筑市场主体对价格信息的需要。

2. 日本建设工程造价管理

日本建设工程造价管理（建筑积算）起步较晚，主要是在明治时代实行文明开放政策后，伴随西方建筑技术的引进，借鉴英国工料测量制度而发展起来的。这对于我国如何结合本国实际，借鉴西方成功经验具有较高的参考价值。

日本的工程计价称为建筑工程积算。其计价有以下几个特点：一是有统一的积算基准。为了使承发包双方有一个统一的、科学的工程计价标准，日本建设省发布了一整套工程积算基准（即工程计价标准），如《建筑工程积算基准》《土木工程积算基准》等。对公共建筑（主要指政府的房屋建筑工程），建设省于1983年发布了《建筑工程预算编制要领》《建筑工程标准定额》《建筑工程量计算基准》三个文件。二是量、价分开的定额制度。日本也有定额，但量与价分开，价是保密的。劳务单价通过银行进行调查取得。材料、设备价格由"建设物价调查会"和"经济调查会"（均为财团法人）两所专门机构负责定期采集、整理和编辑出版。政府和建筑企业利用这些价格制定内部的工程复合单价，即我们所称的单位估价表。三是政府项目与私人投资项目实施不同的管理。对政府投资项目的工程造价从调查（规划）开始直至引渡（交工）、保全（维修服务）实行全过程管理。为把造价严格控制在批准的投资额度内，各级政府都掌握有自己的劳务、材料、机械单价，或利用出版的物价指数编制内部掌握的工程复合单价。对私人投资项目，政府通过对建筑市场的管理，用招标办法加以确认。四是重视和扶植咨询业的发展。制订完整的概预算活动概要，规范咨询机构的行为，制订了《建设咨询人员注册章程》，确保咨询业务质量。

日本建设工程造价管理的特点归纳起来有三点：行业化、系统化和规范化。

（1）行业化。日本工程造价管理作为一个行业经历了较长的历史过程。早期的积算管理方法源于英国。明治时代，受英国的影响而懂得建筑积算在工程建设中的作用，并由设计部门在实际工作中应用建筑积算；到了大正时代，出版了《建筑工程工序及积算法》等书。昭和20年（1945年），民间咨询机构开始出现，昭和42年成立了民间建筑积算事务所协会，昭和50年，日本建筑积算协会成为社团法人，从此建筑计算成为一个独立的行业活跃于日本各地。建设省于1990年正式承认日本建筑积算协会组织的全国统考，并授予通过考试者"国家建筑积算士"资格，使建筑积算得以职业化。

（2）系统化。日本的建设工程造价管理在20世纪50年代后通过借鉴国外经验逐步形成了一套科学系统。

日本对国家投资工程的管理分部门进行。在建设省内设置了管厅营缮部、建设经济局、河川局、道路局和住宅局，分别负责国家机关建筑物的修建与维修、房地产开发、河川整治与水资源开发、道路建设和住宅建设等，基本上做到分工明确。此外设有8个地方建设局，每个局设15～30个工程事务所，每个工程事务所下设若干个派出机构"出张所"。建设省负责制定计价规定、办法和依据，地方建设局和工程事务所对具体投标厂商的指名、招标、定标和签订合同以及政府统计计价依据的调查研究、工程项目的结算、决算等工作。出张所直接面对各具体工程，对造价实行监督、控制和检查。

日本政府对建设工程造价实行全过程管理。在立项阶段，对规划设计作出切合实际的投资估算（包括工程费、设计费和土地购置费），并根据审批权限审批。立项后，政府主管部门依靠批准的规划和投资估算，委托设计单位在估算限额内进行设计。一旦作出了设计，则要对不同阶段设计的工程造价进行详细计算和确认，检查是否突破批准的估算。如未突破即以实施设计的预算作为施工发包的标底也就是预定价格；如突破了，则要求设计单位修改设计，缩小建设规模或降低建设标准。

在承发包和施工阶段，政府与项目主管部门以控制工程造价在预定价格内为中心，将管理贯穿于选择投标单位、组织招投标、确定中标单位和签订工程承发包合同之中，并对质量、工期和造价进行严格的监控，对于由物价上涨引起的工程造价变动超过总造价的15％时，其超出部分才准许调整。

(3) 规范化。日本工程造价管理在 20 世纪 50 年代前大多凭经验进行，后随着建筑业的发展，学习国外经验，制定各种规章，逐步形成了比较完整的法规体系。

日本政府各部门制定了一系列有关确定工程造价的规定和依据，如《新营预算单价》（估算指标）、《建筑工事积算基准》《土木工事积算基准》《建筑数量积算基准——解说》（工程量计算规则）、《建筑工事内识书标准书式》（预算书标准格式）等。

日本的法规既有指令性的又有指导性的。指令性的要做到有令必行、违令必究，维护其严肃性；而指导性的则提供丰富、真实且具有权威性的信息，真正实现其指导性的作用。

3. 美国建设项目工程造价管理

美国没有统一的计价依据和标准，是典型的市场价格。工程造价由各地区的咨询机构根据地区的特点，制定出单位建筑面积消耗量、基价和费用估算格式。估价师综合考虑具有项目的多种因素提出意见，并由承发包双方通过一定的市场交易行为确定工程造价。

美国工程造价计价方法的确立有着深厚的社会基础，即社会咨询业的高度发达。大多数咨询公司为了准确地估算和控制工程造价，均十分注意历史资料的积累和分析整理，广泛运用电脑，建立起完整的信息数据库，形成信息反馈、分析、判断、预测等一整套科学管理体系，为政府、业主和承包商确定工程造价、控制造价提供服务，在某种意义上充当了代理人或顾问，咨询业的发展又有赖于人才的培养。美国高度重视工程造价人才的培养，推行咨询工程师注册制度。

美国除了咨询公司制定发布本公司的计价办法之外，地方政府为控制政府投资项目的造价也提供计价要求和造价指南，如华盛顿综合开发局制定的《小时人工单价》《人工设备组合价目表》《人工材料单价表》，加利福尼亚政府发行的《建设成本指南》等。但对私人投资项目，这些计价要求和造价指南均与各类咨询机构提供的估价信息一样，仅为一种信息服务。

(1) 美国政府对工程造价的管理。美国政府对工程造价的管理包括对政府工程的管理和对私人投资工程的管理。美国政府对建设工程造价的管理，主要采用的是间接手段。

1) 美国政府对政府工程的造价管理。美国政府对于政府工程造价管理一般采用两种形式：一是由政府设专门机构对政府工程进行直接管理。二是将一些政府工程通过公开招标的形式，委托私营企业设计、估价，或委托专业公司按照该部门的规定进行管理。

对于政府委托给私营承包商的政府工程的管理，各级政府都十分重视，严把招标投标这一关，以确保合理的工程成本和良好的工程质量。决标的标准并不是报价越低越好，而是综合考虑投标者的信誉、施工技术、施工经验以及过去对同类工程建设的历史记录，综合确定中标者。当政府工程被委托给私营承包商建设之后，各级政府还要对这些项目进行监督检查。

2) 美国政府对私营工程的造价管理。在美国的建设工程总量中，私营工程占较大的比重。各级政府对私营工程项目进行管理的中心思想是尊重市场调节的作用，提供服务引导型管理。美国政府对私人投资项目的管理体现在对私人投资方向的诱导和对私人投资项目规模的管理两个方面。

(2) 美国工程估价编制。在美国，建设工程造价被称为建设工程成本。美国工程造价协会（AACE）统一将工程成本划分为两部分费用：其一是与工程设计直接有关的工程本身的建设费用，称为造价估算，主要包括设备费、材料费、人工费、机械使用费、勘测设计费

第2章 建筑工程消耗量定额

等；其二是由业主掌握的一些费用，称为工程预算，主要包括场地使用费、生产准备费、执照费、保险费和资金筹措费等。在上述费用的基础上，还将按一定比例提取的管理费和利润也计入工程成本。

1）工程造价计价标准和要求。在美国，对确定工程造价的依据和标准并没有统一的规定。确定工程造价的依据基本上可分为两大类：一类是由政府部门制定的造价计价标准，另一类是由专业公司制定的造价计价标准。

美国各级政府都分别对各自管辖的工程项目制定计价标准，但这些政府发布的计价标准只适用于政府投资工程，而对全社会并不要求强制执行，仅供社会参考。对于非政府工程主要由各地工程咨询公司根据本地区的特点，为所辖项目规定计价标准。这种做法便于使造价的计价标准更接近项目所在地区的具体实际。

2）工程估价的具体编制。在美国，工程造价主要由设计部门或专业估价公司承担。估价师在编制工程估价时，除了考虑工程项目本身的特殊因素外，如项目拟采用的独特工艺和新技术、项目管理方式、现有场地条件以及资源获得的难易程度等，一般还对项目进行较为详细的风险评估，对于风险性较大的项目，预备费的比例会被提高，否则比例则较小。他们通过掌握不同的预备费率来调节工程估价的总体水平。

美国工程估价中的人工费由基本工资和工资附加两部分组成，其中，工资附加项目包括管理费、保险费、劳动保护金、税金等。

(3) 美国工程造价的动态控制。

1）项目实施过程中的造价控制。美国建设工程造价管理十分重视工程项目具体实施过程中的造价控制和管理。他们对工程预算执行情况的检查和分析工作做得非常细致。对于建设工程的各分部分项工程都有详细的成本计划，美国的建筑承包商以各分部分项工程的成本详细计划为根据来检查工程造价计划的执行情况。对于工程实施阶段实际成本与计划目标出现偏差的工程项目，则按照例外管理原则，根据事先确定的标准去筛选成本差异，然后进行重要成本差异分析，拟定采取的纠正措施以及实施这些措施的时间、人及所需条件等。对于不同类型的工程变更，如合同变更、工程内部调整和正式重新规划等都详细规定了执行工程变更的基本程序，而且建立了较为详细的工程变更记录制度。

2）工程造价的反馈控制。美国工程造价的动态控制还体现在造价信息的反馈系统。就单一的微观造价管理单位而言，他们十分注意收集在造价管理各个阶段上的造价资料，微观组织向有关行业提供造成价信息资料，几乎成为了一种制度，微观组织也将提供造价信息视为一种应尽的义务，这就使得一些专业咨询公司能够及时将造价信息公布于众，便于全社会实施造价的动态管理。

(4) 美国工程造价的职能化管理及其社会基础。在美国，大多数的工程项目都是由专业公司来管理的。这些专业公司包括设计部门、专业估价公司、专业项目公司和咨询服务公司。这些专业公司脱离于业主之外，无论是政府工程还是私营工程，都需到社会中、到市场上去寻找自己信得过的专业公司来承担工程项目的全方位管理。

1）工程造价职能化管理。实施工程造价的全过程管理，是美国工程造价管理的一个主要特点。即对工程项目从方案选择、编制估算，到优化设计、编制概预算，再到项目实施阶段的造价控制，一般都是由业主委托同一个专业公司全面负责。专业公司在实施其造价管理的职能过程中，有相当大的自主权。在工程各个设计阶段的造价估算、标底的编制、承发包价格的制定、工程进度及造价控制、合同管理、工程款支付的认可、索赔处理以及造价控制紧急应变措施的采取方面，只要不违反业主或有关部门的要求和规定，便可自行决策。这种职责对等的造价管理，有利于专业公司发挥造价管理的主动性和创造性，提高了他们对造价控制的责任心。

2) 工程造价职能化管理的社会基础。美国实行的是市场经济体制，体系较为完善、发育比较健全的市场经济机制是美国建设工程造价职能化管理的重要基础，特别是规模庞大的社会咨询服务业在美国的工程造价管理中起着不可低估的作用。众多的咨询服务机构在政府与私人承包商之间起到了中介作用。咨询服务机构的活动使得政府不必对项目进行直接管理，而主要依靠间接管理手段即可达到目的。因此，规模庞大、信誉良好的社会咨询服务机构可以充当业主和承包商的代理人，同时也是美国建设工程造价实施专业化职能管理的必要前提。

3) 工程造价职能化管理的手段。在美国，社会咨询服务业在造价管理中作用的发挥还得益于发达的计算机信息网络系统。各种造价资料及其变化通过计算机联网系统，可及时提供到全美各地，各地的造价信息已通过社会化的计算机网络互通有无、及时交流，这不仅便于对造价实施动态管理，而且保证了造价信息的及时性、准确性和科学性。

2.1.2.2 我国工程造价管理综述

1. 政府对工程造价的管理

我国政府在工程造价管理中既是宏观管理主体，也是政府投资项目的微观管理主体。从宏观管理的角度，政府对工程造价的管理有一个严密的组织系统，设置了多层管理机构，规定了管理权限和职责范围。现在国家住房和城乡建设部标准定额司是归口领导机构，各专业部，如交通部、水利部等也设置了相应的造价管理机构。住房和城乡建设部标准定额司负责制定工程造价管理的法规制度；制定全国统一经济定额和部专行业经济定额；负责咨询单位资质管理和工程造价专业人员的执业资格管理。各省（自治区、直辖市）和行业主管部，在其管辖范围内行使管理职能；地级市和地区的造价管理部门在所辖地区内行使管理职能。地方造价管理机构的职责和国家住房和城乡建设部的工程造价管理机构相对应。

2. 工程造价微观管理

设计单位和工程造价咨询单位，按照业主或委托方的意图，在可行性研究和规划设计阶段合理确定和有效控制建设项目的工程造价，通过限额设计等手段实现设定的造价管理目标；在招标工作中编制标底，参加评标、议标；在项目实施阶段，通过对设计变更、工期、索赔和结算等项管理进行造价控制。设计单位和造价咨询单位，通过在全过程造价管理中的业绩，赢得自己的信誉，提高市场竞争力。承包商的工程造价管理是企业管理中的重要组成部分，设有专门的职能机构参与企业的投标决策，并通过对市场的调查研究，利用过去积累的经验，科学估价，研究报价策略，提出报价；在施工过程中，进行工程造价的动态管理，注意各种调价因素的发生和工程价款的结算，避免收益的流失，以促进企业盈利目标的实现。承包商在加强工程造价管理的同时，还要加强企业内部的各项管理，特别要加强成本控制，才能切实保证企业有较高的利润水平。

3. 中国建设工程造价管理协会

中国建设工程造价管理协会目前挂靠在国家住房和城乡建设部，协会成立于 1990 年 7 月。它前身是 1985 年成立的"中国工程建设概预算委员会"。

协会的性质是：由从事工程造价管理与工程造价咨询服务的单位及具有注册资格的造价工程师和资深专家、学者自愿组成的具有社会团体法人资格的全国性社会团体，是对外代表造价工程师和工程造价咨询服务机构的行业性组织。协会属非营业性社会组织。

协会的业务范围如下：

（1）研究工程造价管理体制的改革、行业发展、行业政策、市场准入制度及行为规范等理论与实践问题。

（2）探讨提高政府和业主项目投资效益、科学预测和控制工程造价，促进现代化管理技术在工程造价咨询行业的运用，向国家行政部门提供建议。

（3）接受国家行政主管部门委托，承担工程造价咨询行业和造价工程师执业资格及职业教育等具体工作，提出与工程造价有关的规章制度及工程造价咨询行业的资质标准、合同范本、职业道德规范等行业标准，并推动实施。

（4）对外代表我国造价工程师组织和工程造价咨询行业与国际组织及各国同行组织建立联系与交往，签订有关协议，为会员开展国际交流与合作等对外业务。

（5）建立工程造价信息服务体系，编辑、出版有关工程造价方面的刊物和参考资料，组织交流和推广先进工程造价咨询经验，举办有关职业培训和国际工程造价咨询业务研讨活动。

（6）在国内外工程造价咨询活动中，维护和增进会员的合法权益，协调解决会员和行业间的有关问题，受理关于工程造价咨询执业违规和投诉，配合行政主管部门进行处理，并向政府部门和有关方面反映会员单位和工程造价咨询人员的建议和意见。

（7）指导各专业委员会和地方造价协会的其他业务。

（8）组织完成政府有关部门和社会各界委托的其他业务。

协会在工程造价理论探索、信息交流、国际往来、咨询服务、人才培养等方面做了大量工作。但从国外的经验看，协会的作用还需要更好地发挥，其职责范围还可拓展。在政府机构改革、职能转换中，协会的职能应得到强化，由政府剥离出来的一些工作应该更多地由协会承担。

4. 我国工程造价管理改革的主要任务

工程造价管理体制改革的最终目标是逐步建立以市场形成价格为主的价格机制。改革的具体内容和任务如下：

（1）改革现行的工程定额管理方式，实行量价分离，逐步建立起由工程定额作为指导的通过市场竞争形成工程造价的机制。由国务院建设行政主管部门统一制定符合国家有关标准、规范，并反映一定时期施工水平的人工、材料、机械等消耗量标准，实现国家对消耗量标准的宏观管理；制定统一的工程项目划分、工程量计算规则，为逐步实行工程量清单报价创造条件。对人工、材料、机械单价等，由工程造价管理机构依据市场价格的变化发布工程造价相关信息和指数。但这些计价依据仅在编制预算时作出为指导或指令性依据，在投标报价中仅作为报价参考资料。

（2）加强工程造价信息的收集、处理和发布工作。借鉴国外工程造价管理经验，工程造价管理机构应做好工程造价资料积累工作，建立相应的信息网络系统，及时发布信息；必须大力培育中介机构，加强协会对中介机构的联络功能，规定协会会员有责任和义务，将自己经办的已完成的造价资料，按规定的格式认真填报后输入计算机的数据库，实现全国联网，数据共享，这样就可以有效地提高专业管理水平。

（3）对政府投资工程和非政府投资工程，实现不同的定价方式。对于政府投资工程，应以统一的工程消耗量定额为依据，按生产要素市场价格编制标底，并以此为基础，实行在合理幅度内确定中标价方式。对于非政府投资工程，应强化市场定价原则。既可参照政府投资工程的做法，采取合理低价中标方式，也可由承发包双方依照合同约定的其他方式定价。

（4）加强对工程造价的监督管理，逐步建立工程造价的监督检查制度，规范定价行为，确保工程质量和工程建设的顺利进行。

（5）合格的市场主体、完备的制度规范、完善的管理体制和配套的市场体系是工程造价管理改革的社会条件。

2.1.2.3　建设工程工程量清单计价规范

《建设工程工程量清单计价规范》（GB 50500—2013）于 2013 年以国家标准发布，自 2013 年 7 月 1 日起在全国范围内实施。

1. 基本概念

（1）工程量清单含义。工程量清单（bill of quantity，BOQ）的含义如下：

1）工程量清单是按照招标要求和施工设计图纸要求，将拟建招标工程的全部项目和内容依据统一的工程量清单计算规则和子目分项要求，计算分部分项工程实物量，列在清单上作为招标文件的组成部分，供投标单位逐项填写单价用于投标报价。

2）工程量清单是把承包合同中规定的准备实施的全部工程项目和内容，按工程部位、性质以及它们的数量、单价、合价等列表表示出来，用于投标报价和中标后计算工程价款的依据，工程量清单是承包合同的重要组成部分。

3）工程量清单，严格地说不单是工程量，工程量清单已超出了施工设计图纸的范围，它是一个工作量清单的概念。

（2）工程量清单的作用和要求。

1）工程量清单是编制招标工程标底价，投标报价和工程结算时调整工程量的依据。

2）工程量清单必须依据行政主管部门颁发的工程量计算规则、分部分项工程项目划分及计量单位的规定、施工设计图纸、施工现场情况和招标文件中的有关要求进行编制。

3）工程量清单应由具有相应资质的中介机构进行编制。

4）工程量清单格式应当符合有关规定要求。

2. 实行工程量清单计价的必要性

工程量清单计价是由有编制招标文件能力的招标人或受其委托具有相应资质的中介机构，依据《计价规范》、投标须知、设计规范、图纸等，编制拟建工程的分部分项工程项目、措施项目、其他项目的名称和相应的明细清单，投标人按照招标文件所提供的工程量清单、施工现场实际情况及拟定的施工方案、施工组织设计，按企业定额或建设行政主管部门发布的消耗定额以及工程造价管理机构发布的市场价格，结合市场竞争情况，充分考虑风险，自主报价，通过市场竞争形成价格的计价方式。

（1）实行工程量清单计价是工程造价深化改革的产物。我国长期以来发承包计价、定价以工程预算定额为主要依据。工程建设预算定额管理制度，尽管曾在历史上对合理确定和控制工程造价起过积极作用，表现出其具有科学性、统一性、系统性、权威性、强制性、时效性和相对稳定性的特点。但是，随着我国经济体制改革的深入和对外开放的扩大，这一制度的弊端越来越明显。一是量价合一形成"活市场"和"死单价"的矛盾，不能在市场中真实地、及时地和准确地反应建筑产品价格；二是现行预算定额综合程度较大，施工实物性消耗和施工措施性消耗不分，不利于施工企业发挥优势，提高竞争力；三是定额计价是按图纸计算工程量，套用对应定额子目，按规定费率取费，根据文件政策调整后确定工程造价，这实质是政府定价，企业没有自主定价的权利。这一模式难以满足招标投标和评标的要求，不能充分体现市场公平竞争，工程量清单计价将改革以工程预算定额为计价依据的计价模式。

（2）实行工程量清单计价是适应市场经济的发展要求。自 2000 年《中华人民共和国招标投标法》实施以来，建设工程招投标制度已在建设市场中占主导地位，特别是国有投资和国有资金为主体的建设工程基本实行公开招标，通过招标投标竞争成为形成工程造价的主要形式。而现行预算定额规定的消耗量和有关施工措施性费用是按社会平均水平编制的，以此为依据形成的工程造价基本上也属于社会平均价格。这实质上是政府定价，企业没有自主定价的权利，在一定程度上限制了企业的公平竞争。为满足招标投标竞争定价的要求，推行工程量清单计价已成为当前建设工程发承包计价改革的重要举措。工程量清单计价按照国家统一的《计价规范》，投标人自主报价，经评审合理低价中标。能够反映出工程个别成本，有利于企业自主报价和公平竞争，适应市场经济的发展要求。

（3）实行工程量清单计价是与国际惯例接轨的需要。工程量清单计价是目前国际上通行的做法，如英联邦等许多国家、地区和世界银行等国际金融组织均采用这种模式。我国加入WTO后，建设市场进一步对外开放，为了引进外资，对外投资和国际间承包工程的需要，采用国际上通行的做法，实行招标工程的工程量清单计价，有利于增进国际间的经济往来，有利于促进我国经济的发展，有利于提高施工企业的管理水平和进入国际市场承包工程。

（4）实行工程量清单计价是规范建设市场秩序的治本措施之一。由于工程预算定额及相应的管理体系在工程发承包计价中调整发承包利益和反映市场实际价格，特别是建立公开、公平、公正竞争机制方面还有许多不相适应的地方，如建设单位在招标中盲目压价，施工企业在投标报价中高估冒算造成合同执行中产生大量的工程纠纷和扯皮，为了逐步规范这种不合理或不正当的计价行为，除了法律法规、行政监督以外，发挥市场规律中"竞争""价格"的作用是治本之策。实行工程量清单计价，把工程量清单作为招标文件和合同文件的重要组成部分，对避免招标中弄虚作假和暗箱操作以及保证工程款的结算支付都会起到重要的作用。

3. **工程量清单计价的含义与特点**

（1）工程量清单计价的准确含义。

1）工程量清单。工程量清单是表现拟建工程的分部分项工程项目、措施项目、其他项目名称及其相应工作数量的明细清单。

2）工程量清单计价。工程量清单计价是指投标人完成由招标人提供的工程量清单所需的全部费用，包括分部分项工程费、措施项目费、其他项目费和规费、税金。

3）工程量清单计价方法。工程量清单计价方法是指建设工程招标投标中，招标人按照国家统一的工程量计算规则提供工程数量，由投标人依据工程量清单自主报价，并按照经评审低价中标的工程造价的计价方法。

4）建设工程工程量清单计价规范。《计价规范》是统一工程量清单编制、规范工程量清

2.1 建筑工程消耗量定额的概念和分类

单计价的国家标准，是调节建设工程招标投标中使用清单计价的招标人、投标人双方利益的规范性文件。《计价规范》是我国在招标投标工程中实行工程量清单计价的基础，是参与招标投标各方进行工程量清单计价应遵守的准则，是各级建设行政主管部门对工程造价计价活动进行监督管理的重要依据。

（2）工程量清单计价的特点。《计价规范》具有明显的强制性、竞争性、通用性和实用性。

1）强制性。强制性主要表现在：一是由建设主管部门按照强制性国家标准的要求批准颁布，规定全部使用国有资金或国有资金投资为主的大中型建设工程应按《计价规范》规定执行。二是明确工程量清单是招标文件的组成部分，并规定了招标人在编制工程量清单时必须遵守的规则。

2）竞争性。竞争性一方面表现在《计价规范》中从政策性规定到一般内容的具体规定，充分体现了工程造价由市场竞争形成价格的原则。《计价规范》中的措施项目，在工程量清单中只列"措施项目"一栏，具体采用什么措施，由投标人根据企业的施工组织设计，视具体情况报价。另一方面，《计价规范》中人工、材料和施工机械没有具体的消耗量，为企业报价提供了自主的空间。

3）通用性。通用性表现在我国采用的工程量清单计价与国际惯例接轨，符合工程量计算方法标准化、工程量计算规则统一化和工程造价确定市场化的要求。

4）实用性。实用性表现在《计价规范》的附录中，工程量清单项目及计算规则的项目名称表现的是工程实体项目，项目名称明确清晰，工程量计算规则简洁明了。

4.《计价规范》的编制原则

（1）企业自主报价、市场形成价格的原则。为规范发包方与承包方的计价行为，《计价规范》要确定工程量清单计价的原则、方法和必须遵守的规则，包括统一编码、项目名称、计量单位、工程量计算规则等。工程价格最终由工程项目的招标人和投标人，按照国家法律、法规和工程建设的各项规章制度以及工程计价的有关规定，通过市场竞争形成。

（2）与现行预算定额既有联系又有所区别的原则。《计价规范》的编制过程中，参照我国现行的统一工程预算定额，尽可能地与全国统一工程预算定额衔接，主要是考虑工程预算定额是我国经过多年的实践总结，具有一定的科学性和实用性，被广大工程造价计价人员所熟悉，有利于推行工程量清单计价，方便操作，平稳过渡。与工程预算定额有所区别主要表现在：定额项目是规定以工序为划分项目的；施工工艺、施工方法是根据大多数企业的施工方法综合取定的；人工、材料、机械消耗量是根据"社会平均水平"综合测定的；取费标准是根据不同地区平均测算的。

（3）既考虑我国工程造价管理的实际，又尽可能与国际惯例接轨的原则。编制《计价规范》，是根据我国当前工程建设市场发展的形势，为逐步解决预算定额计价中与当前工程建设市场不相适应的因素，适应我国社会主义市场经济发展的要求，特别是适应我国加入WTO后工程造价计价与国际接轨的需要，积极稳妥地推行工程量清单一些做法，同时也结合了我国工程造价管理的实际情况。工程量清单在项目划分、计量单位、工程量计算规则等方面尽多可能地与全国统一定额相衔接，费用项目的划分借鉴了国外的做法，名称叫法上尽量采用国内的习惯叫法。

5. 实行工程量清单计价的效果

(1) 有利于实现政府定价到市场定价，从消极自我保护向积极公平竞争的转变。工程量清单计价有利用实现从政府定价到市场定价，从消极自我保护向积极公平竞争的转变，对计价依据改革具有推动作用，从而改变了过去企业依赖国家发布定额的状况，通过市场竞争自主报价。

(2) 有利于公平竞争，避免暗箱操作。工程量清单计价，由招标人提供工程量，所有的投标人在同一工程量基础上自主报价，充分体现了公平竞争的原则。工程量清单作为招标文件的一部分，从原来的事后算账转为事前算账，可以有效改变目前建设单位在招标中盲目压价和结算无依据的状况，同时可以避免工程招标中的弄虚作假、暗箱操作等不规范的招标行为。

(3) 有利于风险合理分担。投标单位只对自己所报的成本、单价的合理性等负责，而对工程量的变更或计算错误等不负责任，相应的这一部分风险则应由招标单位承担。这种格局符合风险合理分担与责权利关系对等的一般原则，同时也必将促进各方面的管理水平的提高。

(4) 有利于工程拨付款和工程造价的最终确定。工程招投标中标后，建设单位与中标的施工企业签订合同，工程量清单报价基础上的中标价就成为合同价的基础。投标清单上的单价是拨付工程款的依据，建设单位根据施工企业完成的工程量可以确定进度款的拨付额。工程竣工后，依据设计变更、工程量的增减和相应的单价，确定工程的最终造价。

(5) 有利于标底的管理和控制。在传统的招标投标方法中，标底一直是个关键因素，标底的正确与否、保密程度如何一直是人们关注的焦点。而采用工程量清单计价方法，工程量是公开的，是招标文件内容的一部分，标底只起到一定的控制作用（即控制报价不能突破工程概算的约束），仅仅是工程招标的参考价格，不是评标的关键因素，且与评标过程无关，标底的作用将逐步弱化。这就从根本上消除了标底准确性和标底泄漏所带来的负面影响。

(6) 有利于提高施工企业的技术和管理水平。中标企业可以根据中标价及投标文件中的承诺，通过对单位工程成本、利润进行分析，统筹考虑、精心选择施工方案，合理确定人工、材料和施工机械要素的投入与配置，优化组合，合理控制现场费用和施工技术措施费用等，以便更好地履行承诺，保证工程质量和工期，促进技术进步，提高经营管理水平和劳动生产率。

(7) 有利于工程索赔的控制与合同价的管理。工程量清单计价可以加强工程实施阶段结算与合同价的管理和工程索赔的控制，强化合同履约意识和工程索赔意识。工程量清单作为工程结算的主要依据之一，对工程变更、工程款支付与结算等方面的规范管理起到积极的作用，必将推动建设市场管理的全面改革。

(8) 有利于建设单位合理控制投资，提高资金使用效益。通过竞争，按照工程量招标确定的中标价格，在不提高设计标准情况下与最终结算价是基本一致的，这样可为建设单位的工程成本控制提供准确、可靠的依据，科学合理地控制投资，提高资金使用效益。

(9) 有利于招标投标节省时间，避免重复劳动。以往投标报价，各投标人须计算工程量，计算工程量占投标报价工程量的 70%~80%。采用工程量清单计价则可以简化投标报价计算过程，有了招标人提供的工程量清单，投标人只需填报单价和计算合价，缩短投标单位投标报价时间，更有利于招投标工作的公开公平、科学合理；同时，避免了所有的投标人按照同一图纸计算工程数量的重复劳动，节省大量的社会财富和时间。

(10) 有利于工程造价计价人员素质的提高。推行工程量清单计价后,工程造价计价人员就不仅能看懂施工图、会计算工程量和套定额子目,而且要既懂经济又精通技术、熟悉政策法规,向全国发展的复合型人才转变。

2.1.3 建筑工程消耗量定额的概念和作用

1. 工程建设定额的概念

在社会化生产中,为了完成某一合格产品,就必然要消耗(投入)一定量的活劳动与物化劳动。在社会生产发展的各个阶段,由于生产水平及生产关系不同,在产品生产中所消耗的活劳动与物化劳动的数量也就不同,然而在一定的生产条件下,总有一个相对合理的数额。规定完成某一合格单位产品所需消耗的活劳动与物化劳动的数量标准(或额度),就是生产性的定额。所谓"定",就是规定;"额",就是额度或限度。从广义理解,定额就是规定的额度或限度,即标准或尺度。工程建设定额是指在正常的生产建设条件下,完成合格单位工程建设产品所需资源消耗量的数量标准。

在理解上述工程建设定额概念时,应注意以下几个问题:

(1) 工程建设定额属于生产消费定额性质。工程建设是物质资料的生产过程,而物质资料的生产过程必然也是生产的消费过程。一个工程项目的建成,无论是新建、改建、扩建,还是恢复工程,都要消耗大量人力、物力和资金。而工程建设定额所反映的,正是在一定的生产力发展水平条件下,以产品质量标准为前提,完成工程建设中某项产品与各种生产消耗之间的特定数量关系。这种特定数量关系一经定额编制部门(或企业)确定,即成为工程建设中生产消耗的限量标准。这种限量标准是定额编制部门(或企业)对工程建设实施者在生产效率方面的一种要求,也是工程建设管理者(或生产者)用来编制工程计划、考核和评价建设成果的重要标准。

(2) 工程建设定额的水平必须与当时的生产力发展水平相适应。人们一般将工程建设定额所反映的资源消耗量的大小称为定额水平。定额水平受一定的生产力发展的制约,一般来说,生产力发展水平高,则生产效率高,生产过程中的消耗就少,定额所规定的资源消耗量应相应地降低,人们将此种状况称为定额水平高;反之,生产力发展水平低,则定额所规定的资源消耗量应相应地提高,此种状况则称为定额水平低。

(3) 工程建设定额所规定的资源消耗量,是指完成定额所标定(或限定)的定额对象的合格单位工程建设产品所需消耗资源的限量标准。

(4) 工程建设定额反映的资源消耗量的内容,包括为完成该工程建设产品生产任务所需的所有的资源消耗。工程建设是一项物质生产活动,为完成物质生产过程必须形成有效的生产能力,而生产能力的形成必须消耗劳动力、劳动对象和劳动工具,反映在工程建设过程中,即为人工、材料和机械三种资源的消耗。

尽管管理科学在不断发展,但是它仍然离不开定额。没有定额提供可靠的基本管理数据,任何好的管理方法和手段也不能取得理想的结果。所以,定额虽然是科学管理发展初期的产物,但它在企业管理中一直占有重要的地位。定额是企业管理科学化的产物,也是科学管理的基础。

2. 定额的特性

我国推行工程量清单计价方法从本质上反映了我国工程造价进入了全面深化改革阶段。定额特性与在传统的工程造价制度下有着本质上的区别,主要反映在市场性与自主性,具体表现在以下几方面：

(1) 市场性与自主性。推行工程量清单计价是深化工程造价管理改革，推进建设市场化的重要途径。工程预算定额长期以来是我国承发包计价、定价的主要依据。1992年为了适应建筑市场改革的要求，针对工程预算定额编制和使用中存在的问题，提出了"控制量、指导价、竞争费"的改革措施，其中对工程预算定额改革的主要思路和原则是：将工程预算定额中的人、材、机消耗量和相应的单价分离，国家控制量以保证工程质量，价格逐步走向市场化。这一改革措施迈出了对传统定额改革的第一步，在我国实行市场经济的初期，在政府采用"管放结合"的价格机制方面起到了一定的作用。但随着建筑市场化进程的发展，这种做法难以改变工程预算定额中国家指令性内容比较多的状况，难以满足招标投标竞争定价和经评审合理低价中标的要求。因此，推行工程量清单计价这一新的计价方法的指导思想是：顺应市场的要求，引导并规范建设工程招标投标活动健康有序地发展。跳出传统的工程预算定额编制及预算计价方法的模式，探讨适应于招投标需要，编制适应于工程量清单计价方法的新的计价规范是十分必要的。真正实现"政府宏观调控、企业自主报价、部门动态监管"的运行机制。因而对传统认识的定额特性产生了本质的变化，突出了按市场规律搞工程建设，由企业自主报价、市场定价成为定额特性的基本特征。

(2) 定额的法令性和指导性。企业自主报价不等于放任不管，市场定价也必须遵守相应的法律法规、符合市场的游戏规则，还必须强调政府宏观调控和部门动态监管。政府宏观调控是指作为各级政府对工程建设招投标活动中的计价行为不是放任不管，而是要规范指导。政府宏观调控的具体手段首先是要制定统一的计价规范，为新的计价方法提供基础。其次是政府委托的工程造价管理机构制定供建设市场编制标底和投标报价参考的消耗量定额，作为社会平均水平宏观引导市场，使业主和企业能客观地了解建筑产品社会平均消耗水平，使业主把握自己的投资能力和投资行为，这也是维护建设市场秩序的必要手段和措施。再者政府主管部门还规定，对全部使用国有资金或国有资金投资的大中型建设工程应按工程量清单计价规范执行。因此，法令性和指导性也是重要的定额特性。

(3) 定额的科学性与群众性。自主报价、市场定价的原则，说明了"企业定额"或称"施工定额"在今后形成的新的定额体系中占有重要地位。各类定额都是在当时的实际生产力水平条件下，是在实际生产中大量测定、综合、分析研究、广泛搜集统计信息及资料的基础上，运用科学的方法制定的。因此，它不仅具有严密的科学性，而且具有广泛的群众基础。当定额一旦颁发执行，就成为广大职工共同奋斗的目标。总之，定额的制定和执行都离不开职工，也只有得到职工的充分协助，定额才能先进合理，才能被职工所接受。

(4) 定额的稳定性和时效性。定额中所规定的各种活劳动与物化劳动消耗量的多少，是由一定时期的社会生产力水平（或包括企业自身条件）所确定的。随着科学技术水平和管理水平的提高，社会生产力的水平也必然提高，有一个由量变到质变的过程，存在一个变动的周期，因此定额的执行也有一个相应的实践过程。当生产条件发生了变化，技术水平有了较大的提高，原有定额已不能适应生产需要时，授权部门才会根据新的情况对定额进行修订和补充。所以，定额既不是固定不变的，也绝不是朝定夕改，但对企业定额的局部修订或补充是会常常出现的。

3. 建筑工程定额的分类

工程定额的种类很多，根据使用对象和组织施工的具体目的、要求的不同，定额的形式、内容和种类也不同。

（1）根据生产要素分类。建筑工程定额按生产要素分类如图 2.1 所示。

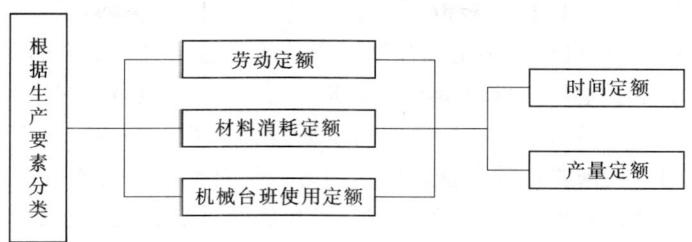

图 2.1　按生产要素分类的工程定额

（2）根据编制程序和用途分类。建筑工程定额按编制程序和用途分类如图 2.2 所示。

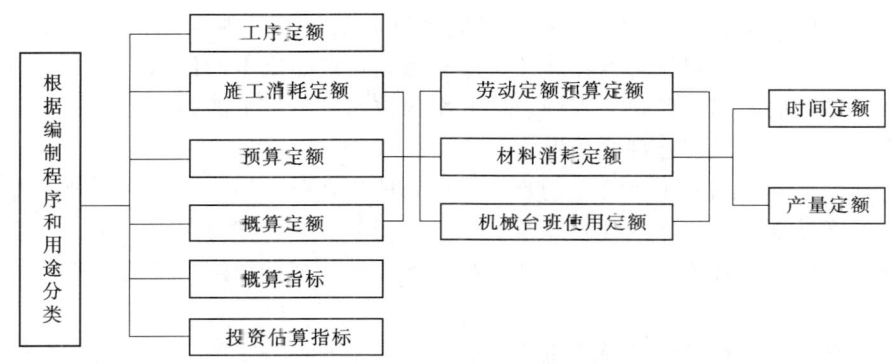

图 2.2　按编制程序和用途分类的工程定额

（3）根据制定单位和执行范围分类。建筑工程定额按制定单位和范围分类如图 2.3 所示。

（4）根据专业性质分类。建筑工程定额按专业性质分类如图 2.4 所示。

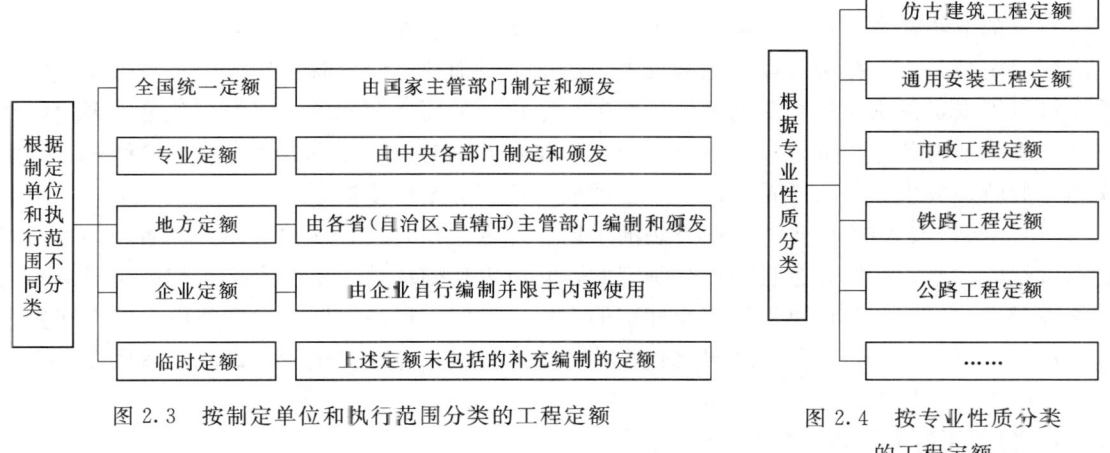

图 2.3　按制定单位和执行范围分类的工程定额　　图 2.4　按专业性质分类的工程定额

4．定额的作用

定额是科学的产物，因而决定了它在社会主义市场经济中具有重要的地位和作用。

（1）定额是宏观调控的依据。我国社会主义经济是以公有制为主体的，它既要充分发展市场经济,又要有计划地调节。这就需要利用一系列定额为预测、计划、调节和控制经济发展提供有技术依据的参数,提供出可靠的计量标准。

(2) 定额是投资决策的依据。定额的制定,其主要目的就是为了计价。建设项目法人(建设单位)或其招标代理机构在确定和控制工程造价、进行经济评价和评判报价是否合理时,必然以定额为依据。定额、指标是项目筛选、进行经济比较的依据,也是确定项目造价的基础。建筑工程的造价是由设计内容决定的,而设计内容又是由它的工程所需要的人力、材料、机械设备等的消耗来决定的。这里的劳动力、材料和机械设备等,都是根据定额计算出来的。因此,从设计的角度看,定额是确定基本建设投资和建筑工程造价的依据。实施中,概预算是建设单位筹措资金、发包工程、控制造价的依据和目标,也是自我约束、衡量建设管理水平的标准。

(3) 定额是确定产品成本的依据,是评比设计方案合理性的尺度。建筑产品的价格是由其产品生产过程中所消耗的人力、材料、机械台班数量以及其他资源、资金的数量所决定的,而它们的消耗量又是根据定额计算的,定额是确定产品成本的依据。同时,同一建筑产品的不同设计方案的成本,反映了不同设计方案的技术经济水平的高低。因此,定额也是比较和评价设计方案是否经济合理的尺度。

(4) 定额是编制计划的基础。无论是国家计划还是企业计划,在计划管理中需编制施工进度计划、年度计划、月旬作业计划以及下达生产任务单等,都要按照定额,合理地平衡调配人力、物力、财力等各项资源,以保证提高经济效益,把计划落到实处。所以,定额是编制计划的基础。

(5) 定额是提高企业经济效益的重要工具。定额是一种法定的标准,具有严格的经济监督作用,它要求每一个执行定额的人,都必须严格遵守定额的要求,并在生产过程中尽可能有效地使用人力、物力、资金等资源,使之不超过定额规定的标准,从而提高劳动生产率,降低生产成本。定额为生产者和经营管理人员树立了评价劳动成果和经营效益的标准尺度,同时也使广大职工明确了自己在工作中应该达到的具体目标,从而增加责任感和自我完善意识,自觉的节约社会劳动和消耗,努力提高劳动生产率和经济效益。

(6) 定额是贯彻按劳分配原则的尺度。由于工时消耗定额反映了生产产品与劳动量的关系,可以根据定额来对每个劳动者的工作进行考核,从而确定他所完成的劳动量的多少,并以此来支付他的劳动报酬。定额在实现分配、兼顾效率与社会公平方面有巨大的作用。定额作为评价劳动成果和经营效益的尺度,也就成为按劳分配的依据。

(7) 定额是总结推广先进生产方法的手段。定额是在先进合理的条件下,通过对生产和施工过程的观察、实测、分析而综合制定的,它可以准确地反映出生产技术和劳动组织的先进合理程度。因此,我们可以用定额标定的方法,对同一产品在同一操作条件下的不同生产方法进行观察、分析,从而总结出比较完善的生产方法,并经过试验、试点,然后在生产过程中予以推广,使生产效率得到提高。

2.1.4 建筑工程消耗量定额的分类

工程建设定额按其反映的物质消耗内容,可分为劳动消耗定额、材料消耗定额和机械台班消耗定额三种。

1. 劳动消耗定额

劳动消耗定额有两种基本表示形式:时间定额和产量定额。

2. 材料消耗定额

材料消耗定额是指在生产（施工）组织和生产（施工）技术条件正常，材料供应符合技术要求，合理使用材料的条件下，完成单位合格产品，所需一定品种规格的建筑或构、配件消耗量的标准数量。

包括净用在产品中的数量、在施工过程中发生的自然和工艺性质的损耗量。

3. 机械台班消耗定额

机械台班消耗定额有两种表现形式：

（1）机械台班产量定额。是指在合理的劳动组织和一定的技术条件下，工人操作机械在一个工作台班内应完成合格产品的标准数量。

（2）机械台班时间定额。是指在合理的劳动组织和一定的技术条件下，生产某一单位合格产品所必须消耗的机械台班数量。

劳动定额、材料消耗定额、机械使用台班定额反映了社会平均必需消耗的水平，它是制定各种实用性定额的基础，因此也称为基础定额。

2.2 建筑工程消耗量定额编制及应用

2.2.1 建筑工程消耗量定额编制概述

1. 施工消耗定额的概念和作用

施工消耗定额是施工企业直接用于建筑工程投标报价、施工管理与经济核算的一种定额。它是以同一性质的施工过程或工序为测定对象，以工序定额为基础综合而成的确定建筑工人在正常的施工条件下，为完成一定计量单位的某一施工过程或工序所需人工、材料和机械台班消耗的数量标准。所以，施工消耗定额是由劳动定额、材料消耗定额和机械台班定额组成，是最基本的定额。

施工单位应根据本企业的具体条件和可能挖掘的潜力，根据市场的需求和竞争环境，根据国家的有关政策、法律、规范、制度，自己编制定额，自行决定定额水平。同类企业和同一地区的企业之间存在施工定额水平的差距，使其具有一定的竞争潜力，只有这样才能具有市场竞争能力。

在市场经济条件下，施工消耗定额是企业定额，而国家定额和地区定额也不再是强加于施工单位的约束，而是对企业的施工消耗定额管理进行引导。为企业提供有关参数和指导，从而实现对工程造价的宏观调控。

施工消耗定额在建筑安装企业管理工作中的基础作用，主要表现在以下几个方面：

（1）施工消耗定额是影响招标文件和决策投标报价，以及编制施工组织设计、施工作业计划的依据。

（2）施工消耗定额是施工队向班、组签发施工任务单和限额领料单的依据。施工任务单是记录班组完成任务情况和结算班组工人工资的凭证。限额领料单是项目经理部随任务单同时签发的领取材料的凭证，是限额领料和节约材料奖励的依据。

（3）施工消耗定额是实行按劳分配的有效手段。

（4）施工消耗定额是编制施工项目目标计划成本和项目成本核算的重要依据，也是加强企业成本管理和经济核算，进行工料分析和"核算对比"的基础。

(5) 施工消耗定额是修正投标报价水平和企业编制与补充新的施工消耗定额的基础。

2. 施工消耗定额的内容

目前，各省（自治区、直辖市）及专业部门多以全国统一的劳动、材料和机械台班定额为基础，结合现行的质量标准、规范和规程及本地区、本部门的技术组织条件，并参照历史资料进行调整补充，编制自己的施工消耗定额。

汇编成册的施工消耗定额，主要有如下三部分内容：

（1）文字说明部分。文字说明部分又分为总说明、分册说明和分章（节）说明三部分。

总说明主要内容包括：定额的编制依据、编制原则、适用范围、用途、有关综合性工作内容、工程质量及安全要求、定额消耗指标的计算方法和有关规定。

分册说明主要包括分册范围内的定额项目和工作内容、施工方法、质量及安全要求、工程量计算规则、有关规定和计算方法的说明。

分章（节）说明是指分章（节）定额的表头文字说明，其内容主要有工作内容、质量要求、施工说明、小组成员等。

（2）分节定额部分。分节定额部分包括定额的文字说明、定额表和附注。

定额表是分节定额中的核心部分和主要内容，它包括工程项目名称、定额编号、定额单位和人工、材料、机械台班消耗指标，见表 2.1。

表 2.1　　　　　　　　　建筑安装工程（墙基）施工定额表

1. 工作内容：包括砌砖、铺灰、递砖、挂线、吊直、找平、检查皮数杆、清扫落地灰及工作前清扫灰尘等工作。
2. 质量要求：墙基两侧所出宽度必须相等，灰缝必须平正均匀，墙基中线位移不得超过 10mm。
3. 施工说明：使用铺灰扒或铺灰器，实行双手挤浆。

每 $1m^3$ 砌体的劳动定额与单价							
项目	单位	1 砖墙	1.5 砖墙	2 砖墙	2.5 砖墙	3 砖墙	3.5 砖墙
		1	2	3	4	5	6
小组成员	人	三—1 五—1	三—2 五—1	三—2 四—1 五—1	三—3　四—1　五—1		
时间定额	工日	0.294	0.244	0.222	0.213	0.204	0.918
每日小组产量	m^3	6.80	12.3	18.0	23.5	24.5	25.3
计价单价	元						
每 $1m^3$ 砌体的材料消耗定额							
砖	块	527	521	518.8	517.3	516.2	515.4
砂浆	m^3	0.2522	0.2604	0.2640	0.2663	0.2680	0.2692

注 1. 垫基以下为墙基（无防潮层者以室内地坪以下为准），其厚度按防潮层处墙厚为标准。放脚部分已考虑在内，其工程量按平均厚度计算。
2. 墙基深度按地面以下 1.5m 深以内为准，超过 1.5~2.5m 者，其时间定额及单价乘以 1.2。超过 2.5m 以上者，其时间定额及单价乘以 1.25。但砖、灰浆能直接运入地槽者不另加工。
3. 墙基之墙角、墙垛及砌地沟（暖气沟）等内外出檐不另加工。
4. 本定额以混合砂浆及白灰砂浆为准，使用水泥砂浆者，其时间定额及单价乘以 1.11。
5. 砌墙基弧形部分，其时间定额及单价乘以 1.43。

"注"一般列在定额表的下面，主要是根据施工内容及施工条件的变动，规定人工、材料、机械台班用量的增减变化,是对定额表的补充。在某些情况下,附注也限制定额使用范围,如规定该定额以使用某种规格的材料为条件,当材料规格变更了,定额就不再适用。

(3) 附录部分。附录一般列于分册的最后,作为使用定额的参考,其主要内容如下:

1) 有关名词解释。

2) 先进经验及先进工具的介绍。

3) 计算材料用量、确定材料质量等参考性资料,如砂浆、混凝土配合比表及使用说明等。

2.2.2 建筑工程劳动消耗定额的确定

2.2.2.1 劳动消耗定额的概念

劳动定额是在一定的施工组织和施工技术条件下,为完成单位合格产品所必需的劳动消耗标准。这个标准是国家和企业对工人在单位时间内的劳动数量、质量的综合要求,也是建筑施工企业内部组织生产、编制施工作业计划、签发施工任务单、考核工效、计算超额奖或计算工资,以及承包中计算人工和进行经济核算等的依据。劳动定额是人工的消耗定额,又称人工定额,是建筑安装工程统一劳动定额的简称。

劳动定额标准和《施工及验收规范》《建筑安装工人安全操作规程》《建筑安装工人技术等级标准》以及有关评定标准和规定有机地结合,为多、快、好、省地生产合格建筑产品提供了可靠的保证,它们之间是相互促进的关系。没有规范、规程的存在,就不可能有科学的劳动定额标准;反之,没有科学的劳动定额标准,规范、规程也难以发挥作用。

从价值观点来看,价值是凝结在商品中的商品生产者的社会必要劳动。建筑安装工程商品价值是凝结在建筑安装工程商品中的建筑安装职工的社会必要劳动。价值大小是由生产商品所必需的社会必要劳动量的大小决定的。劳动生产率愈高,生产单位商品所消耗的劳动时间和社会必要的劳动时间之比就愈小,利润就愈大,国家就多收,企业就多留,个人就多得。

现行的《全国建筑安装工程劳动定额》是供各地区主管部门和企业编制施工定额的参考定额,是以建筑安装工程产品为对象,以合理组织现场施工为条件,按"实"计量。因此,定额规定的劳动时间或劳动量一般不变,其劳动工资单价可根据各地工资水平进行调整。劳动定额对不同工具、不同工艺、不同的产品项目有不同的定额水平,这有利于贯彻按劳分配,加强企业管理,提高劳动生产率,并能够准确、及时地反映劳动者实际提供的劳动数量和质量。

2.2.2.2 劳动定额的表现形式

劳动定额按其表现形式的不同,分为时间定额和产量定额。

1. 时间定额

时间定额亦称工时定额,是指在一定的生产技术和生产组织条件下,劳动者生产单位合格产品或完成一定的工作任务的劳动时间消耗的数量标准。定额时间包括准备与结束时间、基本工作时间、辅助工作时间、不可避免的中断时间和工人需要的休息时间等。

时间定额的计量单位,一般以完成产品的单位(如 m^3、m^2、m、t、块、根……)和工日来表示,如工日/m^3,每个工日工作时间按现行规定为8h,用公式表示如下:

$$单位产品时间定额 = 1/每日产量 \tag{2.1}$$

或
$$单位产品时间定额 = 小组成员工日数总和/小组台班产量 \tag{2.2}$$

例如,某砌筑小组由4人组成,砌一砖半混水内墙,一天内(8h)砌完 $9.6m^3$,则

$$时间定额 = 4 工日/9.6m^3 = 0.417 工日/m^3$$

即砌筑 $1m^3$ 合格的一砖半混水内墙约需 0.417 工日。

2. 产量定额

产量定额就是在一定的生产技术和生产组织条件下，劳动者在单位时间（工日）内生产合格产品的数量或完成工作任务量的数量标准。

产量定额根据时间定额计算。用公式表示如下：

$$每日产量 = 1/单位产品时间定额 \quad (2.3)$$

或

$$小组每班产量 = 小组成员工日数总和/单位产品时间定额 \quad (2.4)$$

产量定额的计量单位，一般以产品的计量单位和工日来表示，如 m（或 m^2、m^3、t、块、根……）/工日。

例如，4 人小组砌一砖半混水内墙的时间定额为 0.417 工日，则

$$产量定额 = 4 人/(0.417 工日/m^3) = 9.6m^3/工日$$

即 4 人小组每工日可砌筑合格的一砖半混水内墙 $9.6m^3$。

时间定额和产量定额之间互为倒数关系。时间定额降低，则产量定额提高，用公式表示如下：

$$时间定额 = 1/产量定额 \quad (2.5)$$

或

$$时间定额 \times 产量定额 = 1 \quad (2.6)$$

例如，按我国 1994 年制定、1995 年 1 月 1 日实施的《全国建筑安装工程统一劳动定额》规定，人工挖二类土方，时间定额为每立方米耗工 0.192 工日，记作 0.192 工日/m^3。挖 $1m^3$ 的二类土，每工的产量定额就是 1/0.192＝$5.2m^3$，记作 $5.2m^3$/工日。

1995 年 1 月 1 日实施的《全国建筑安装工程统一劳动定额》改革了劳动定额的形式和结构编排，推行标准化管理，采用了两套标准系列，即建筑安装工程劳动定额、建筑装饰工程劳动定额，并分别编写了标准编制说明。该定额改变了传统的复式定额的表现形式，全部采用单式，即用时间定额（工日/××）表示。表 2.2 为砖墙劳动定额。

表 2.2　　　　　　　　　　　砖 墙 劳 动 定 额

工作内容：包括砌墙面艺术形式、墙垛、平旋模板、梁板头砌砖、梁下塞砖、楼楞间砌砖、留楼梯踏步斜槽、留孔洞，砌各种凹进处、山墙泛水槽，安放木砖、铁件，安放 60kg 以内的预制混凝土门窗过梁、隔板、垫块，以及调整立好后的门窗框等。

表 A　　　　　　　　　　　　　　　　　　　单位：工日/m^3

项　目		双　面　清　水			单　面　清　水					序号
		1 砖	1.5 砖	2 砖或 2 砖以外	0.5 砖	0.75 砖	1 砖	1.5 砖	2 砖或 2 砖以外	
综合		1.27	1.20	1.12	1.52	1.48	1.23	1.14	1.07	一
	塔吊机吊	1.48	1.41	1.33	1.73	1.69	1.44	1.35	1.28	二
砌砖		0.726	0.653	0.568	1.00	0.956	0.684	0.593	0.52	三
运输		0.44	0.44	0.44	0.434	0.437	0.44	0.44	0.44	四
	塔吊机吊	0.652	0.652	0.652	0.642	0.645	0.652	0.652	0.652	五
调制砂浆		0.101	0.106	0.107	0.085	0.089	0.101	0.106	0.107	六
编号		4	5	6	7	8	9	10	11	

表 B   单位：工日/m³

项目		混水内墙				混水外墙					序号
		0.5砖	0.75砖	1砖	1.5砖及1.5砖以外	0.5砖	0.75砖	1砖	1.5砖	2砖或2砖以外	
综合	塔吊机吊	1.38	1.34	1.02	0.994	1.5	1.44	1.09	1.04	1.01	一
		1.59	1.55	1.24	1.21	1.71	1.65	1.3	1.25	1.22	二
砌砖		0.865	0.815	0.482	0.448	0.98	0.915	0.549	0.491	0.458	三
运输	塔吊机吊	0.434	0.437	0.44	0.44	0.434	0.437	0.44	0.44	0.44	四
		0.642	0.645	0.654	0.654	0.642	0.645	0.652	0.652	0.652	五
调制砂浆		0.085	0.089	0.101	0.106	0.085	0.089	0.101	0.106	0.107	六
编号		12	13	14	15	16	17	18	19	20	

表 C   单位：工日/m³

项目		空斗墙		空心砖墙						序号
		清水	混水	内墙			外墙			
				墙体厚度/cm						
				15以内	25以内	25以外	15以内	25以内	25以外	
综合	塔吊机吊	0.864	0.722	0.909	0.758	0.671	0.965	0.804	0.712	一
		0.967	0.825	1.14	0.943	0.840	1.20	0.989	0.881	二
砌砖		0.619	0.477	0.500	0.417	0.370	0.556	0.463	0.411	三
运输	塔吊机吊	0.218	0.218	0.364	0.296	0.256	0.364	0.296	0.256	四
		0.321	0.321	0.595	0.481	0.425	0.595	0.481	0.425	五
调制砂浆		0.027	0.027	0.045	0.045	0.045	0.045	0.045	0.045	六
编号		21	22	23	24	25	26	27	28	

注 1. 砌外墙不分里外架子，均执行本标准。
2. 女儿墙按外墙相应项目的时间定额执行。
3. 地下室墙按内墙塔吊相应项目时间定额执行。
4. 空斗墙以不加填充料为准，工程量包括实砌部分。如加填充料时，则按《砖墙加工表》加工。
5. 平房、围墙按砖墙机吊相应项目时间定额执行。围墙砌筑包括若拆简易架子，其墙垛、墙头、冒出檐不另加工。
6. 框架填墙按相应项目的时间定额执行。
7. 空心砖墙包括镶砌标准砖。

2.2.2.3 时间定额和产量定额的用途

时间定额和产量定额虽是同一劳动定额的不同表现形式，但其用途却不相同。前者以单位产品的工日数表示，便于计算完成某一分部（项）工程所需的总工日数，便于核算工资，便于编制施工进度计划和计算分项工期。后者是以单位时间内完成的产品数量表示，便于小组分配施工任务，考核工人的劳动效率和签发施工任务单。

2.2.3 建筑工程材料消耗定额的确定

材料消耗定额是指在"一定条件"下，完成单位合格施工作业过程（工作过程）的施工任务所需消耗一定品种、一定规格的建筑材料（包括半成品、制品、物件、配件及周转材料等）的数量标准。所谓"一定条件"主要是指施工生产的技术条件、施工工艺方法、工人技术熟练程度、企业管理水平、材料质量、自然条件以及职工的思想觉悟程度等。

建筑材料是建筑安装企业进行生产活动，完成建筑产品的物化劳动过程的物质条件。建筑工程的原材料（包括半成品、制品、预制品、物件、配件等）品种繁多，耗用量大。在一般工业与民用建筑工程中，其材料费占整个工程费用的60%~70%。因此，降低工程成本，在很大程度上取决于减少建筑材料的消耗量。

材料消耗定额是编制材料需要量计划、运输计划、供应计划、计算仓库面积、签发限额领料单和经济核算的根据。制定合理的材料消耗定额，是组织材料的正常供应，保证生产顺利进行，合理利用资源，减少积压、浪费的必要前提。

工程施工中所消耗的材料，按其消耗的方式可以分成两种：一种是在施工中一次性消耗的、构成工程实体的材料，如砌筑砖砌体用的标准砖，浇筑混凝土构件用的混凝土等，一般把这种材料称为实体性材料或非周转性材料；另一种是在施工中周转使用，其价值是分批分次地转移到工程实体中去的，这种材料一般不构成工程实体，它是为有助于工程实体的形成而使用并发生消耗的材料，如砌筑砖墙用的脚手架、浇筑混凝土构件用的模板等，一般把这种材料称为周转性材料。

2.2.3.1 实体性材料

实体性材料也称非周转性材料，它是指在建筑施工中，一次性消耗直接构成工程实体的消耗材料，如砖、砂、石、钢筋、水泥等。

施工中实体性材料的消耗一般可分为必需消耗的材料和损失的材料两类。其中必需消耗的材料是在节约与合理使用材料的条件下，完成合格产品所必须需消耗的材料。对于损失的材料，由于它是属于施工生产中不合理的耗费，可以通过加强管理来避免这种损。材料消耗定额不应该包括可能避免的材料损耗。

直接用于工程的材料数量，称为材料净耗量；不可避免的施工废料和材料损耗数量，称为材料合理损耗量。用公式表示如下：

$$材料消耗量 = 材料净耗量 + 材料合理损耗量 \tag{2.7}$$

材料损耗率是材料合理损耗量与材料消耗量之比，用公式表示如下：

$$材料损耗率 = 材料合理损耗量/材料消耗量 \times 100\% \tag{2.8}$$

材料消耗量还可依据材料净耗量及损耗率来确定。其计算公式为

$$材料消耗量 = 材料净耗量 \div (1 - 材料损耗率) \tag{2.9}$$

混凝土、砂浆及各种胶泥等均按半成品消耗量，因全国各地湿度条件相差较大，不能列出原材料明细消耗量，其配合比按现行规范规定计算。

制定材料消耗定额有两种方法，一是参照预算定额材料部分逐项核查选用；二是自行编制材料消耗定额。其基本方法有理论计算法、观察法、试验法和统计法。

下面以理论计算法为例，介绍材料消耗定额的计算方法。

理论计算法也称计算法。它是根据施工图纸和建筑构造要求，用理论公式算出产品的净耗材料数量，从而制定材料的消耗定额。

理论计算法主要用于块、板类建筑材料（如砖、钢材、玻璃等）的消耗定额。

例如，用标准砖（长240mm×宽115mm×高53mm）砌筑1m³不同厚度砌体的砖和砂

浆的净用量，可用以下公式计算：

(1) 计算每立方米 0.5 砖墙砖的净用量。

$$砖数 = 1 \div [(砖长 + 灰缝) \times (砖厚 + 灰缝)] \times (1 \div 砖宽)$$

(2) 计算每立方米 1 砖墙砖的净用量。

$$砖数 = 1 \div [(砖宽 + 灰缝) \times (砖厚 + 灰缝)] \times (1 \div 砖长)$$

(3) 计算每立方米 1.5 砖墙砖的净用量。

$$砖数 = \{1 \div [(砖长 + 灰缝) \times (砖厚 + 灰缝)] + 1 \div [(砖宽 + 灰缝) \times (砖厚 + 灰缝)]\} \times [1 \div (砖长 + 砖宽 + 灰缝)]$$

(4) 计算每立方米 2 砖墙砖的净用量。

$$砖数 = 1 \div [(砖宽 + 灰缝) \times (砖厚 + 灰缝)] \times [2 \div (2 砖长 + 灰缝)]$$

(5) 计算砂浆用量。

$$砂浆 = 1m^3 (砌体体积) - 砖的体积$$

其中，每块标准砖的体积 $= 0.240m \times 0.115m \times 0.053m = 0.0014628m^3$

【例 2.1】 计算 1 砖墙 $1m^3$ 砌体砖和砂浆的净用量。

解： 计算砖的净用量。

$$砖数 = 1 \div [(砖宽 + 灰缝) \times (砖厚 + 灰缝)] \times (1 \div 砖长)$$
$$= 1 \div [(0.115 + 0.01) \times (0.053 + 0.01)] \times (1 \div 0.24)$$
$$= 1 \div 0.00189 = 529 (块)$$

$$砂浆 = (1 - 0.0014628 \times 529)m^3 = 0.226m^3$$

如果已知砖和砂浆的损耗率，则 $1m^3$ 砖砌体的消耗量分别为

$$砖的消耗量 = 砖的净耗量 \div (1 - 砖的损耗率)$$

$$砂浆的消耗量 = 砂浆的净耗量 \div (1 - 砂浆的损耗率)$$

2.2.3.2 周转性材料

建筑工程中使用的周转性材料是指在施工过程中能多次使用、反复周转的工具性材料，如各种模板、活动支架、脚手架、支撑、挡土板等。周转性材料的定额消耗量是指每使用一次摊销的数量。

周转性材料的分次摊销量按以下公式计算。

1. 现浇混凝土结构木模板摊销量的计算

(1) 一次使用量。使用量是指为完成定额计量单位产品的生产，一次投入的基本量，即一次投入量。可以依施工图算出。

一次使用量 = 每计量单位混凝土构件的模板接触面积 × 每平方米接触面积需模板量

(2.10)

(2) 损耗量。周转性材料从第二次使用起，每周转一次后必须进行一定的修补加工才能使用。损耗量是指每次加工修补所消耗的木材量。

$$损耗量 = 一次使用量 \times (周转次数 - 1) \times 损耗率 / 周转次数 \quad (2.11)$$

$$损耗率 = 平均每次损耗量 / 一次使用量 \times 100\% \quad (2.12)$$

此处损耗率亦称补损率，见表 2.3。

表 2.3　　　　　　　　　　木模板的有关数据

木模板周转次数	损耗率/%	K_1	K_2	木模板周转次数	损耗率/%	K_1	K_2
3	15	0.4333	0.3135	6	15	0.2917	0.2318
4	15	0.3625	0.2726	8	10	0.2125	0.1649
5	10	0.2800	0.2039	8	15	0.2563	0.2124
5	15	0.3200	0.2481	9	15	0.2444	0.2044
6	10	0.2500	0.1866	10	10	0.1900	0.1519

注　回收折价率按50%计算，施工管理费率按18.2%计算。

(3) 周转次数。周转次数是指周转性材料从第一次使用起可以重复使用的次数。可查阅相关手册确定，如木模板的周转次数可查表2.3。

(4) 周转使用量。周转使用量是指周转性材料在周转使用和补损的条件下，每周转一次平均所需的木材量。

$$\text{周转使用量} = \text{一次使用量}/\text{周转次数} + \text{损耗量} = \text{一次使用量} \times K_1 \quad (2.13)$$

式中　K_1——周转使用系数。

$$K_1 = [1 + (\text{周转次数} - 1) \times \text{损耗率}]/\text{周转次数} \quad (2.14)$$

(5) 回收量。回收量是指周转性材料每周转一次后，可以平均回收的数量。

$$\text{回收量} = [\text{一次使用量} \times (1 - \text{损耗率})]/\text{周转次数} \quad (2.15)$$

(6) 摊销量。摊销量是指为完成一定计量单位建筑产品，一次所需要摊销的周转性材料的数量。

$$\text{摊销量} = \text{周转使用量} - \text{回收量} = \text{一次使用量} \times K_2 \quad (2.16)$$

式中　K_2——摊销量系数。

$$K_2 = K_1 - (1 - \text{损耗率})/\text{周转次数} \quad (2.17)$$

在确定周转性材料摊销量时，其回收部分须考虑材料使用前后价值的变化，应乘以回收折价率。同时周转性材料在周转使用过程中施工单位均要投入人力、物力，组织和管理补修工作，须额外支付施工管理费。为了补偿此项费用和简化计算，一般采用减少回收量，增加摊销量的做法。用公式表示如下：

摊销量＝周转使用量－回收量×回收折价率/(1＋施工管理费率)
　　　＝一次使用量×[K_1－(1－损耗率)/周转次数]×回收折价率/(1＋施工管理费率)
　　　＝一次使用量×K_2　　　　　　　　　　　　　　　　　　　　　(2.18)

$$K_2 = [K_1 - (1 - \text{损耗率})/\text{周转次数}] \times \text{回收折价率}/(1 + \text{施工管理费率}) \quad (2.19)$$

对所有的周转性材料，可根据不同的施工部位、周转次数、损耗率、回收折价率和施工管理费率，计算出相应的K_1、K_2，并制成表格，见表2.3。

【例 2.2】　某工程中现浇钢筋混凝土梁，查施工材料消耗定额得知需要一次使用模板料，1.775m³，支撑料2.475m³，周转6次，每次周转损耗15%，计算摊销量。

解：　　周转使用系数＝[1＋(周转次数－1)×损耗率]/周转次数
　　　　　　　　　　＝[1＋(6－1)×15%]/6＝0.2917

模板周转使用量＝一次使用量×周转使用系数
　　　　　　　＝1.775×0.2917＝0.5178m³

支撑周转使用量＝2.475×0.2917＝0.7220m³

$$模板回收量 = [一次使用量 \times (1-损耗率)]/周转次数$$
$$= [1.775 \times (1-15\%)]/6 = 0.2515 \text{m}^3$$
$$支撑回收量 = [2.475 \times (1-15\%)]/6 = 0.3507 \text{m}^3$$

则：   模板摊销量 = 0.5178 - 0.2515 = 0.2663 m³
    支撑摊销量 = 0.7220 - 0.3507 = 0.3713 m³

2. 预制混凝土构件模板摊销量的计算

生产预制混凝土构件所用的模板也是周转性材料。摊销量的计算方法不同于现浇构件，它是按照多次使用、平均摊销的方法，根据一次使用量和周转次数进行计算的。即

$$摊销量 = 一次使用量 \div 周转次数 \quad (2.20)$$

周转性材料的周转次数要根据工程类型和使用条件加以确定。影响周转性材料周转次数的主要因素如下：

(1) 周转性材料的结构及其坚固程度。
(2) 工程的结构规格变化及相同规格的工程数量。
(3) 工程进度的快慢与使用条件。
(4) 周转性材料的保管、维修程度。

【例 2.3】 预制 0.5m³ 以内钢筋混凝土柱，每 10m³ 混凝土模板一次使用量为 10.20m³，周转 25 次，计算摊销量。

解：摊销量 = 一次使用量/周转次数 = 10.20÷25 = 0.408m³

即每预制 10m³ 的 0.5m³ 以内钢筋混凝土柱模板摊销量为 0.408m³。

2.2.4 建筑工程机械消耗定额的确定

机械台班使用定额又称机械使用定额，是指在正常的施工生产条件及合理的劳动组合和合理使用施工机械的条件下，生产单位合格产品所必须消耗的一定品种、规格施工机械的作业时间标准，其中包括准备与结束时间、基本作业时间、辅助作业时间，以及工人必需的休息时间。机械台班定额以台班为单位，每一台班按 8h 计算。其表达形式有时间定额和产量定额两种。

1. 机械时间定额

机械时间定额是指在正常的施工生产条件下，某种机械生产合格单位产品所必须消耗的台班数量。可按下式计算：

$$机械时间定额 = 1/机械台班产量定额 \quad (2.21)$$

工人使用一台机械，工作一个班（8h），称为一个台班，它既包括机械本身的工作时间，又包括使用该机械工人的工作时间。

2. 机械台班产量定额

机械台班产量定额是指某种机械在合理的施工组织和正常施工的条件下，单位时间内完成合格产品的数量。可按下式计算：

$$机械台班产量定额 = 1/机械时间定额 \quad (2.22)$$

机械时间定额与机械台班产量定额成反比例，互为倒数关系。

3. 操纵机械或配合机械的人工时间定额

规定配合机械完成某一合格单位产品所必须消耗的人工数量的标准，就叫机械人工时间定额。可按下式计算：

$$人工时间定额=小组成员工日数总和/机械台班产量定额 \quad (2.23)$$

或
$$机械台班产量定额=小组成员工日数总和/人工时间定额 \quad (2.24)$$

【例 2.4】 一台 6t 塔式起重机吊装某种混凝土构件，配合机械作业的小组成员为：司机 1 人，起重和安装工 7 人，电焊工 2 人。已知机械台班产量为 40 块，试求吊装每一块构件的机械时间定额和人工时间定额。

解： 机械时间定额=1/机械台班产量定额=1/40=0.025 台班/块

$$人工时间定额=小组成员工日数总和/机械台班产量定额$$
$$=(1+7+2)/40=0.25 \text{ 工日/块}$$

或
$$(1+7+2) \times 0.025=0.25 \text{ 工日/块}$$

由上例可看出，机械时间定额与配合机械作业的人工时间定额之间的关系为

$$人工时间定额=配合机械作业的人数 \times 机械时间定额 \quad (2.25)$$

在《全国建筑安装工程统一劳动定额》中，机械台班定额通常以复式表示。
(1) 同时表示时间定额和台班产量，即时间定额/台班产量。
(2) 运输台班定额除同时表示定额和台班产量定额外，还表示台班车次，如

$$\frac{时间定额}{台班产量} \bigg| 台班车次$$

台班车次是完成定额台班产量每台班内每车必须往返的次数。

$$定额台班产量=台班车次 \times 额定装载量(t) \times 装载系数 \quad (2.26)$$

2.2.5 全国统一建筑工程基础定额简介

1. 建筑工程基础定额的基本概念

我国现行的统一定额自新中国成立以来经过长时间的发展，凝聚了新中国几代造价工作者的心血，其水平之高令国外学术界都叹为观止。

(1) 我国的建筑工程定额与概预算制度，是新中国成立初从编制劳动消耗定额（即基础定额）开始，逐步建立健全了消耗定额和概预算制度与管理体系。那时我国实施高度集权的计划经济体制，全国只有一个投资主体，国家既作为宏观调控主体又作为微观投资主体，这两者是统一体。为了保障国有投资的节约和高效，当然要通过定额这一强硬的政策手段来进行调控。可以说从新中国成立一直到 20 世纪 90 年代末这一时期内，定额对我国经济发展和提高人民生活水平都发挥了不可估量的作用。从长远看定额仍旧是衡量效率的尺度和定价的基本依据，只是定额体系的内涵和定价主体会随着市场的不断完善而发生变化，特别是建筑产品基础定额，对于工程承包商在任何时刻都不可缺少，是不断提高劳动生产效率，促进企业不断发展的有效手段和劳动生产管理制度。

(2) 基础定额本质上应该是一种资源消耗量指标，也是社会和企业劳动和物质消耗及其发展水平的反映。它只含量不含价，但也必然涉及价的问题，其消耗量在一段时期内相对稳定，而价则会随市场条件和行情的变化而不断波动与调整。建筑工程基础定额，是在现有的社会正常生产条件下，在社会平均劳动熟练程序、劳动强度和合理的劳动组合条件下，按施工工艺要求确定的分项工程（或施工工序）单位计量，达到产品质量合格标准时所需的人工或材料、或施工机械台班消耗数量的最根本、最起码应达到的限额标准。

《全国统一建筑工程基础定额》（GJD—101—95）说明中指出："建筑工程基础定额是完成规定计量单位分项工程计价的人工、材料、施工机械台班消耗标准。……是编制建筑工

(土建部分)地区单位估价表、确定工程造价的依据。"例如砌筑每 $10m^3$ 砖基础需用：

人工（综合工日）：12.18 工日；

水泥砂浆 M5：$2.36m^3$；

普通黏土砖：5.236 千块；

水：$1.05m^3$；

灰浆搅拌机（200L）：0.39 台班。

由此可见，基础定额是编制其他定额乃至工程造价的最基本的定额要素和依据。

（3）建筑工程基础定额的"基础性"是它的基本性质和特征，反映了在完成符合设计标准和施工验收规范规定的分项工程计量单位产品消耗的活劳动和物化劳动的数量限度。这种数量限度，反映了建筑产品消费的客观规律，反映了一定时期社会生产力的发展水平，最终决定着建设工程的成本和造价。

建筑工程基础定额分为劳动消耗定额、材料消耗定额、机械台班消耗定额三种定额，是一种技术经济规范。从定额的运用范围有不同层次和不同地域性的基础定额，即应分国家、地区（省、自治区、直辖市）和建筑安装企业。

2. 建筑工程基础定额的作用

《全国统一建筑工程基础定额》（GJD—101—95）的主要作用如下：

（1）是统一全国建筑工程预算工程量规则、项目划分、计量单位的依据。

（2）是编制建筑工程（土木部分）地区单位估价表，确定工程造价，完成规定计量单位分项工程计价的人工、材料和施工机械台班消耗量的标准。

（3）是编制概算定额及投资估算指标的依据。

（4）是作为制定招标工程标底、企业定额和投标报价的基础。

（5）为考核设计、施工单位的经济效果有了一个统一的标准尺度。

3. 建筑工程基础定额的编制原则

（1）遵循社会主义市场经济原则。

（2）遵循社会平均消耗水平原则。

（3）满足不同施工生产工艺计价需要，既要覆盖面广又要简明适用的原则。

（4）逐步与国际通用规则接轨的原则。

4. 建筑工程基础定额编制依据

（1）国家现行规范、规程控制量评定标准。

（2）国家现行标准图集、通用图集及有关省（自治区、直辖市）的标准图集的做法。

（3）1985 年《全国统一建筑安装工程劳动定额》及 1981 年原国家建委建筑工程预算定额修改稿。

（4）各省（自治区、直辖市）、部委提供的有关资料及现场实地调查资料。

5. 建筑工程基础定额的构成

建筑工程基础定额是由人工工日、材料和施工机械台班消耗量三个部分标准构成。它们的确定方法简述如下：

（1）人工工日消耗量的确定。定额中的人工工日消耗量是指在正常施工技术、生产组织条件下，完成规定计量单位分项工程所消耗的综合人工工日数量。定额人工工日不分工种、技术等级，一律以综合工日表示。内容包括基本用工、超运距用工、人工幅度差、辅助用工。其中，基本用工参照现行全国建筑安装工程统一劳动定额为基础计算，缺项部分参考地区现行定额及实际资料计算。凡依据劳动定额计算的，均按规定计入人工幅度差；根据施工实际需要计算的，未计入人工幅度差。

综合工日＝∑（劳动定额基本用工＋超运距用工＋辅助用工）×（1＋人工幅度差）

(2.27)

机械土石方、桩基础、构件运输及安装工程，人工随机械产量计算的，人工幅度差按机械幅度差计算。现行劳动定额允许各省（自治区、直辖市）调整的部分，本定额内未予考虑。

（2）材料消耗量的确定。定额中的材料消耗量是指在合理节约使用材料的条件下，完成规定计量单位分项工程必须消耗的一定品种和规格的材料、半成品、构配件等的数量标准。定额中的材料消耗量包括主要材料、辅助材料、零星材料等。凡能计量的材料、成品、半成品均按品种、规格逐一列出数量，并计入相应损耗，其内容和范围包括从工地仓库、现场集中堆放地点或现场加工地点至操作或安装地点的运输损耗、施工操作损耗、施工现场堆放损耗。混凝土、砌筑砂浆、抹灰砂浆及各种胶泥均按半成品消耗量以体积（m^3）表示。其配合比是按现行规范规定计算的。各省（自治区、直辖市）可按当地材料质量情况调整其配合比和材料用量。

施工措施性消耗部分、周转性材料按不同施工方法、不同材质分别列出一次使用量和一次摊销量。施工工具用具性消耗材料，归入建筑安装工程费用定额中的工具用具费项下。

（3）施工机械台班消耗量的确定。定额中的机械台班消耗量是指在正常施工条件下，完成规定计量单位分项工程中消耗的某类某种型号的施工机械的台班数量。施工机械分别按机械的功能和容量，区别单机或主机配合辅助机械作业，包括机械台班幅度差，以台班量表示。定额中均已包括材料、成品、半成品从工地仓库、现场集中堆放地点或现场加工地点至操作安装地点的水平运输和垂直运输所需要的人工和机械消耗量。如发生再次搬运的，应在建筑安装工程费用定额中二次搬运费项下支出。预制钢筋混凝土构件和钢构件是按机械回转半径15m以内运距考虑的，当超过15m时，全国定额按构件1km运输定额项目执行。

6. 建筑工程基础定额适用范围

（1）本定额适用于工业与民用建筑的新建、扩建和改建工程。新建工程是指原无基础，从无到有，平地起家新开始建设的工程。对原单位进行扩建，其新增加固定资产超过原有固定资产原值3倍以上的，也作为新建工程。扩建工程是指现有企事业单位，为了扩大原有主要产品的生产能力和效益，在原有固定资产的基础上，兴建一些生产车间或扩大原固定资产的生产能力。改建工程是指现有企事业单位，为了提高生产率，改进产品质量或改变产品的方向，对原有设施或工艺流程进行的技术改造或更新的项目。

（2）本定额适用于海拔高程2000m以下，地震烈度7度以下地区，超过以上情况时，可结合高原地区的特殊情况和地震要求，由省（自治区、直辖市）或国务院有关部门制订调整办法。海拔在2000m以下，是指某点至大地水准面（我国取青岛黄海的平均海水面作为大地水准面）的铅垂距离在2000m以内。地震烈度是指某地区地面和各类过度物遭受一次地震影响的强烈程度。地震烈度分为1～12度（可查当地设防烈度的资料）。

7. 建筑工程基础定额的内容与表格形式

现以《全国统一建筑工程基础定额》（GJD—101—95）中的"混凝土及钢筋混凝土工程"中的"现浇混凝土基础"及"砌筑工程"中的"砌砖"为例，说明其定额表格形式（见

表 2.4 和表 2.5)。

表 2.4　　　　　　　　　　现浇混凝土基础

工作内容：1. 混凝土水平运输。
　　　　　2. 混凝土搅拌、捣固、养护。

计量单位：10m³

定额编号			5-392	5-393	5-394
项目		单位	人工挖土桩护井壁混凝土	带形基础	
				毛石混凝土	混凝土
人工	综合工日	工日	18.69	8.37	9.56
材料	现浇混凝土（C20）	m³	10.15	8.63	10.15
	草袋子	m²	2.30	2.39	2.52
	水	m³	9.39	7.89	9.19
	毛石	m³	—	2.72	—
机械	混凝土搅拌机（400L）	台班	1.00	0.33	0.39
	混凝土振捣器（插入式）	台班	2.00	0.66	0.77
	机动翻斗车（1t）	台班	—	0.66	0.78

定额编号			5-398	5-399	5-400
项目		单位	满堂基础		承台基础
			有梁式	无梁式	
人工	综合工日	工日	11.11	9.15	13.16
材料	现浇混凝土（C20）	m³	10.15	10.15	10.15
	草袋子	m²	4.85	5.03	2.94
	水	m³	9.73	9.69	9.21
机械	混凝土搅拌机（400L）	台班	0.39	0.39	0.39
	混凝土振捣器（插入式）	台班	0.77	0.77	0.77
	机动翻斗车（1t）	台班	0.78	0.78	0.78

注　承台桩基础已考虑了凿桩头用工。

表 2.5　　　　　　　　　　砖基础、砖墙砌砖

工作内容：1. 砖基础：调运砂浆、铺砂浆、运砖、清理基槽坑、砌砖等。
　　　　　2. 砖墙：调、运、铺砂浆，运砖；砌砖包括窗台虎头砖、腰线、门窗套，安放木砖、铁件等。

计量单位：10m³

定额编号			4-1	4-2	4-3	4-4
项目		单位	砖基础	单面清水砖墙		
				1/2 砖	3/4 砖	1 砖
人工	综合工日	工日	12.18	21.97	21.63	18.87
材料	水泥砂浆 M5	m³	2.36	—	—	—
	水泥砂浆 M10	m³	—	1.95	2.13	—
	水泥混合砂浆 M2.5	m³	—	—	—	2.25
	普通黏土砖	千块	5.236	5.641	5.510	5.314
	水	m³	1.05	1.13	1.10	1.06
机械	灰浆搅拌机 200L	台班	0.39	0.33	0.35	0.38

思 考 题

1. 简述建筑工程消耗量定额的作用。
2. 简述建筑工程劳动消耗定额的表现形式。
3. 简述建筑工程料消耗定额的表现形式。
4. 简述建筑工程机械消耗定额的表现形式。
5. 简述全国统一建筑工程基础定额的构成。

第3章 建筑工程工程量清单编制

教学重点：
(1) 工程量清单编制的一般规定和编制依据。
(2) 工程量清单的编制内容和要求。
(3) 招标工程量清单计价表格的使用与填写要求。

教学要求：
(1) 熟悉现行计价规范对工程量清单编制的要求。
(2) 了解工程量清单编制的相关资料。
(3) 熟悉单位工程工程量清单项目的内容，正确填写工程量清单计价表格。

3.1 房屋建筑与装饰工程工程量清单编制

3.1.1 工程量计算规范概述

中华人民共和国住房和城乡建设部、中华人民共和国国家质量监督检验检疫总局，联合发布了9个专业的工程量计算规范，分别是《房屋建筑与装饰工程工程量计算规范》（GB 50854—2013）、《仿古建筑工程工程量计算规范》（GB 50855—2013）、《通用安装工程工程量计算规范》（GB 50856—2013）、《市政工程工程量计算规范》（GB 50857—2013）、《园林绿化工程工程量计算规范》（GB 50858—2013）、《矿山工程工程量计算规范》（GB 50859—2013）、《构筑物工程工程量计算规范》（GB 50860—2013）、《城市轨道交通工程工程量计算规范》（GB 50861—2013）、《爆破工程工程量计算规范》（GB 50862—2013）。2012年12月25日发布，2013年7月1日实施。

3.1.2 房屋建筑与装饰工程工程量计算规范简介

《房屋建筑与装饰工程工程量计算规范》（GB 50854—2013），以下简称为"13计量规范"，由总则、术语、工程计量、工程量清单编制和附录等组成。现简介总则、术语、工程计量的内容。

3.1.2.1 总则

(1) 为规范房屋建筑与装饰工程造价计量行为，统一房屋建筑与装饰工程工程量计算规则、工程量清单的编制方法，制定本规范。
(2) 本规范适用于工业与民用的房屋建筑与装饰工程发承包及实施阶段计价活动中的工程计量和工程量清单编制。
(3) 房屋建筑与装饰工程计价，必须按本规范的工程量计算规则进行工程计量。
(4) 房屋建筑与装饰工程计量活动，除应遵守本规范外，还应符合国家现行有关标准的规定。

3.1.2.2 术语

1. 工程量计算

工程量计算是指建设工程项目以工程设计图纸、施工组织设计或施工方案及有关技术经济文件为依据，按照相关工程国家标准的计算规则、计量单位等规定，进行工程数量的计算活动，在工程建设中简称工程计量。

2. 房屋建筑

在固定地点，为使用者或占用物提供庇护覆盖进行生活、生产或其他活动的实体，可分为工业建筑与民用建筑。

3. 工业建筑

提供生产用的各种建筑物，如车间、厂区建筑、动力站、与厂房相连的生活间、厂区内的库房和运输设施等。

4. 民用建筑

非生产性的居住建筑和公共建筑，如住宅、办公楼、幼儿园、学校、食堂、影剧院、商店、体育馆、旅馆、医院、展览馆等。

3.1.2.3 工程计量

（1）工程量计算除依据本规范各项规定外，尚应依据以下文件：

1) 经审定的施工设计图纸及其说明。

2) 经审定通过的施工组织设计或施工方案。

3) 经审定的其他有关技术经济文件。

（2）工程实施过程中的计量应按照现行国家标准《建设工程工程量清单计价规范》（GB 50500）的相关规定执行。

（3）本规范附录中有两个或两个以上计量单位的，应结合拟建工程项目的实际情况，确定其中一个为计量单位。同一工程项目的计量单位应一致。

（4）工程计量时每一项目汇总的有效位数应遵守下列规定：

1) 以"t"为单位，应保留小数点后三位数字，第四位小数四舍五入。

2) 以"m""m^2""m^3""kg"为单位，应保留小数点后两位数字，第三位小数四舍五入。

3) 以"个""件""根""组""系统"为单位，应取整数。

（5）本规范各项目仅列出了主要工作内容，除另有规定和说明者外，应视为已经包括完成该项目所列或未列的全部工作内容。

（6）房屋建筑与装饰工程涉及电气、给排水、消防等安装工程的项目，按照现行国家标准《通用安装工程计算规范》（GB 50856）的相应项目执行；涉及仿古建筑工程的项目，按现行国家标准《仿古建筑工程量计算规范》（GB 50855）的相应项目执行。涉及室外地（路）面、室外给排水等工程的项目，按现行国家标准《市政工程计量规范》（GB 50857）的相应项目执行；采用爆破法施工的石方工程按照现行国家标准《爆破工程工程量计算规范》（GB 50862）的相应项目执行。

3.2 工程量清单编制内容

工程量清单由分部分项工程项目清单、措施项目清单、其他项目清单、规费和税金项目清单组成。

3.2.1 分部分项工程量清单编制

分部分项工程量清单是指构成建设工程实体的全部分项实体项目名称和数量的明细清单，其主要内容由五个要件构成，即项目编码、项目名称、项目特征描述、计量单位和工程量。房屋建筑工程分部分项工程量清单的编制见表3.1。

表 3.1　　　　　分部分项工程和单价措施清单与计价表

序号	项目编码	项目名称	项目特征描述	计量单位	工程量	金额/元		
						综合单价	合价	其中 暂估价
		A. 土方工程						
1	010101001001	平整场地	土壤类别：Ⅱ类土；挖、填运距：不考虑	m²	266.66			

3.2.1.1 项目编码

工程量清单的项目编码是清单项目名称的数字标识，项目编码采用12位阿拉伯数字表示，共分为五级。其中：1～9位一级、二级、三级、四级编码应按相应专业工程"13计量规范"附录的规定设置，第五级10位、11位、12位编码，由工程量清单编制人根据拟建工程的工程量清单项目名称和项目特征设置，同一招标工程的项目编码不得有重码。

1. 各级编码的含义

各级编码代表的含义如图3.1所示。

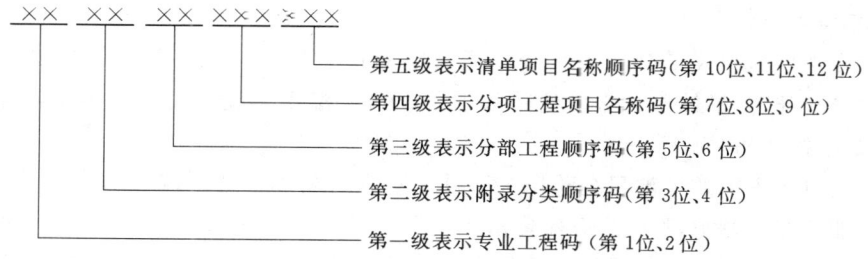

图 3.1　工程量清单项目编码结构

一级编码（第1位、2位）为专业工程代码；按房屋建筑与装饰工程（01），仿古建筑工程（02），通用安装工程（03），市政工程（04），园林绿化工程（05），矿山工程（06），构筑物工程（07），城市轨道交通工程（08），爆破工程（09）设置。以后进入国标的专业工程代码以此类推。

二级编码（第3位、4位）为附录分类顺序码；按相应专业工程"13计量规范"附录的顺序编号设置。如：房屋建筑中混凝土与钢筋混凝土工程为"0105"。

三级编码（第5位、6位）为分部工程顺序码；按相应专业工程"13计量规范"附录的分部工程编号设置。如：房屋建筑中现浇混凝土柱为"010502"。

四级编码（第7位、8位、9位）为分项工程项目名称顺序码；按相应专业工程"13计量规范"附录的分项工程编号设置。如：房屋建筑中现浇混凝土基础梁为"010503001"。

五级编码（第10位、11位、12位）为清单项目名称顺序码。由工程量清单编制人根据工程量清单项目名称设置,一般由001开始顺序设置,一共999个码可供使用。同一招标工程的项目编码不得有重码。如:如某房屋建筑工程中"M10混合砂浆365厚实心砖墙"编码为"010401003001","M10混合砂浆240厚实心砖墙"编码为"010401003002";编码前九位相同,后三位分别为"001""002"。

2. 清单项目编码设置的注意事项

(1) 同一招标工程的项目编码不得有重码。当同一标段(或合同段)的一份工程量清单中含有多个单位工程且工程量清单是以单位工程为编制对象时,在编制工程量清单时应特别注意对项目编码10~12位的设置不得有重码的规定。例如一个标段(或合同段)的工程量清单中含有三个单位工程,每一单位工程中都有项目特征相同的实心砖墙砌体,在工程量清单中又需反映三个不同单位工程的实心砖墙砌体工程量时,则第一个单位工程的实心砖墙的项目编码应为010401003001,第二个单位工程的实心砖墙的项目编码应为010401003002,第三个单位工程的实心砖墙的项目编码应为010401003003,并分别列出各单位工程实心砖墙的工程量。

(2) 一个项目编码对应一个项目名称、项目特征描述、计量单位和工程内容,清单编制人在自行设置编码时,以上四项中只要有一项不同,就应另设编码。

(3) 项目编码不应再设附码。如用010302001001-1(附码)和010302001001-2(附码)编码,分别表示M10水泥砂浆外墙和M7.5水泥砂浆外墙就是错误的编码方法。

(4) 清单编制人在自行设置编码时,如需并项要慎重考虑。如某多层建筑物挑檐底部抹灰同室内天棚抹灰的砂浆种类、抹灰厚度都相同,但这两个项目的施工难易程度有所不同,因而就要慎重考虑是否并项。

3.2.1.2 项目名称

项目名称栏目内列入了分项工程清单项目的简略名称。例如,010401001001对应的项目名称是"砖基础",具体是什么样的砖基础,应结合拟建工程的实际来确定,在该项目的"项目特征"中描述清楚。

计量规范附录表中的"项目名称"为分项工程项目名称,是形成分部分项工程量清单项目名称的基础,在编制分部分项工程量清单时可以适当调整或细化,例如"墙面一般抹灰"这一分项工程在形成工程量清单项目名称时可以细化为"外墙面一般抹灰""内墙面一般抹灰"等。清单项目名称应表达详细、准确。

3.2.1.3 项目特征

项目特征是构成分部分项工程和施工措施清单项目的本质特征,是区分设置具体工程量清单项目的主要要素,是区分不同分项工程的判断标准。因此,在编制工程量清单时,必须对项目特征进行准确和全面的描述,为分项工程清单项目列项和准确计算综合单价奠定基础。

1. 项目特征描述的原则

有些项目特征用文字往往难以准确和全面的描述,为达到规范、简洁、准确和全面描述项目特征的要求,在描述工程量清单项目特征时应按以下原则进行:

(1) 项目特征描述的内容应按计量规范附录中的规定,结合拟建工程的实际,满足确定综合单价的需要。

(2) 若采用标准图集或施工图纸能够全部或部分满足项目特征描述的要求,项目特征描述可直接采用详见××图集或××图号的方式。对不能满足项目特征描述要求的部分，仍应用文字描述。

2. 项目特征描述的要求

（1）必须描述的内容如下：

1）涉及正确计量计价的内容，如门窗洞口尺寸或框外围尺寸。

2）涉及结构要求的内容，如混凝土强度等级（C20 或 C30）。

3）涉及施工难易程度的内容，如抹灰的墙体类型（砖墙或混凝土墙）。

4）涉及材质要求的内容，如油漆的品种、管材的材质（碳钢管、无缝钢管）。

（2）可不描述的内容如下：

1）对项目特征或计量计价没有实质影响的内容，如混凝土柱高度、断面大小等。

2）应由投标人根据施工方案确定的内容，如预裂爆破的单孔深度及装药量等。

3）应由投标人根据当地材料确定的内容，如混凝土拌和料使用的石子种类及粒径、砂的种类等。

4）应由施工措施解决的内容，如现浇混凝土板、梁的标高等。

（3）可不详细描述的内容如下：

1）无法准确描述的内容，如土壤类别可描述为综合等（对工程所在具体地点来讲，应由投标人根据地勘资料确定土壤类别，决定报价）。

2）施工图、标准图标注明确的，可不再详细描述。可描述为见××图集××图号等。

3）还有一些项目可不详细描述，但清单编制人在项目特征描述中应注明由投标人自定，如"挖一般土方"中的土方运距等。

（4）对计量规范中没有项目特征要求的少数项目，但又必须描述的应予描述。如"回填土""压实方法"就是影响报价的重要因素，因此，就必须描述，以便投标人准确报价。

3.2.1.4 计量单位

"13 计量规范"规定，工程清单项目以"m""m²""m³""kg"为物理单位，以"个""件""根""组""系统"等自然单位为计量单位，计价定额一般采用扩大了的计量单位，例如"100m""100m²""10m³"等。

对于项目中有两个以上计量单位的，只能根据计量规范的规定选择其中一个计量单位。计量规范中没有具体选用规定时，清单编制人可以根据工程具体的情况选择其中的一个。如房屋建筑计量规范对"预制钢筋混凝土桩"计量单位有"m""m³""根"三个计量单位，但是没有具体的选用规定，在编制该项目清单时清单编制人可以根据具体情况选择最适宜表现该项目特征并方便计量的其中之一作为计量单位。又如，对"D.1 砖砌体"中的"零星砌砖"的计量单位为"m³""m²""m""个"四个计量单位，但是规定了砖砌锅台与炉灶可按外形尺寸以"个"计算，砖砌台阶可按水平投影面积以"m²"计算，小便槽、地垄墙可按长度计算，其他工程量按"m³"计算。

3.2.1.5 工程量计算规则

工程量计算规则规范了清单工程量计算方法和计算成果。例如，内墙砖基础长度按内墙净长计算的工程量计算规则的规定，就确定了内墙基础长度的计算方法；其内墙净长的规定，重复计算了与外墙砖基础放脚部分的砖体积，也影响了砖基础实际工程量的计算结果。

清单工程量计算规则与计价定额的工程量计算规则是不完全相同的。例如，平整场地，清单工程量的计算规则是"按设计图示尺寸以建筑物首层建筑面积计算"，某地区计价定额的平整场地工程量计算规则是"以建筑物外墙外边线每边各加 2m 计算"，两者之间是有差别的。

需要指出的是，这两者之间的差别是由于不同角度考虑引起的。清单工程量计算规则的设置主要考虑在切合工程实际的情况下，方便准确地计算工程量，发挥其"清单工程量统一报价基础"的作用；而计价定额工程量计算规则是结合了工程施工的实际情况而确定的，因为平整场地要为建筑物的定位放线作准备，要为挖有放坡的沟槽土方作准备，所以在建筑物外墙外边线的基础上每边放出 2m 宽是合理的。

从以上例子可以看出，计价定额的计算规则考虑了采取施工措施的实际情况，而清单工程量计算规则没有考虑施工措施。

3.2.1.6　工作内容

每个分部分项清单项目都有对应的工作内容。通过工作内容，我们可以知道该项目需要完成哪些工作任务。

清单项目中的工作内容是综合单价由几个计价定额项目组合在一起的判断依据。

工作内容具有两大功能，一是通过对分项工程清单项目工作内容的解读，可以判断施工图中的清单项目是否列全了。例如，施工图中的"预制混凝土矩形柱"需要"制作、运输、安装"，清单项目列几项呢？通过对该清单项目（010509001）的工作内容进行解读，知道了依据将"制作、运输、安装"的工作内容合并为一项，不需要分别列项。二是在编制清单项目的综合单价时，可以根据该项目的工作内容判断需要几个定额项目才能完整计算综合单价。例如，砖基础清单项目（010401001）的工作内容既包括砌砖基础，还包括基础防潮层铺设，因此砖基础综合单价的计算要将砌砖基础和铺基础防潮层组合在一个综合单价里。又如，如果计价定额的预制混凝土构件的"制作、运输、安装"分别是不同的定额，那么"预制混凝土矩形柱"（010509001）项目的综合单价就要将计价定额预制混凝土构件的"制作、运输、安装"定额项目综合在一起。

需要指出的是，计量规范附录中"项目特征"与"工作内容"是两个不同性质的规定。项目特征必须描述，因其讲的是工程实体的特征，直接影响工程的价值。工作内容无须描述，因其主要讲的是操作程序，二者不能混淆。例如砖砌体的实心砖墙，按照计量规范"项目特征"栏的规定，就必须描述砖的品种：是黏土砖还是煤灰砖；砖的规格：是标砖还是非标砖，是非标砖就应注明规格尺寸；砖的强度等级：是 MU10、MU15 还是 MU20，因为砖的品种、规格、强度等级直接关系到砖的价值。还必须描述墙体的厚度：是 1 砖（240mm）还是 1 砖半（370mm）等；墙体类型：是混水墙还是清水墙，清水是双面还是单面，或者是一斗一卧、围墙，还是单顶全斗墙等，因为墙体的厚度、类型直接影响砌砖的工效以及砖、砂浆的消耗量。还必须描述是否勾缝；是原浆还是加浆勾缝；如是加浆勾缝，还须注明砂浆配合比。还必须描述砌筑砂浆的强度等级，是 M5、M7.5 还是 M10 等，因为不同强度等级、不同配合比的砂浆，其价格是不同的。所以，这些描述均不可少，因为其中任何一项都影响了综合单价的确定。而计量规范中"工作内容"中的砂浆制作、运输、砌砖、勾缝、砖压顶砌筑、材料运输则不必描述，因为不描述这些工作内容，承包商必然要操作这些工序，完成最终验收的砖砌体。

3.2.1.7 补充项目

随着工程建设中新材料、新技术、新工艺等不断涌现，专业工程计量规范附录中的工程量清单项目不可能包含所有项目。在编制工程量清单时，当出现计量规范附录中未包括的清单项目时，编制人应作补充，补充项目应填写在工程量清单相应分部工程项目之后。在编制补充项目时应注意以下三个方面：

（1）补充项目的编码应按计量规范的规定确定。具体做法如下：补充项目的编码由计量规范的专业代码 XX 与 B 和三位阿拉伯数字组成，并应从 XXB001 起顺序编制，同一招标工程的项目不得重码。如：房屋建筑工程的补充项目编码为"01B001""01B002"等，通用安装工程的补充项目编码为"03B001""03B002"等。

（2）补充项目的工程量清单应附有项目名称、项目特征、计量单位、工程量计算规则和工作内容。

（3）编制的补充项目应报省级或行业工程造价管理机构备案，省级或行业工程造价管理机构应汇总报住房和城乡建设部标准定额研究所。

3.2.2 措施项目清单编制

措施项目清单是指为完成工程项目施工，发生于该工程施工准备和施工过程中的技术、生活、安全、环境保护等方面的非工程实体项目。分为施工技术措施项目（单价措施项目）和施工组织措施项目（总价措施项目）。

3.2.2.1 措施项目清单的编制规定

"13 计量规范"规定：措施项目清单编制也同分部分项工程一样，必须列出项目编码、项目名称、项目特征、计量单位。

规范仅列出项目编码、项目名称，但未列出项目特征、计量单位和工程量计算规则的措施项目，编制清单时，应按规范规定的项目编码、项目名称确定清单项目。

措施项目清单，应根据相关工程现行国家计量规范的规定编制，根据拟建工程的实际情况列项。需考虑多种因素，除工程本身的因素外，还涉及水文、气象、环境、安全等因素。由于影响措施项目设置的因素太多，计量规范不可能将施工中可能出现的措施项目一一列出。在编制措施项目清单时，因工程情况不同，出现计量规范附录中未列的措施项目，可根据工程的具体情况对措施项目清单作补充。

3.2.2.2 措施项目清单的编制方法

"13 计量规范"将措施项目划分为两类：一类是不能计算工程量的项目，如文明施工和安全防护、临时设施等，以"项"计价，称为"总价项目"；另一类是可以计算工程量的项目，如脚手架、模板工程、垂直运输等，以"量"计价，称为"单价项目"。

1. "单价项目"的措施项目清单编制

"单价项目"的措施项目清单按照计量规范附录中措施项目规定的项目编码、项目名称、项目特征、计量单位、工程量计算规则编制，其编制方法按分部分项工程量清单的规定执行。"单价项目"的措施项目工程量清单应按"13 计价规范"中的表-08"分部分项工程和单价措施项目清单与计价表"的内容填写，见表 3.1。

2. "总价项目"的措施项目清单编制

"总价项目"的措施项目清单按照计量规范附录中措施项目规定的项目编码、项目名称确定清单项目，其编制方法按照国家或省级、行业建设主管部门颁发的计价文件规定执行。

"总价项目"的措施项目工程量清单应按"13 计价规范"中的表-11"总价措施项目清单与计价表"的内容填写，编制人可根据工程的具体情况进行补充。

3.2.3 其他项目清单编制

其他项目清单指除分部分项工程量清单、措施项目清单外，由于招标人的特殊要求而设置的项目清单，它是根据拟建工程的具体情况而编制的。

"13 计量规范"规定，其他项目清单一般按照下列内容列项：

（1）暂列金额。

（2）暂估价。包括材料暂估单价、工程设备暂估单价、专业工程暂估价。

（3）计日工。

（4）总承包服务费。

工程建设标准的高低、工程的复杂程度、工程的工期长短、工程的组成内容、发包人对工程管理要求等都直接影响其他项目清单的具体内容。

其他项目清单应按"13 计价规范"中表-12"其他项目清单与计价汇总表"的内容填写，编制人可根据工程的具体情况进行补充。

3.2.3.1 暂列金额

暂列金额是指招标人在工程量清单中暂定并包括在合同价款中的一笔款项。用于工程合同签订时尚未确定或者不可预见的所需材料、工程设备和服务的采购，施工中可能发生的工程变更、合同约定调整因素出现时的合同价款调整以及发生的索赔、现场签证确认等的费用。

建设工程施工合同价格的确定原则是尽可能接近其最终的竣工结算价格，否则，无法相对准确预测投资的收益和科学合理地进行投资控制。而工程建设自身的规律决定，设计需要根据工程进展不断地进行优化和调整，发包人的需求可能会随工程建设进展出现变化，工程建设过程还存在其他诸多不确定性因素。这些变化的因素必然会导致合同价格的调整，暂列金额正是为应对这类不可避免的价格调整而预先设立，以便合理确定工程造价的控制目标。

招标人编制暂列金额项目时应根据工程特点按有关计价规定估算（一般可按类似工程分部分项工程费用的 10%～15% 估算），将暂列金额与拟用项目列出明细，但如确实不能详列也可只列暂定金额总额；投标人应将上述暂列金额计入投标总价中。

暂列金额项目应按"13 计价规范"中的表-12-1"暂列金额明细表"的内容填写，编制人可根据工程的具体情况进行补充。

需特别注意，暂列金额是招标人预先设立的可能发生的金额，在实际履约过程中可能发生，也可能不发生。尽管在计算招标控制价、投标报价时将它列入了工程造价，签订合同时列入了合同价格中，但即便是总价包干合同，也不意味着暂列金额已经属于中标人应得金额，是否属于中标人应得金额取决于具体的合同约定，只有按照合同约定程序实际发生后，才能成为中标人的应得金额并纳入合同结算价款中。扣除实际发生金额后的暂列金额余额仍属于发包人所有。

3.2.3.2 暂估价

暂估价是指招标人在工程量清单中提供的用于支付必然发生但暂时不能确定价格的材料、工程设备的单价以及专业工程的金额。暂估价在招投标阶段计入工程造价和合同价款，竣工结算时应按材料、工程设备的实际单价以及专业工程合同价款进行调整。暂估价数量和

3.2 工程量清单编制内容

拟用项目应当结合工程量清单中的"暂估价表"予以补充说明。

1. 材料、工程设备暂估单价

材料、工程设备暂估单价应根据工程造价信息或参照市场价格估算，列出明细表；规范要求招标人针对每一类材料、设备暂估价给出相应的拟用项目，即按照材料、设备的名称分别给出，这样的材料、设备暂估价才能够准确地纳入到相应的分部分项工程量清单项目综合单价中。

材料、工程设备暂估单价应按"13 计价规范"中的表-12-2"材料（工程设备）暂估单价及调整表"的内容填写。

2. 专业暂估价

专业工程的暂估价应是综合暂估价，包括除规费和税金以外的管理费、利润等。专业工程暂估价应分不同专业，按有关计价规定估算，以专业工程项目列出明细表，如桩基础工程、安防工程、电梯安装工程等。

专业工程暂估价应按"13 计价规范"中的表-12-3"专业工程暂估价及结算价表"的内容填写。

3.2.3.3 计日工

计日工项目是为了解决施工过程中按发包人要求发生的施工图纸以外的零星项目或工作而设立的。

计日工以完成零星工作所消耗的人工工时、材料数量、机械台班进行计量，并按照计日工表中填报的适用项目的单价进行计价支付。计日工适用的所谓零星工作一般是指合同约定之外的或者因变更而产生的、工程量清单中没有相应项目的额外工作，尤其是那些时间不允许事先商定价格的额外工作。计日工为额外工作和变更的计价提供了一个方便快捷的途径。在工程实践中，计日工项目的单价水平一般要高于工程量清单项目单价的水平，因此，为了获得合理的计日工单价，计日工暂定数量的估算应根据经验贴近实际的数量。

编制计日工清单项目时，招标人应列出项目名称、计量单位和暂估数量。编制招标控制价时，单价由招标人按有关计价规定确定；编制投标报价，单价由投标人自主报价，计入投标总价中。

计日工应按"13 计价规范"中的表-12-4"计日工表"的内容填写。

3.2.3.4 总承包服务费

总承包服务费是为了解决招标人在法律、法规允许的条件下进行专业工程发包以及自行供应材料、工程设备，并需要总承包人对发包的专业工程提供协调和配合服务（垂直运输、脚手架等），对甲供材料、工程设备提供收、发和保管服务以及进行施工现场管理，对竣工资料进行统一汇总整理等发生并向总承包人支付的费用。招标人按投标人的投标报价向投标人支付该项费用。

编制总承包服务费清单项目时，招标人应将拟定进行专业分包的专业工程、自行采购的材料、设备明确项目名称、项目价值及服务内容，作为编制招标控制价、投标报价的依据。

总承包服务费应按"13 计价规范"中的表-12-5"总承包服务费计价表"的内容填写。

3.2.4 规费和税金项目清单编制

3.2.4.1 规费项目清单的编制

根据住房和城乡建设部、财政部印发的《建筑安装工程费用项目组成》（建标〔2013〕

44号）的规定，规费项目清单应按照下列内容列项，按"13计价规范"中的表-13"规费、税金计价表"的内容填写。

(1) 社会保险费。包括养老保险费、失业保险费、医疗保险费、工伤保险费和生育保险费。

(2) 住房公积金。

(3) 工程排污费。

规费作为政府和有关权力部门规定必须缴纳的费用，编制人对《建筑安装工程费用项目组成》未包括的规费项目，在编制规费项目清单时应根据省级政府或省级有关权力部门的规定列项。

3.2.4.2　税金项目清单的编制

根据住房和城乡建设部、财政部印发的《建筑安装工程费用项目组成》（建标〔2013〕44号）的规定，税金项目清单应按照下列内容列项，按"13计价规范"表-13"规费、税金计价表"的内容填写。

(1) 营业税。

(2) 城市维护建设税。

(3) 教育费附加。

(4) 地方教育费附加。

出现以上未列的项目，应根据税务部门的规定列项。如国家税法发生变化或地方政府及税务部门依据职权对税种进行了调整，应对税金项目清单进行相应调整。

3.2.5　招标工程量清单编制实例

3.2.5.1　工程量清单编制填表要求

封面应按规定的内容填写、签字和盖章；由造价员编制的工程量清单，应有负责审核的造价工程师签字、盖章。受委托编制的造价工程师签字、盖章工程量清单以及工程造价咨询人盖章。

总说明应按下列内容填写：

(1) 工程概况。按建设规模、工程特征、计划工期、施工现场实际情况、自然地理条件、环境保护要求等。

(2) 工程招标和专业发包范围。

(3) 工程量清单编制依据。

(4) 工程质量、材料、施工等的特殊要求。

(5) 其他需要说明的问题。

3.2.5.2　招标工程量清单编制实例

详见第7章的综合实例中的安徽水电学院传达室工程工程量清单。

第4章　建筑工程建筑面积计算

教学重点：
(1) 建筑面积的概念及作用。
(2) 建筑面积的计算规则，计算建筑面积的范围。
(3) 统筹法计算工程量的一般要点。

教学要求：
(1) 熟悉建筑面积的术语解释。
(2) 掌握建筑面积的计算方法。
(3) 掌握计算房屋建筑工程的建筑面积。

4.1　建筑面积的概念、作用

4.1.1　建筑面积的概念

建筑面积（也称展开面积）是指建筑物各层面积的总和。

$$建筑面积 = 使用面积 + 辅助面积 + 结构面积 \tag{4.1}$$

(1) 使用面积。建筑物各层为生产或生活使用的净面积总和，如办公室、卧室、客厅等。

(2) 辅助面积。建筑物各层为生产或生活起辅助作用的净面积总和，如电梯间、楼梯间等。

(3) 结构面积。各层平面布置中的墙体、柱等结构所占面积总和。

其中

$$使用面积 + 辅助面积 = 有效面积 \tag{4.2}$$

4.1.2　建筑面积的作用

(1) 建筑面积是确定建设规模的重要指标。根据项目立项批准文件所核准的建筑面积，是初步设计的重要控制指标。按规定施工图的建筑面积不得超过初步设计的5%，否则必须重新报批。

(2) 建筑面积是确定各项技术经济指标的基础。建筑面积是确定每平方米建筑面积的造价和工程用量的基础性指标，即

$$工程单位面积造价 = \frac{工程造价}{建筑面积} \tag{4.3}$$

$$人工单位消耗指标 = \frac{工程总人工工日消耗量}{建筑面积} \tag{4.4}$$

$$材料单位消耗指标 = \frac{工程某种材料总消耗量}{建筑面积} \tag{4.5}$$

(3) 建筑面积是计算有关分项工程量的依据。
(4) 建筑面积是选择概算指标和编制概算的主要依据。

4.2 建筑面积的计算

建筑工程建筑面积计算规范，中华人民共和国住房和城乡建设部，公告第269号："住房城乡建设部关于发布国家标准《建筑工程建筑面积计算规范》的公告，现批准《建筑工程建筑面积计算规范》为国家标准，编号为GB/T 50353—2013，自2014年7月1日起实施。原《建筑工程建筑面积计算规范》(GB/T 50353—2005) 同时废止。本规范由我部标准定额研究所组织中国计划出版社出版发行。"

本规范总则：为规范工业与民用建筑工程建设全过程的建筑面积计算，统一计算方法，制定本规范。本规范适用于新建、扩建、改建的工业与民用建筑工程建设全过程的建筑面积计算。建筑工程的建筑面积计算，除应符合本规范外，尚应符合国家现行有关标准的规定。

4.2.1 建筑面积计算术语

(1) 建筑面积（construction area）。建筑物（包括墙体）所形成的楼地面面积。

(2) 自然层（floor）。按楼地面结构分层的楼层。

(3) 结构层高（structure story height）。楼面或地面结构层上表面至上部结构层上表面之间的垂直距离。

(4) 围护结构（building enclosure）。围合建筑空间的墙体、门、窗。

(5) 建筑空间（space）。以建筑界面限定的、供人们生活和活动的场所。

(6) 结构净高（structure net height）。楼面或地面结构层上表面至上部结构层下表面之间的垂直距离。

(7) 围护设施（enclosure facilities）。为保障安全而设置的栏杆、栏板等围挡。

(8) 地下室（basement）。室内地平面低于室外地平面的高度超过室内净高的1/2的房间。

(9) 半地下室（semi-basement）。室内地平面低于室外地平面的高度超过室内净高的1/3，且不超过1/2的房间。

(10) 架空层（stilt floor）。仅有结构支撑而无外围护结构的开敞空间层。

(11) 走廊（corridor）。建筑物中的水平交通空间。

(12) 架空走廊（elevated corridor）。专门设置在建筑物的二层或二层以上，作为不同建筑物之间水平交通的空间。

(13) 结构层（structure layer）。整体结构体系中承重的楼板层。

(14) 落地橱窗（french window）。突出外墙面且根基落地的橱窗。

(15) 凸窗（飘窗）（bay window）。凸出建筑物外墙面的窗户。

(16) 檐廊（eaves gallery）。建筑物挑檐下的水平交通空间。

(17) 挑廊（overhanging corridor）。挑出建筑物外墙的水平交通空间。

(18) 门斗（air lock）。建筑物入口处两道门之间的空间。

(19) 雨篷（canopy）。建筑出入口上方为遮挡雨水而设置的部件。

(20) 门廊（porch）。建筑物入口前有顶棚的半围合空间。

(21) 楼梯（stairs）。由连续行走的梯级、休息平台和维护安全的栏杆（或栏板）、扶手以及相应的支托结构组成的作为楼层之间垂直交通使用的建筑部件。

(22) 阳台 (balcony)。附设于建筑物外墙,设有栏杆或栏板,可供人活动的室外空间。

(23) 主体结构 (major structure)。接受、承担和传递建设工程所有上部荷载,维持上部结构整体性、稳定性和安全性的有机联系的构造。

(24) 变形缝 (deformation joint)。防止建筑物在某些因素作用下引起开裂甚至破坏而预留的构造缝。

(25) 骑楼 (overhang)。建筑底层沿街面后退且留出公共人行空间的建筑物。

(26) 过街楼 (overhead building)。跨越道路上空并与两边建筑相连接的建筑物。

(27) 建筑物通道 (passage)。为穿过建筑物而设置的空间。

(28) 露台 (terrace)。设置在屋面、首层地面或雨篷上的供人室外活动的有围护设施的平台。

(29) 勒脚 (plinth)。在房屋外墙接近地面部位设置的饰面保护构造。

(30) 台阶 (step)。联系室内外地坪或同楼层不同标高而设置的阶梯形踏步。

4.2.2 建筑面积计算的规定

国家标准《建筑工程建筑面积计算规范》(GB/T 50353—2013)(以下简称《面积计算规范》),对建筑面积计算的规定如下。

4.2.2.1 计算建筑面积的范围

(1) 建筑物的建筑面积应按自然层外墙结构外围水平面积之和计算。结构层高在2.20m及以上的,应计算全面积;结构层高在2.20m以下的,应计算1/2面积。

(2) 建筑物内设有局部楼层时,对于局部楼层的二层及以上楼层,有围护结构的应按其围护结构外围水平面积计算。无围护结构的应按其结构底板水平面积计算。结构层高在2.20m及以上的,应计算全面积;结构层高在2.20m以下的,应计算1/2面积。

如图4.1所示的建筑面积为

$$S = LB + lb$$

式中 S——局部带楼层的单层建筑物面积;

L——两端山墙勒脚以上结构外表面之间的水平距离;

B——两端纵墙勒脚以上结构外表面之间的水平距离;

l、b——楼层局部部分结构外表面之间的水平距离。

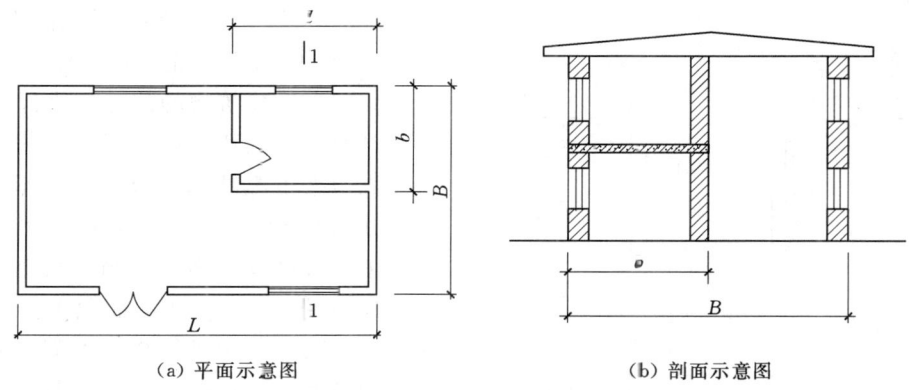

(a) 平面示意图　　　　　　　(b) 剖面示意图

图4.1　设有局部楼层的建筑物示意图

(3) 对于形成建筑空间的坡屋顶,结构净高在2.10m及以上的部位应计算全面积;结构净高在1.20m及以上至2.10m以下的部位应计算1/2面积；结构净高在1.20m以下的部位不应计算建筑面积。

（4）对于场馆看台下的建筑空间，结构净高在2.10m及以上的部位应计算全面积；结构净高在1.20m及以上至2.10m以下的部位应计算1/2面积；结构净高在1.20m以下的部位不应计算建筑面积。室内单独设置的有围护设施的悬挑看台，应按看台结构底板水平投影面积计算建筑面积。有顶盖无围护结构的场馆看台应按其顶盖水平投影面积的1/2计算面积。

（5）地下室、半地下室应按其结构外围水平面积计算。结构层高在2.20m及以上的，应计算全面积；结构层高在2.20m以下的，应计算1/2面积。

（6）出入口外墙外侧坡道有顶盖的部位，应按其外墙结构外围水平面积的1/2计算面积。出入口坡道顶盖的挑出长度，为顶盖结构外边线至外墙结构外边线的长度；顶盖以设计图纸为准，对后增加及建设单位自行增加的顶盖等，不计算建筑面积。顶盖不分材料种类（如钢筋混凝土顶盖、彩钢板顶盖、阳光板顶盖等）。地下室出入口如图4.2所示。

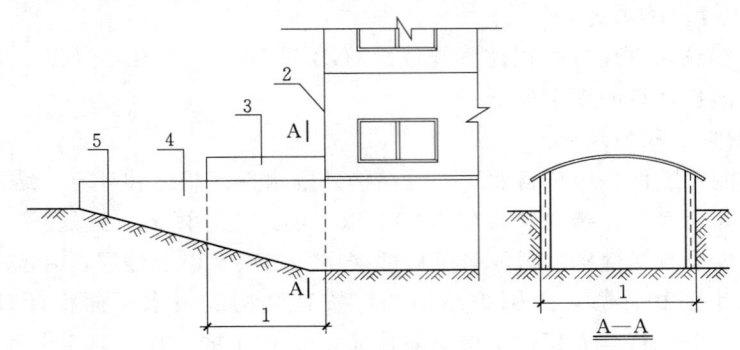

图4.2　地下室出入口示意图
1—计算建筑面积部分；2—主体结构；3—出入口顶盖；
4—出入口侧墙；5—出入口坡道

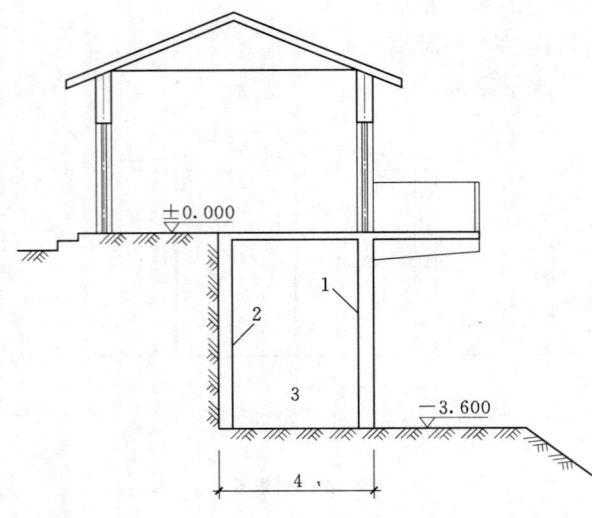

图4.3　吊脚架空层示意图
1—墙；2—柱；3—吊脚架空层；4—计算建筑面积部分

（7）建筑物架空层及坡地建筑物吊脚架空层，应按其顶板水平投影计算建筑面积，如图4.3所示。结构层高在2.20m及以上的，应计算全面积；结构层高在2.20m以下的，应计算1/2面积。

（8）建筑物的门厅、大厅应按一层计算建筑面积，门厅、大厅内设置的走廊应按走廊结构底板水平投影面积计算建筑面积。结构层高在2.20m及以上的，应计算全面积；结构层高在2.20m以下的，应计算1/2面积。

（9）对于建筑物间的架空走廊，有顶盖和围护设施的，应按其围护结构外围水平面积计算全面积；无围护结构、有围护设施的，应按其结构底板水平投影面积计算 1/2 面积。

(10) 对于立体书库、立体仓库和立体车库，有围护结构的，应按其围护结构外围水平面积计算建筑面积；无围护结构、有围护设施的，应按其结构底板水平投影面积计算建筑面积。无结构层的应按一层计算，有结构层的应按其结构层面积分别计算。结构层高在 2.20m 及以上的，应计算全面积；结构层高在 2.20m 以下的，应计算 1/2 面积。

(11) 有围护结构的舞台灯光控制室，应按其围护结构外围水平面积计算。结构层高在 2.20m 及以上的，应计算全面积；结构层高在 2.20m 以下的，应计算 1/2 面积。

(12) 附属在建筑物外墙的落地橱窗，应按其围护结构外围水平面积计算。结构层高在 2.20m 及以上的，应计算全面积；结构层高在 2.20m 以下的，应计算 1/2 面积。

(13) 窗台与室内楼地面高差在 0.45m 以下且结构净高在 2.10m 及以上的凸（飘）窗，应按其围护结构外围水平面积计算 1/2 面积。

(14) 有围护设施的室外走廊（挑廊），应按其结构底板水平投影面积计算 1/2 面积；有围护设施（或柱）的檐廊，应按其围护设施（或柱）外围水平面积计算 1/2 面积。檐廊如图 4.4 所示。

(15) 门斗应按其围护结构外围水平面积计算建筑面积。结构层高在 2.20m 及以上的，应计算全面积；结构层高在 2.20m 以下的，应计算 1/2 面积。门斗如图 4.5 所示。

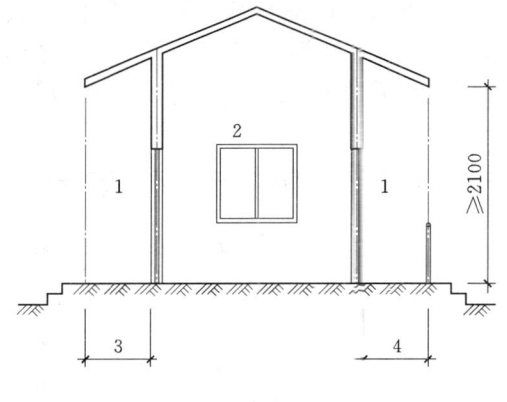

图 4.4 檐廊示意图
1—檐廊；2—室内部分；3—不计算建筑面积部分；
4—计算建筑面积部分

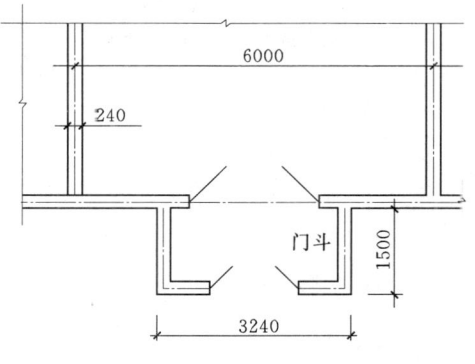

图 4.5 门斗示意图

(16) 门廊应按其顶板的水平投影面积的 1/2 计算建筑面积；有柱雨篷应按其结构板水平投影面积的 1/2 计算建筑面积；无柱雨篷的结构外边线至外墙结构外边线的宽度在 2.10m 及以上的，应按雨篷结构板的水平投影面积的 1/2 计算建筑面积。

(17) 设在建筑物顶部的、有围护结构的楼梯间、水箱间、电梯机房等，结构层高在 2.20m 及以上的应计算全面积；结构层高在 2.20m 以下的，应计算 1/2 面积。

(18) 围护结构不垂直于水平面的楼层，应按其底板面的外墙外围水平面积计算。结构净高在 2.10m 及以上的部位，应计算全面积；结构净高在 1.20m 及以上至 2.10m 以下的部位，应计算 1/2 面积；结构净高在 1.20m 以下的部位，不应计算建筑面积。

(19) 建筑物的室内楼梯、电梯井、提物井、管道井、通风排气竖井和烟道，应并入建筑物的自然层计算建筑面积。

有顶盖的采光井应按一层计算面积，且结构净高在 2.10m 及以上的，应计算全面积；

结构净高在2.10m以下的,应计算1/2面积。地下室采光井如图4.6所示。

(20) 室外楼梯应并入所依附建筑物自然层,并应按其水平投影面积的1/2计算建筑面积。

(21) 在主体结构内的阳台,应按其结构外围水平面积计算全面积;在主体结构外的阳台,应按其结构底板水平投影面积计算1/2面积。

(22) 有顶盖无围护结构的车棚、货棚、站台、加油站、收费站等,应按其顶盖水平投影面积的1/2计算建筑面积。

(23) 以幕墙作为围护结构的建筑物,应按幕墙外边线计算建筑面积。

(24) 建筑物的外墙外保温层,应按其保温材料的水平截面积计算,并计入自然层建筑面积。建筑物外墙保温如图4.7所示。

(25) 与室内相通的变形缝,应按其自然层合并在建筑物建筑面积内计算。对于高低联跨的建筑物(图4.8),当高低跨内部连通时,其变形缝应计算在低跨面积内。

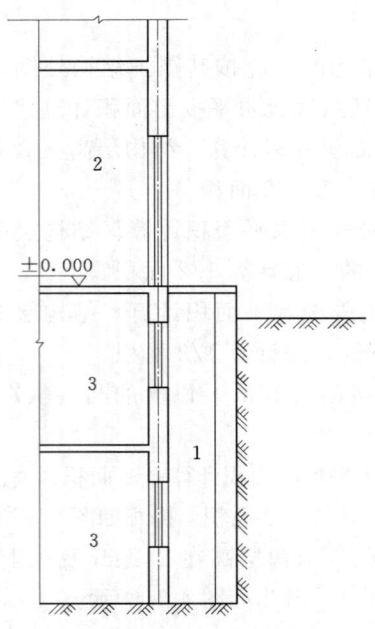

图4.6 地下室采光井示意图
1—采光井;2—地上室内部分;3—地下室

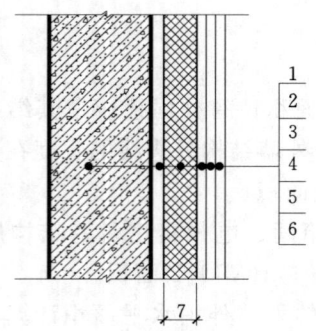

图4.7 建筑物外墙保温示意图
1—墙体;2—黏结砂浆;3—保温材料;4—标准网;
5—加强网;6—外墙面层;7—计算建筑面积部位

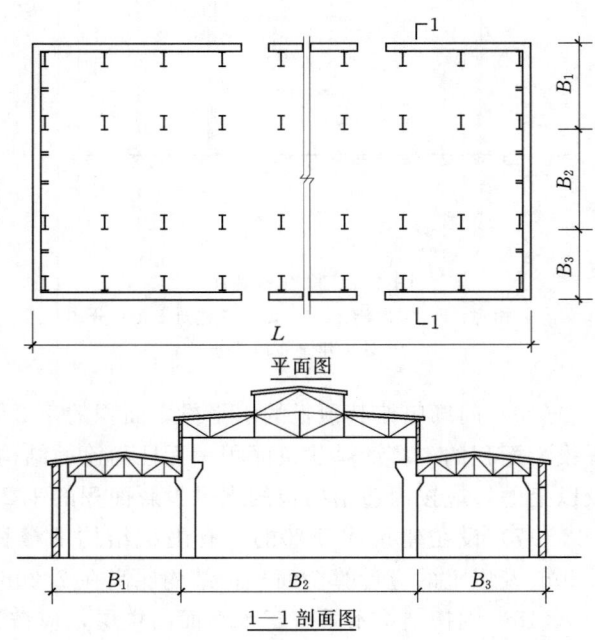

图4.8 某高低联跨单层厂房示意图

(26) 对于建筑物内的设备层、管道层、避难层等有结构层的楼层,结构层高在2.20m及以上的,应计算全面积;结构层高在2.20m以下的,应计算1/2面积。

4.2.2.2 不计算建筑面积的范围

(1) 与建筑物内不相连通的建筑部件。
(2) 骑楼、过街楼底层的开放公共空间和建筑物通道。
(3) 舞台及后台悬挂幕布和布景的天桥、挑台等。
(4) 露台、露天游泳池、花架、屋顶的水箱及装饰性结构构件。
(5) 建筑物内的操作平台、上料平台、安装箱和罐体的平台。
(6) 勒脚、附墙柱、垛、台阶、墙面抹灰、装饰面、镶贴块料面层、装饰性幕墙,主体结构外的空调室外机搁板(箱)、构件、配件,挑出宽度在 2.10m 以下的无柱雨篷和顶盖高度达到或超过两个楼层的无柱雨篷。
(7) 窗台与室内地面高差在 0.45m 以下且结构净高在 2.10m 以下的凸(飘)窗,窗台与室内地面高差在 0.45m 及以上的凸(飘)窗。
(8) 室外爬梯、室外专用消防钢楼梯。
(9) 无围护结构的观光电梯。
(10) 建筑物以外的地下人防通道,独立的烟囱、烟道、地沟、油(水)罐、气柜、水塔、贮油(水)池、贮仓、栈桥等构筑物。

【例 4.1】 如图 4.9 所示,计算单层建筑物的建筑面积。层高 3.6m,墙厚 240mm。

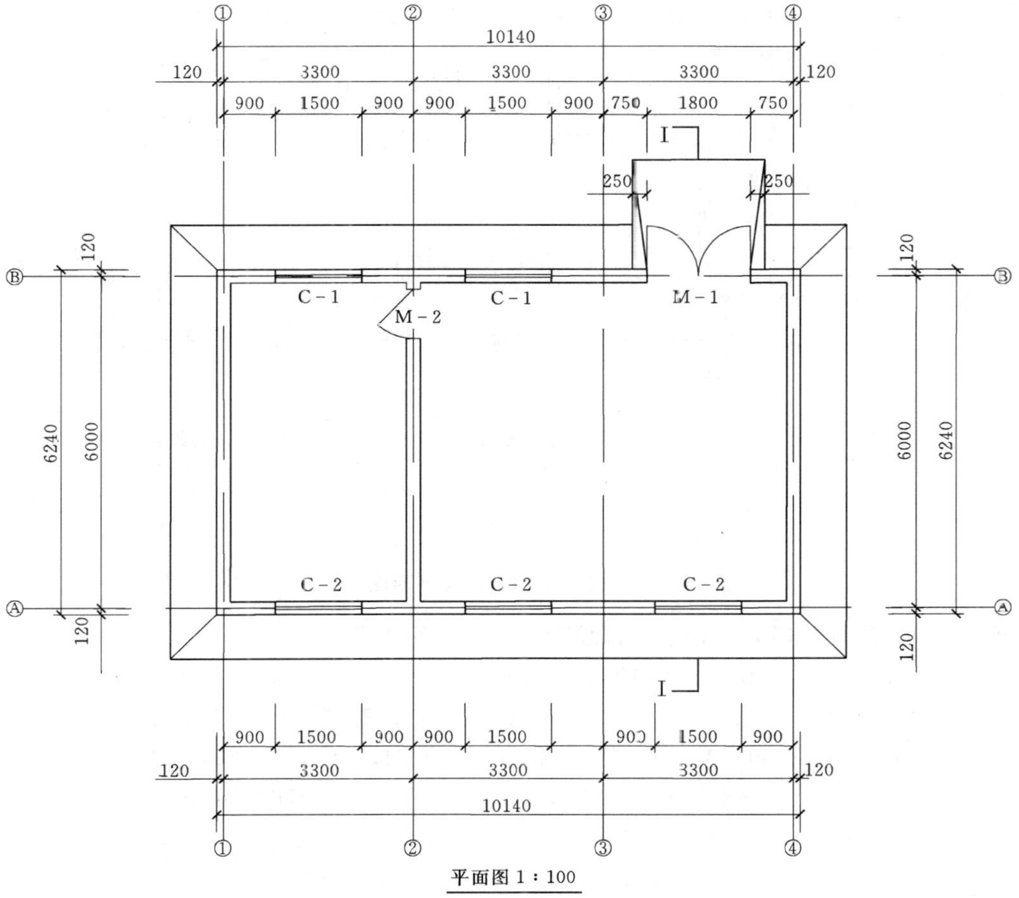

图 4.9 某单层建筑物平面图

解： $S_建 = (9.9+0.24) \times (6+0.24) = 63.27 \text{m}^2$

工程量计算中"四线一面"经常会遇到，即：轴线、外墙中心线（$L_{外中}$）、外墙外边线（$L_{外边}$）、内墙净长线（$L_{内净}$）和建筑物底层建筑面积（$S_底$）。

以本题为例：

$$L_{外中} = (9.9+6) \times 2 = 31.8 \text{m}$$
$$L_{外边} = (9.9+0.24+6+0.24) \times 2 = 32.76 \text{m}$$
$$L_{内净} = 6 - 0.12 \times 2 = 5.76 \text{m}$$
$$S_底 = (9.9+0.24) \times (6+0.24) = 63.27 \text{m}^2$$

【例 4.2】 如图 4.10 和图 4.11 所示，为某别墅建筑平面，墙体均为 240mm 厚。计算其建筑面积。

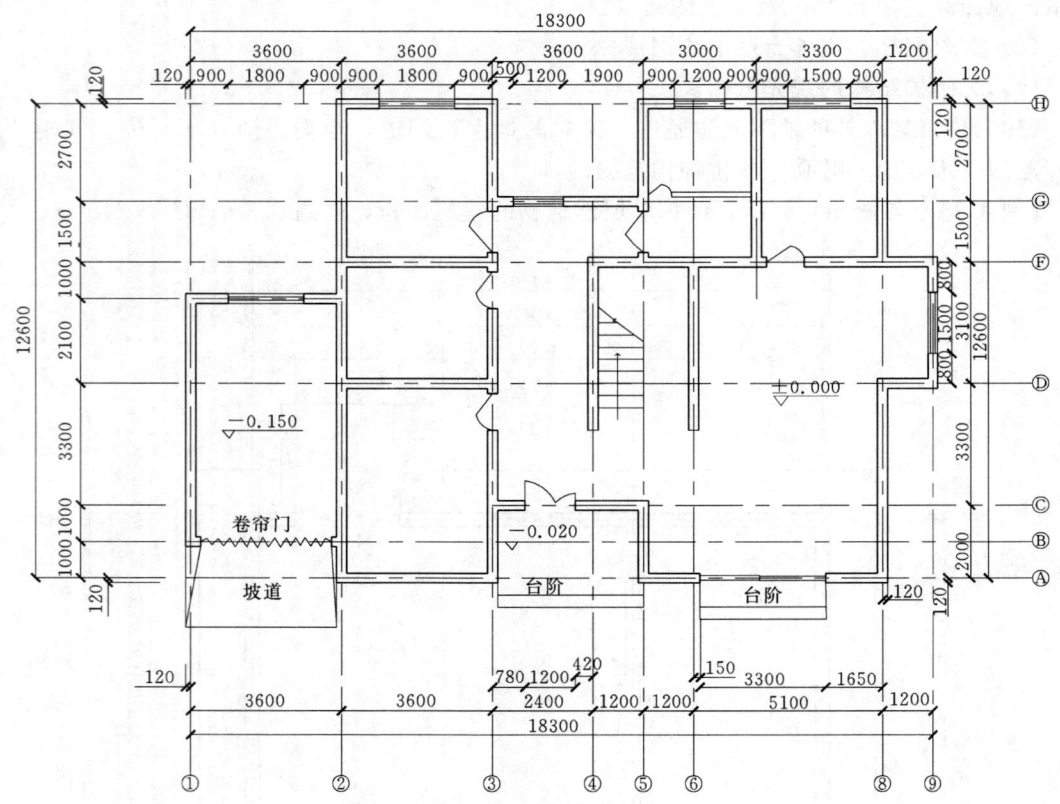

图 4.10 某别墅首层平面图

解： 计算建筑面积时，按楼层、部位分别计算，再汇总。

$$S_{一层} = (18.30+0.24) \times (12.60+0.24) - 3.6 \times 5.2 - (3.6-0.24) \times 2.7$$
$$-1.2 \times 4.2 - 1.2 \times 5.3 - (3.6-0.24) \times 2 - 3.6 \times 1 = 188.54 \text{m}^2$$
$$S_{二层} = (18.30-3.6+0.24) \times (12.60+0.24) - (3.6-0.24) \times 2.7$$
$$-1.2 \times 4.2 - 1.2 \times 5.3 - (3.6-0.24) \times 2 = 164.64 \text{m}^2$$
$$S_{门廊} = (3.6-0.24) \times 2/2 = 3.36 \text{m}^2$$
$$S_{阳台} = (3.6-0.24) \times 2/2 = 3.36 \text{m}^2$$
$$S_{雨篷} = 4.5 \times (2.3-0.12)/2 = 4.91 \text{m}^2$$

所以 $S_建 = 188.54 + 164.64 + 3.36 + 3.36 + 4.91 = 364.81 m^2$

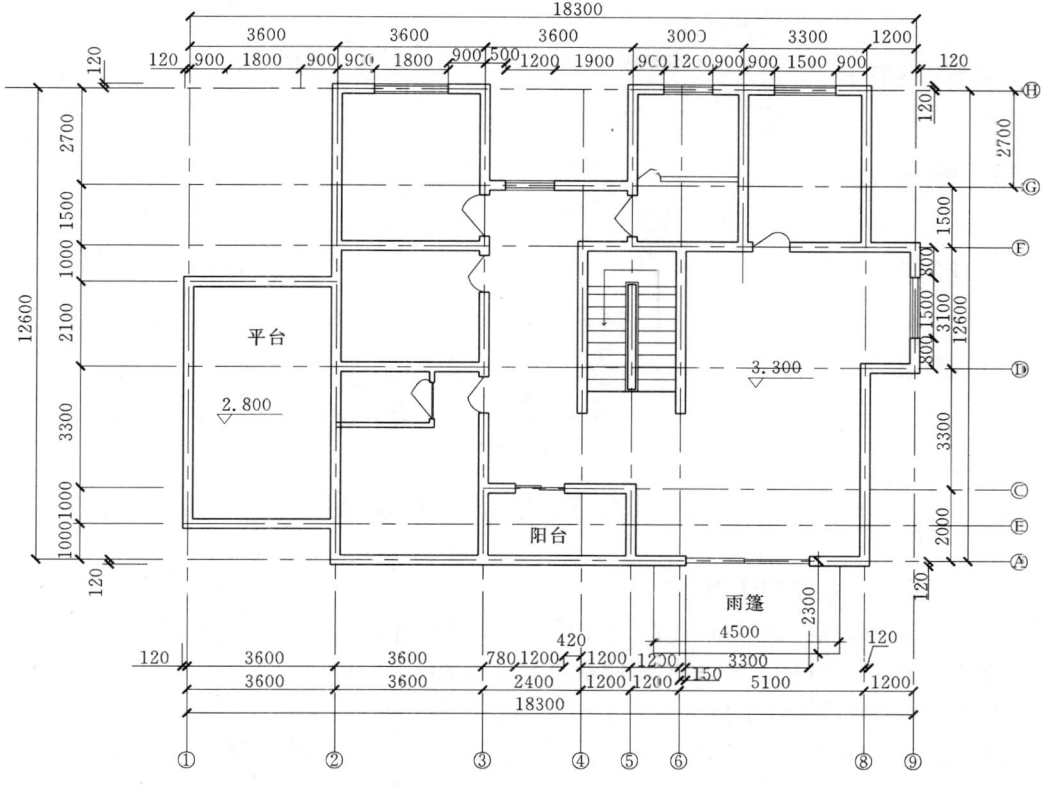

图 4.11 某别墅二层平面图

【例 4.3】 如图 4.12 所示，某多层住宅变形缝宽度为 0.20m，阳台水平投影尺寸为 1.80m×3.60m（共 18 个），无柱雨篷水平投影尺寸为 2.60m×4.00m，坡屋顶阁楼室内净高最高点为 3.65m，坡屋顶坡度为 1∶2；平屋面女儿墙顶面标高为 11.60m。请按《建筑工程建筑面积计算规范》（GB/T 50353—2013）计算建筑面积。

解：A-C 轴建筑面积：

$$S_1 = 30.20 \times (8.4 \times 2 + 8.4 \times 1/2) = 634.20 (m^2)$$

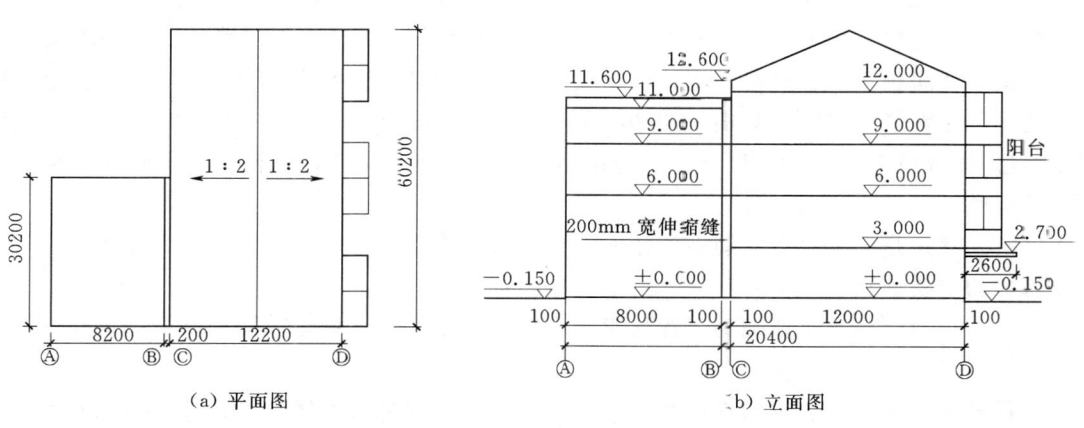

(a) 平面图　　　　　　　　　　(b) 立面图

图 4.12 某多层住宅平面图与立面图

C-D轴建筑面积：
$$S_2 = 60.20 \times 12.20 \times 4 = 2937.76 (\text{m}^2)$$

坡屋面建筑面积：
$$S_3 = 60.20 \times (6.20 + 1.80 \times 2 \times 1/2) = 481.60 (\text{m}^2)$$

雨篷建筑面积：
$$S_4 = 2.60 \times 4.00 \times 1/2 = 5.20 (\text{m}^2)$$

阳台建筑面积：
$$S_5 = 18 \times 1.80 \times 3.60 \times 1/2 = 58.32 (\text{m}^2)$$

总建筑面积：
$$S = S_1 + S_2 + S_3 + S_4 + S_5 = 4117.08 (\text{m}^2)$$

4.3 工程量计算规则

4.3.1 工程量计算规则的作用

工程量是指按照事先约定的工程量计算规则计算出来的、以物理计量单位或自然计量单位表示的分部分项工程的数量。物理计量单位多采用长度（m）、面积（m²）、体积（m³）、重量（t或kg）；自然计量单位多采用个、只、套、台、座等。

工程量与实物量不同，其区别在于：工程量是按照工程量计算规则计算所得的工程数量；而实物量是实际完成的工程数量。

工程量计算规则是计算分项工程项目时，确定施工图尺寸数据、内容取定、工程量调整系数、工程量计算方法的重要规定。工程量计算规则是具有权威性的规定，是确定工程量消耗的重要依据，其主要作用如下：

（1）确定工程量项目的依据。工程计价以工程量为基本依据，因此，工程量计算的准确与否，直接影响工程造价的准确性，以及工程建设的投资控制。例如，工程量计算规则规定："建筑物场地厚度≤±300mm 的挖、填、运、找平，应按平整场地项目编码列项。厚度＞±300mm 的竖向布置挖土或山坡切土应按挖一般土方项目编码列项。"

（2）施工图尺寸数据取定的依据。例如，工程量计算规则规定："墙长度：外墙按中心线、内墙计按净长算。""外墙高度：斜（坡）屋面无檐口天棚者算至屋面板底；有屋架且室内外均有天棚者算至屋架下弦底另加 200mm；无天棚者算至屋架下弦底另加 300mm，出檐宽度超过 600mm 时按实砌高度计算；与钢筋混凝土楼板隔层者算至板顶。平屋顶算至钢筋混凝土板底。"

（3）工程量是施工企业编制施工作业计划，合理安排施工进度，组织现场劳动力、材料以及机械的重要依据。

（4）工程量是施工企业编制工程形象进度统计报表，向工程建设投资方结算工程价款的重要依据。

工程量是确定工程造价的基础和重要组成部分，工程量的准确程度直接影响工程造价的准确程度。工程量的计量对工程造价的准确度起着决定性的作用。

4.3.2 工程量计算的一般原则和方法

4.3.2.1 工程量计算的一般原则

在工程预算造价工作中，工程量计算是编制预算造价的原始数据，繁杂且量大。工程量计算的精度和快慢，都直接影响着预算造价的编制质量与速度。

1. 工程量计算依据

（1）经审定的施工图纸及图纸会审记录、设计说明。

（2）建筑工程预算定额。

（3）图纸中引用的标准图集。

（4）施工组织设计及施工现场情况。

2. 工程量计算原则

为了准确计算工程量，防止错算、漏算和重复计算，通常要遵循以下原则：

（1）列项要正确。计算工程量时，按施工图列出的分项工程必须与预算定额（中相应分项工程一致。例如，水磨石楼地面分项工程，预算定额已含水泥白石子浆面层、素水泥浆及分带嵌条与不带嵌条，但不含水泥砂浆结合层，计算分项工程量时就应列面层及结合层两项。又如，水磨石楼梯面层，预算定额中已包含水泥砂浆结合层，则计算时就不应再另列项目。

因此，在计算工程量时，除了熟悉施工图纸及工程量计算规则外，还应掌握预算定额和建设工程工程量清单计价规范中每个分项工程的工作内容和范围，避免重复列项及漏项。

（2）工程量计算规则要一致。计算工程量，必须与本地区现行预算定额工程量计算规则相一致，避免错算。例如，砖砌体工程中，一砖半墙的厚度，不管图示尺寸是 360mm 还是 370mm，都应按预算定额规定的 365mm 计算。只有计算规则一致，才能保证工程量计算得准确。

（3）计量单位要一致。计算工程量时，所列出的各分项工程的计量单位，必须与所使用的预算定额中相应项目的计量单位相一致。

（4）工程量计算要准确。在计算工程量时，对各分项工程计算尺寸的取定要准确。例如，在计算外墙砖砌体时，规定应按"中心线长"计算，如果按偏轴线计算时，就增加（或减少）了工程量。

此外，工程量计算精度要统一。如：工程量的计算结果，除钢材（以"t"为计量单位）、木材（以"m^3"为计量单位）按定额单位取小数点后三位外，其余项目一般以取小数点后两位为准。

（5）设计图纸要会审。计算前要熟悉图纸和设计说明，检查图纸有无错误，所标尺寸在平面、立面、剖面和详图中是否吻合，避免根本错误；图纸中要求的做法，图纸中的门窗统计表和构件统计表和钢筋表中的型号、数量和重量，是否与图纸相符；构件的标号及加工方法，材料的规格型号及强度等都应注意。如有疑难和矛盾问题，须及时通过图纸会审、设计答疑解决，以避免工程量计算依据的根本错误。

4.3.2.2 工程量计算的一般方法

施工图预算中，工程量计算的特点是项目多、数据量大、费时间，这与编制预算既快又准的基本要求相矛盾。如何简化工程量计算，提高计算速度和准确性，是人们一直关注的问题。

1. 计算工程量的一般顺序

一幢建筑物的工程项目很多，如不按一定的顺序进行，极易漏算或重复计算。

(1) 单位工程的计算顺序：①按施工顺序计算；②按定额项目顺序。

(2) 分项工程的计算顺序。

1) 按顺时针（或逆时针）方向计算工程量，即从平面图的一个角开始，按顺时针（或逆时针）方向逐项计算，环绕一周后又回到开始点为止所示。此种方法适用于计算外墙、外墙基础、外墙挖地槽、外墙装修、楼地面、天棚等的工程量。但是在计算基础和墙体时，要先外墙后内墙，分别计算。

2) 按先横后竖、先上后下、先左后右的顺序计算。此种方法适用于计算内墙、内墙基础、内墙挖槽、内墙装饰、门窗过梁等的工程量。

3) 按结构构件编号顺序计算工程量。这种方法适用于计算门窗、钢筋混凝土构件、打桩等的工程量。

4) 按轴线编号顺序计算工程量。这种方法适用于计算内外墙挖基槽、内外墙基础、内外墙砌体、内外墙装饰等工程。

工程造价人员也可以按照自己的习惯选择计算的方法。

2. 统筹法计算工程量的方法

统筹法是一种用来研究、分析事物内在规律及相互依赖关系的方法。从全局角度出发，明确工作重点，合理安排工作顺序，提高工作质量和效率的科学管理方法。

一个单位工程分解为若干个分项工程。运用统筹思想对工作量计算过程进行分析后，可以看出，这些分项工程既有各自的特点，又有内在的联系。例如，计算外墙地槽、外墙基础垫层、外墙基础等分项工程量时，都可以用同一个长度计算工程量，即外墙中心线。外墙抹灰、勒脚、散水、挑檐等要用到外墙外边线长度。又如，平整场地、地面抹灰等与底层建筑面积有关。这些"线"和"面"是许多分项工程量计算的基础。如果我们抓住这些基本数据，利用它们来计算较多工作量，就能达到简化工程量计算的目的。

(1) 基数计算。"基数"是指工程量计算时，经常重复使用的一些基本数据，包括$L_{外}$，$L_{中}$，$L_{内}$，$S_{底}$，简称为"三线一面"。其"三线"是：外墙外边线$L_{外}$；外墙中心线$L_{中}$；内墙净长线$L_{内}$；"一面"是指建筑物的底层建筑面积$S_{底}$。如果把轴线加入，称为"四线一面"。

"三线一面"的主要用途如下：

1) 外墙外边线长$L_{外}$。$L_{外}$是指围绕建筑物外墙外边的长度之和。利用$L_{外}$可以计算人工平整场地、墙脚排水坡、外墙脚手架、挑檐等的工程量。

2) 外墙中心线长$L_{中}$。$L_{中}$是指围绕建筑物的外墙中心线长度之和。利用$L_{中}$可以计算外墙基槽、外墙基础垫层、外墙基础、外墙圈梁、外墙基防潮层等的工程量。还应注意由于不同厚度墙体的定额单价不同，所以，$L_{中}$应按不同墙体厚度分别计算。

3) 内墙净长线$L_{内}$。$L_{内}$是指建筑物内隔墙的长度之和。利用$L_{内}$可以计算内墙基槽、内墙基础垫层、内墙基础、内墙圈梁、内墙基防潮层等的工程量。

4) 底层建筑面积$S_{底}$。利用$S_{底}$可以计算人工平整场地、室内回填土、地面垫层、地面面层、顶棚面抹灰、屋面防水卷材、屋面找坡层等的工程量。

需要说明的是:由于工程设计很不一致,对于那些不能用"线"和"面"基数计算的不规则的、较复杂的项目工程量的计算问题,要结合实际,灵活运用下列方法:

分段计算法:如基础断面尺寸、基础埋深不同时,可采取分段法计算工程量。

分层计算法:如遇多层建筑物,各楼层的建筑面积、墙厚、砂浆强度等级等不同时,可用分层计算法。

补加计算法:先把主要的、比较方便计算的部分一次算出,然后再加上多出的部分。如带有墙垛的外墙,可先计算出外墙体积,然后加上砖垛体积。

补减计算法:在一个分项工程中,如每层楼的地面面积相同,地面构造除一层门厅为水磨石面层外,其余均为水泥砂浆地面,可先按每层都是水泥砂浆地面计算各楼层的工程量,然后再减去门厅的水磨石面层工程量。

4.3.2.3 工程量计算的技巧

1. 熟悉施工图

(1) 修正图纸。主要是按照图纸会审纪录、设计变更通知单的内容修正全套施工图,这样可避免走"回头路",造成重复劳动。

(2) 粗略看图。了解工程的基本概况。如建筑物的层数、高度、层高、基础形式、结构型式和大约的建筑面积等。

了解工程所使用的材料以及采取的施工方法。如基础采用的是砖、石基础还是钢筋混凝土基础,墙体是砌砖还是砌砌块,楼地面的做法等。

了解施工图中的梁表、柱表、混凝土构件统计表和门窗统计表,要对照施工图进行详细核对。一经核对,在计算相应工程量时就可直接利用。

了解施工图表示方法。

(3) 重点看施工图。重点看图时,着重需清楚的问题有:弄清房屋室内外的高差,以便在计算基础和室内挖、填工程时利用这个数据;建筑物的层高、墙体、楼地面面层、门窗等相应工程内容是否因楼层或段落不同有所变化(包括尺寸、材料、做法、数量等变化),以便在有关工程量的计算时区别对待;弄清工业建筑设备基础、地沟等平面布置大概情况,以利于基础和楼地面工程量的计算;弄清建筑物构配件如平台、阳台、雨篷和台阶等的设置情况,便于计算其工程量时明确所在部位。

2. 合理安排工程量的计算顺序

按前面所述的几种工程量计算顺序进行。

3. 灵活运用"统筹法"计算工程量

内容从略。

4. 充分利用《工程量计算手册》和计算表格

利用预算《工程量计算手册》和计算表格,是加快预算编制的有力工具,应充分利用。通常《工程量计算手册》是各地区或个人编制的适用于本地区的预算工程量计算手册,这种手册是将本地区常用的定型构件、通用构配件和常用系数,按预算工程量的计算要求,经计算或整理汇总而成。例如,等高式砖基础大放脚的折加高度表。

常用到的工程量计算表格有预制(现浇)混凝土构件统计计算表、金属结构工程量统计计算表、门窗(洞口)工程量统计计算表等。

4.3.3 工程量计算的步骤

1. 列出分项工程项目名称和工程量计算式

首先按照一定的计算顺序和方法,列出单位工程施工图预算的分项工程项目名称;其次按照工程量计算规则和计算单位(m、m^2、m^3、kg等)列出工程量计算式,并注明数据来源。工程量计算式可以只列出一个算式,也可以分别列算式,但都应当注明中间结果,以便后面使用。工程量计算通常采用计算表格形式,在工程量计算表格中列出计算式,以便进行审核。

2. 进行工程量计算

工程量计算式列出后,对所取数据复核,确认无误后再逐式计算。按前面所述的精度要求保留小数点的位数。

3. 调整计量单位

通常计算的工程量都是以"m""m^2""m^3"等为计量单位,但在预算定额中计量单位往往是"100m""$10m^3$""$100m^2$"等。因此,还需把计算的工程量按预算定额中相应项目规定的计量单位进行调整,使计算工程量的计量单位与预算定额相应项目的计量单位一致,以便套用预算定额。

4. 自我检查复核

工程量计算完毕后,必须进行自我复核,检查其项目、算式、数据及小数点等有无错误和遗漏,以避免预算审查时返工重算。

第 5 章 房屋建筑与装饰工程工程量清单计量

教学重点：
(1) 土方工程清单工程量计算和工程量清单编制。
(2) 砌筑工程清单工程量计算和工程量清单编制。
(3) 混凝土及钢筋混凝土工程清单工程量计算和工程量清单编制。
(4) 屋面及防水工程，保温、隔热、防腐工程清单工程量计算和工程量清单编制。
(5) 楼地面装饰工程，墙、柱面装饰，天棚工程清单工程量计算和工程量清单编制。

教学要求：
(1) 掌握土方工程，地基处理与边坡支护工程，桩基础工程，砌筑工程，混凝土及钢筋混凝土工程，门窗工程，屋面及防水工程，保温、隔热、防腐工程，楼地面装饰工程，墙、柱面装饰与隔断、幕墙工程，天棚工程，油漆、涂料、裱糊工程等清单工程量计算规则，列项，计算相应清单项目的工程量。
(2) 能够结合项目特征，熟练地编制分部分项工程量清单和措施项目清单。

房屋建筑与装饰工程的工程量清单计量应按《房屋建筑与装饰工程工程量计算规范》（GB 50854—2013）规定（以下简称"GB 50854—2013"），结合招标文件、建筑工程施工图及相关设计文件完成。

GB 50854—2013 中的附录按顺序分类，从附录 A 至附录 S，共 17 项（不设附录 I 和附录 O），其中，附录 S 专指施工技术措施项目。下面介绍房屋建筑与装饰工程中常用项目的清单工程量计算，并按照工程量清单的五个要件，编制工程量清单。

5.1　土石方工程

在"GB 50854—2013"中，土石方工程位于附录 A，包括三个分部工程，分别是：A.1 土方工程；A.2 石方工程；A.3 回填。本节主要介绍土方工程和回填。

5.1.1　工程量清单项目及计量规则

1. 土方工程

土方工程量清单项目设置、项目特征描述的内容、计量单位及工程量计算规则，应按 GB 50854—2013 附录中表 A.1 的规定执行，见表 5.1。

表 5.1　　　　　　　　土方工程（编码：010101）

项目编码	项目名称	项目特征	计量单位	工程量计算规则	工程内容
010101001	平整场地	1. 土壤类别 2. 弃土运距 3. 取土运距	m²	按设计图示尺寸以建筑物首层建筑面积计算	1. 土方挖填 2. 场地找平 3. 运输

第5章 房屋建筑与装饰工程工程量清单计量

续表

项目编码	项目名称	项目特征	计量单位	工程量计算规则	工程内容
010101002	挖一般土方		m³	按设计图示尺寸以体积计算	1. 排地表水 2. 土方开挖 3. 围护（挡土板）及拆除 4. 基底钎探 5. 运输
010101003	挖沟槽土方	1. 土壤类别 2. 挖土深度 3. 弃土运距	m³	按设计图示尺寸以基础垫层底面积乘以挖土深度计算	
010101004	挖基坑土方		m³		
010101005	冻土开挖	1. 冻土厚度 2. 弃土运距	m³	按设计图示尺寸开挖面积乘以厚度以体积计算	1. 爆破 2. 开挖 3. 清理 4. 运输
010101006	挖淤泥、流沙	1. 挖掘深度 2. 弃淤泥、流沙距离	m³	按设计图示位置、界限以体积计算	1. 开挖 2. 运输
010101007	管沟土方	1. 土壤类别 2. 管外径 3. 挖沟深度 4. 回填要求	1. m 2. m³	1. 以米计量，按设计图示以管道中心线长度计算 2. 以立方米计量，按设计图示管底垫层面积乘以挖土深度计算；无管底垫层按管外径的水平投影面积乘以挖土深度计算。不扣除各类井的长度，井的土方并入	1. 排地表水 2. 土方开挖 3. 围护（挡土板）、支撑 4. 运输 5. 回填

注 1. 挖土方平均厚度应按自然地面测量标高至设计地坪标高的平均厚度确定。基础土方开挖深度应按基础垫层底表面标高至交付施工现场地标高确定，无交付施工场地标高时，应按自然地面标高确定。
  2. 建筑物场地厚度≤±300mm 的挖、填、运和找平，应按本表中平整场地项目编码列项。厚度＞±300mm 的竖向布置挖土或山坡切土应按本表中挖一般土方项目编码列项。
  3. 沟槽、基坑、一般土方的划分为：底宽≤7m、底长＞3倍底宽为沟槽；底长≤3倍底宽、底面积≤150m² 为基坑；超出上述范围则为一般土方。
  4. 挖土方如需截桩头时，应按桩基工程相关项目编码列项。
  5. 桩尖挖土不扣除桩的体积，并在项目特征中加以描述。
  6. 弃、取土运距可以不描述，但应注明由投标人根据施工现场实际情况自行考虑，决定报价。
  7. 土壤的分类应按表 5.2 确定，如土壤类别不能准确划分时，招标人可注明为综合，由投标人根据地勘报告决定报价。
  8. 土方体积应按挖掘前的天然密实体积计算。非天然密实土方应按表 5.3 折算。
  9. 挖沟槽、基坑、一般土方因工作面和放坡增加的工程量（管沟工作面增加的工程量）是否并入各土方工程量中，应按各省（自治区、直辖市）或行业建设主管部门的规定实施，如并入各土方工程量中，办理工程结算时，按经发包人认可的施工组织设计规定计算，编制工程量清单时，可按表 5.4～表 5.6 规定计算。
  10. 挖方出现流沙、淤泥时，如设计未明确，在编制工程量清单时，其工程数量可为暂估量，结算时应根据实际情况由发包人与承包人双方现场签字确认工程量。
  11. 管沟土方项目适用于管道（给排水、工业、电力、通信）、光（电）缆沟［包括：人（手）孔、接口坑］及连接井（检查井）等。

表 5.2   土 壤 分 类 表

土壤分类	土 壤 名 称	开 挖 方 法
一类、二类土	粉土、砂土（粉砂、细砂、中砂、粗砂、砾砂）、粉质黏土、弱中盐渍土、软土（淤泥质土、泥炭、泥炭质土）、软塑红黏土、冲填土	用锹、少许用镐、条锄开挖。机械能全部直接铲挖满载者

5.1 土石方工程

续表

土壤分类	土 壤 名 称	开 挖 方 法
三类土	黏土、碎石土（圆砾、角砾）混合土、可塑红黏土、硬塑红黏土、盐渍土、素填土、压实填土	主要用镐、条锄、少许用锹开挖。机械需部分刨松方能铲挖满载者或可直接铲挖但不能满载者
四类土	碎石土（卵石、碎石、漂石、块石）、坚硬红黏土、超盐渍土、杂填土	全部用镐、条锄挖掘、少许用撬棍挖掘。机械需普遍刨松方能铲挖满载者

注 本表土的名称及其含义按《岩土工程勘察规范》（GB 50021—2001）（2009 年版）定义。

表 5.3 土方体积折算系数

天然密实度体积	虚方体积	夯实后体积	松填体积
0.77	1.00	0.67	0.83
1.00	1.30	0.87	1.08
1.15	1.50	1.00	1.25
0.92	1.20	0.80	1.00

注 1. 虚方指未经碾压、堆积时间≤1年的土壤。
　　2. 本表按《全国统一建筑工程预算工程量计算规则》（GJDGZ—101—95）整理。
　　3. 设计密实度超过规定的，填方体积按工程设计要求执行；无设计要求按各省（自治区、直辖市）或行业建设行政主管部门规定的系数执行。

表 5.4 放 坡 系 数 表

土类别	放坡起点/m	人工挖土	机 械 挖 土		
			在坑内作业	在坑上作业	顺沟槽在坑上作业
二类土	1.20	1∶0.5	1∶0.33	1∶0.75	1∶0.5
三类土	1.50	1∶0.33	1∶0.25	1∶0.67	1∶0.33
四类土	2.00	1∶0.25	1∶0.10	1∶0.33	1∶0.25

注 1. 沟槽、基坑中土类别不同时，分别按其放坡起点、放坡系数，依不同土类别厚度加权平均计算。
　　2. 计算放坡时，在交接处的重复工程量不予扣除，原槽、坑作基础垫层时，放坡自垫层上表面开始计算。

表 5.5 基础施工所需工作面宽度计算表

基 础 材 料	每边各增加工作面宽度/mm
砖基础	200
浆砌毛石、条石基础	150
混凝土基础垫层支模板	300
混凝土基础支模板	300
基础垂直面做防水层	1000（防水层面）

注 本表按《全国统一建筑工程预算工程量计算规则》（GJDGZ—101—95）整理。

表 5.6 管沟施工每侧所需工作面宽度计算表

管沟材料 \ 管道结构宽/mm	≤500	≤1000	≤2500	>2500
混凝土及钢筋混凝土管道/mm	400	500	600	700
其他材质管道/mm	300	400	500	600

注 1. 本表按《全国统一建筑工程预算工程量计算规则》（GJDGZ—101—95）整理。
　　2. 管道结构宽：有管座的按基础外缘，无管座的按管道外径。

2. 回填

回填工程量清单项目设置、项目特征描述的内容、计量单位及工程量计算规则，应按"GB 50854—2013"附录中表 A.3 的规定执行，见表 5.7。

表 5.7　　　　　　　　　　　回填（编码：010103）

项目编码	项目名称	项目特征	计量单位	工程量计算规则	工程内容
010103001	回填方	1. 密实度要求 2. 填方材料品种 3. 填方粒径要求 4. 填方来源、运距	m³	按设计图示尺寸以体积计算。 1. 场地回填：回填面积乘平均回填厚度 2. 室内回填：主墙间净面积乘回填厚度，不扣除间隔墙 3. 基础回填：按挖方清单项目工程量减去自然地坪以下埋没的基础体积（包括基础垫层及其他构筑物）	1. 运输 2. 回填 3. 夯实
010103002	余方弃置	1. 废弃料品种 2. 运距		按挖方清单项目工程量减利用回填方体积（正数）计算	余方点装料运输至弃置点

注　1. 填方密实度要求，在无特殊要求情况下，项目特征可描述为满足设计和规范的要求。
　　2. 填方材料品种可以不描述，但应注明由投标人根据设计要求验方后方可填入，并符合相关工程的质量规范要求。
　　3. 填方粒径要求，在无特殊要求情况下，项目特征可以不描述。
　　4. 如需买土回填应在项目特征填方来源中描述，并注明买土方数量。

5.1.2　清单工程量计算

5.1.2.1　平整场地

平整场地项目适用于建筑场地厚度在±300mm 以内的挖土、填土、运土以及找平，如图 5.1 所示。

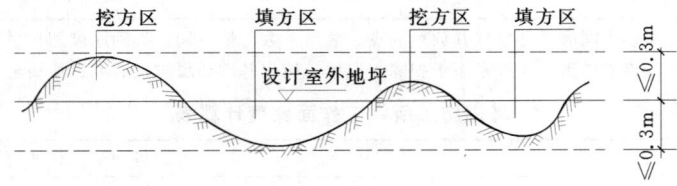

图 5.1　平整场地范围示意图

其清单工程量计算规则为：按设计图示尺寸以建筑物首层面积计算。其计算公式为

$$S_{平整场地} = S_{建筑物首层} \tag{5.1}$$

5.1.2.2　挖沟槽、基坑土方

沟槽、基坑的工作内容包括排地表水、土方开挖、围护（挡土板）及拆除、基底钎探和运输。

其清单工程量计算规则为：按设计图示尺寸以基础垫层底面积乘以挖土深度计算。其计算公式为

$$V = 基础垫层长 \times 基础垫层宽 \times 挖土深度 \tag{5.2}$$
$$V = 设计槽长 \times 槽断面积 \tag{5.3}$$

其中：外墙下槽长按垫层中心线尺寸长度；内墙下槽长按垫层净长线尺寸长度。

当基础为带形基础时,外墙基础垫层按外墙中心线长计算,内墙基础垫层按内墙下垫层之间的净长计算。挖土深度应按基础垫层底表面标高至交付施工场地标高的高度确定,无交付施工场地标高时,应按自然地面标高确定。

5.1.2.3 回填方

回填方项目适用于场地回填、室内回填和基础回填,并包括指定范围内的运输以及借土回填的土方开挖。

其清单工程量计算规则为:按设计图示尺寸以体积计算。具体分为三种。

1. 场地回填

场地回填按回填面积乘平均回填厚度以体积计算。

$$V_{场地回填}＝回填面积×平均回填厚度 \tag{5.4}$$

2. 室内回填

室内回填也称房心回填,指室内地坪以下,由室外设计地坪标高填至地坪垫层底标高的夯填土。按主墙间面积乘回填土厚度以体积计算。

$$\begin{aligned}V_{室内回填} &＝主墙间净面积×回填土厚度\\ &＝(底层建筑面积－主墙所占面积)×回填土厚度\end{aligned} \tag{5.5}$$

其中:主墙所占面积,指内、外墙体所占水平平面的面积。

$$主墙所占面积＝L_{中}×外墙厚度＋L_{内}×内墙厚度 \tag{5.6}$$

回填土厚度,指设计室外地坪至室内地面垫层间的距离。

$$回填土厚度＝设计室内外地坪高差－地面面层和垫层的厚度 \tag{5.7}$$

3. 基础回填

基础回填指在基础施工完毕以后,将槽、坑四周未做基础的部分回填至室外设计地坪标高。回填方示意图如图 5.2 所示。

$$V_{基础回填}＝V_{挖土方}－V_{室外设计地坪以下被埋设的基础和垫层等} \tag{5.8}$$

即:挖方体积减去设计室外地坪以下埋设的基础体积(包括基础垫层及其他构筑物)。

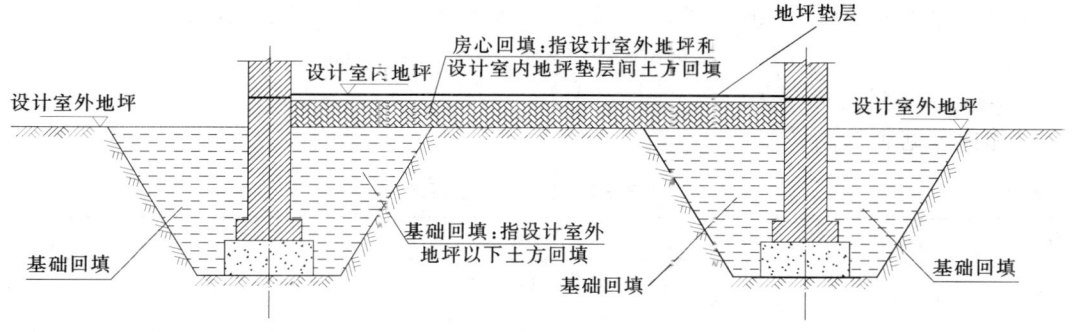

图 5.2 回填方示意图

5.1.2.4 余土弃置(余土外运)

$$V＝V_{挖土方}－V_{回填土}＝挖方清单项目工程量－回填土体积 \tag{5.9}$$

5.1.3 案例分析

【例 5.1】 某学院传达室工程首层平面图,如图 5.3 所示,土壤类别为坚土,挖、填运距不考虑。计算平整场地清单工程量,并编制工程量清单。

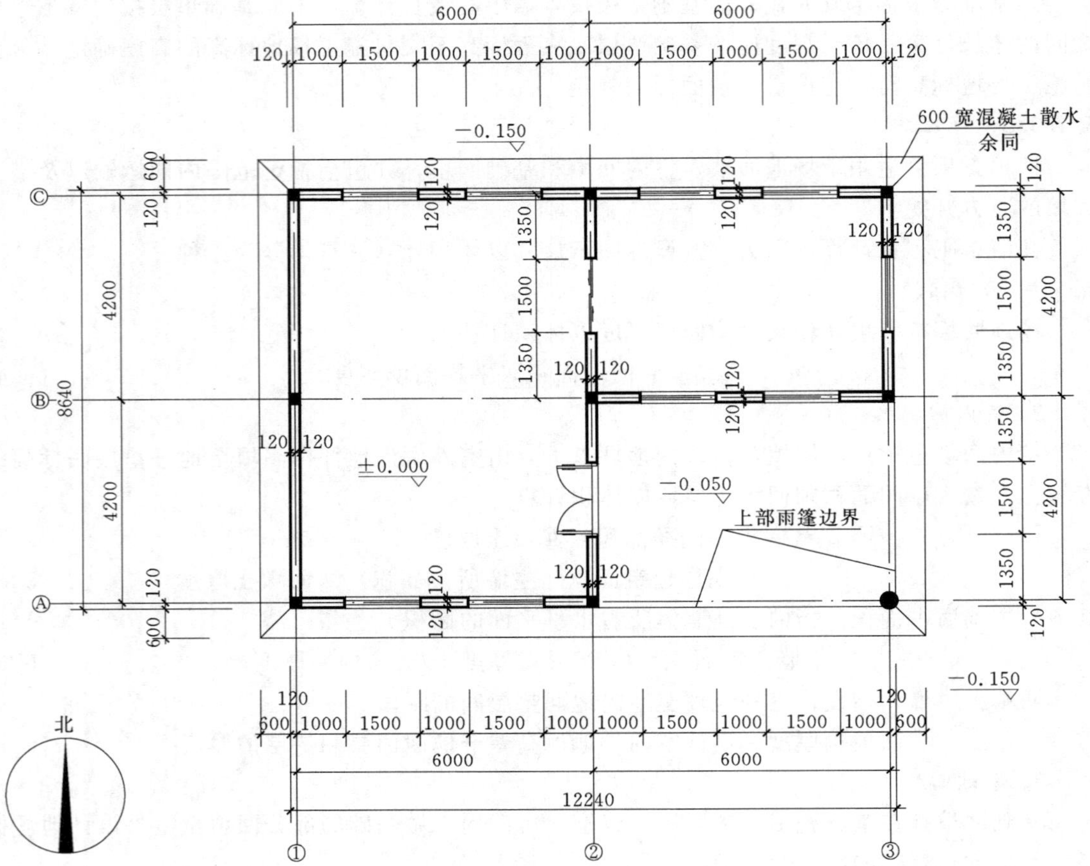

图 5.3 传达室工程首层平面图

解：1. 计算清单工程量

平整场地工程量计算规则：按设计图示尺寸以建筑物首层建筑面积计算。

$$S = 12.24 \times 8.64 - 6 \times 4.2 \times 1/2 = 93.15 (m^2)$$

2. 编制工程量清单

具体内容见表 5.8。

表 5.8　　　　　　　　　　　　分部分项工程工程量清单

序号	项目编码	项目名称	项目特征	计量单位	工程量
1	010101001001	平整场地	1. 土壤类别：坚土 2. 挖、填运距：不考虑	m²	93.15

【**例 5.2**】　某单位传达室基础平面图和剖面图如图 5.4 所示。根据地质勘探报告，土壤类别为三类，无地下水。该工程设计室外地坪标高为 −0.300m，室内地坪标高为 ±0.000m，其他相关尺寸如图 5.4 所示，计算土石方工程清单工程量，并编制其工程量清单。

解：1. 列项

本工程按"GB 50854—2013"，土石方工程需列"挖沟槽土方、基础土方回填"两个清单项目。

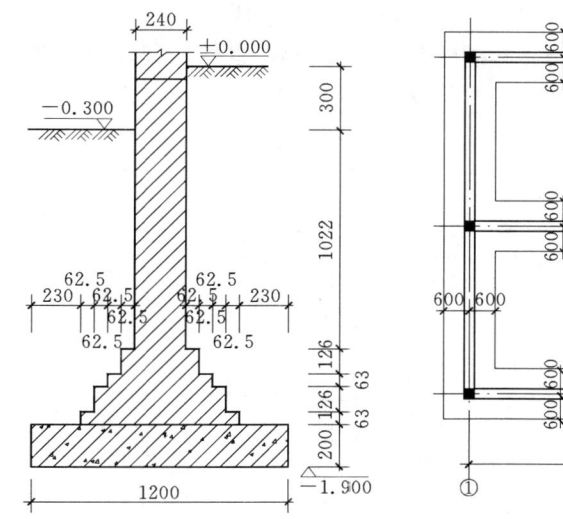
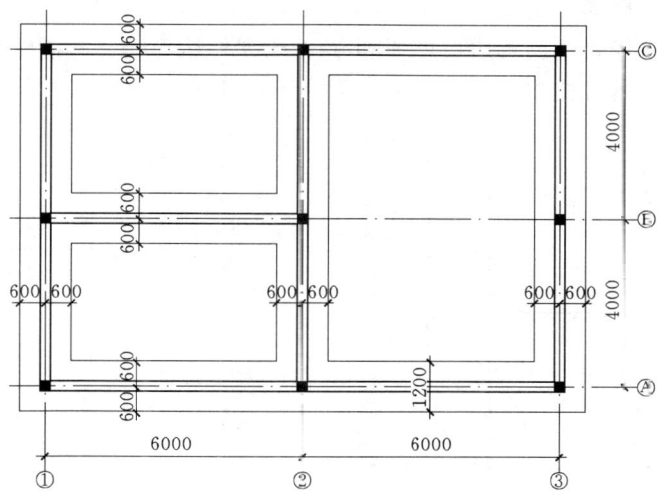

图 5.4 基础平面图和剖面图

2. 计算清单工程量

基槽长度：$(4+4+6+6) \times 2 + (8-1.2) + (6-1.2) = 51.6(m)$

基槽深度：$1.9 - 0.3 = 1.6(m)$

挖沟槽土方体积：$51.6 \times 1.6 \times 1.2 = 99.07(m^3)$

混凝土垫层体积：$51.6 \times 1.2 \times 0.2 = 12.38(m^3)$（计算规则见"GB 50854—2013"表 E.1)

砌筑工程体积：

高度：$1.90 - 0.3 - 0.2 + 0.525 = 1.925(m)$（四层大放脚间隔式折加高度为 0.525m，按表 5.15 查取）

长度：$(12+8) \times 2 + (8-0.24) + (6-0.24) = 53.52(m)$

体积：$1.925 \times 53.52 \times 0.24 = 24.73(m^3)$

回填土工程量：$99.07 - 12.38 - 24.73 = 61.96(m^3)$

3. 编制工程量清单

具体内容见表 5.9。

表 5.9 分部分项工程工程量清单

序号	项目编码	项目名称	项目特征	计量单位	工程量
1	010101003001	挖沟槽土方	1. 土壤类别：三类土 2. 挖土深度：1.60m 3. 弃土运距：20m	m^3	99.07
2	010103001001	基础回填土	1. 土壤类别：三类土 2. 弃土运距：20m	m^3	61.96

【例 5.3】 某基础平面与断面如图 5.5 所示，计算土石方工程清单工程量，并编制土方工程工程量清单。

已知：土质三类土，C10 混凝土垫层，C20 混凝土条形基础。施工组织设计采用人工直壁开挖，垫层每边增加 300mm，土方外运 50m。基础垫层厚 100mm；室外地坪以下混凝土及砖基础体积为 18.36m³，墙厚 240mm，室内地坪面层及垫层厚度为 150mm，人工运回填土 50m。

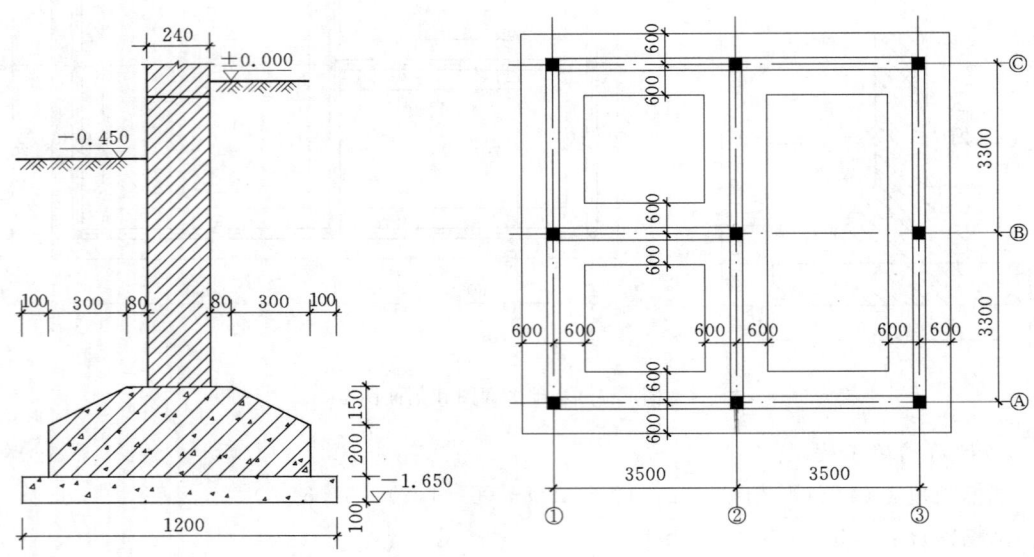

图 5.5 基础平面与断面示意图

解：1. 列项

本工程按"GB 50854—2013"，土石方工程需列"挖沟槽土方、基础土方回填、室内土方回填"三个清单项目。

2. 计算清单工程量

$$外墙下垫层长 = (7+6.6) \times 2 = 27.2(m)$$
$$内墙下垫层长 = (3.5-1.2)+(6.6-1.2) = 7.7(m)$$

（1）挖沟槽土方清单工程量。

$$垫层宽 = 1.2m$$
$$挖土深度 = 1.65-0.45 = 1.2(m)$$
$$挖沟槽土方清单工程量 = (27.2+7.7) \times 1.2 \times 1.2 = 50.26(m^3)$$

（2）基础土方回填清单工程量。

$$V_{室外设计地坪以下被埋设的基础} = 18.36 m^3$$
$$V_{基础垫层} = (27.2+7.7) \times 1.2 \times 0.1 = 4.19(m^3)$$
$$基础土方回填清单工程量 = V_{挖土方} - V_{室外设计地坪以下被埋设的基础和垫层等}$$
$$= 50.26 - (18.36+4.19) = 27.71(m^3)$$

（3）室内土方回填清单工程量。

$$V = 主墙间净面积 \times 回填土厚度$$
$$= [(3.5-0.24) \times (3.3-0.24) \times 2 + (3.5-0.24) \times (6.6-0.24)]$$
$$\times (0.45-0.15) = 40.68 \times 0.3 = 12.20(m^3)$$

3. 编制工程量清单

具体内容见表 5.10。

表 5.10 分部分项工程工程量清单

序号	项目编码	项目名称	项目特征	计量单位	工程量
			A.1 土石方工程		
1	010101003001	挖沟槽土方	1. 土壤类别：三类土 2. 挖土深度：1.2m 3. 弃土运距：50m	m³	50.25
2	010103001001	土方回填（基础）	1. 密实度：满足设计要求 2. 填料：原土（三类土） 3. 夯填：分层夯填 4. 运输距离：50m	m³	27.71
3	010103001002	土方回填（室内）	1. 密实度：满足设计要求 2. 填料：原土（三类土） 3. 夯填：分层夯填 4. 运输距离：50m	m³	12.20

5.2 地基处理与边坡支护工程

在"GB 50854—2013"中，地基处理与边坡支护工程位于附录 B，包括两个分部工程，分别是：B.1 地基处理；B.2 基坑与边坡支护。本节只简单介绍工程量清单项目设置。

5.2.1 地基处理

5.2.1.1 工程量清单项目

地基处理工程量清单项目设置、项目特征描述的内容、计量单位及工程量计算规则，应按"GB 50854—2013"中，表 B.1 地基处理（编码：010201）规定执行。

设置了换土垫层（010201001）、铺设土工合成材料（010201002）、预压地基（010201003）、强夯地基（010201004）、振冲密实（不填料）（010201005）、振冲桩（填料）（010201006）、砂石桩（010201007）、水泥粉煤灰碎石桩（010201008）、深层搅拌桩（010201009）、粉喷桩（010201010）、夯实水泥土桩（010201011）、高压喷射注浆桩（010201012）、石灰桩（010201013）、灰土（土）挤密桩（010201014）、柱锤冲扩桩（010201015）、注浆地基（010201016）、褥垫层（010201017）等共 17 个工程量清单项目。

工程中，通常采用振冲桩、砂石桩、CFG 桩、深层搅拌桩、喷粉桩、夯实水泥土桩、高压旋喷桩、石灰桩、灰土挤密桩、柱锤冲扩桩等进行地基处理。（010201006～010201015）是复合地基桩地基处理。

5.2.1.2 注意事项

（1）地层情况按"GB 50854—2013"附录 A 中土壤分类表（表 5.2）、岩石分类表的规定，并根据岩土工程勘察报告按单位工程各地层所占比例（包括范围值）进行描述。对无法准确描述的地层情况，可注明由投标人根据岩土工程勘察报告自行决定报价。

(2) 项目特征中的桩长应包括桩尖，空桩长度＝孔深－桩长，孔深为自然地面至设计桩底的深度。

(3) 高压喷射注浆类型包括旋喷、摆喷和定喷，高压喷射注浆方法包括单管法、双重管法和三重管法。

(4) 复合地基的检测费用按国家相关取费标准单独计算，不在本清单项目中。

(5) 如采用泥浆护壁成孔，工作内容包括土方、废泥浆外运，如采用沉管灌注成孔，工作内容包括桩尖制作、安装。

(6) 弃土（不含泥浆）清理、运输按附录 A 中相关项目编码列项。

5.2.1.3 相关说明

(1) 地基处理的方法之一就是换土垫层法。"换土垫层"项目适应于换填砂石、碎石、三合土、矿渣、素土等。

"强夯地基"项目适用于各种夯击能量的地基夯击工程。

强夯地基工程量计算示意图如图 5.6 所示。按设计图示处理范围以面积计算，即根据每个点位所代表的范围乘以点数计算。如图 5.6 所示，工程量＝$4A \times 5B$。

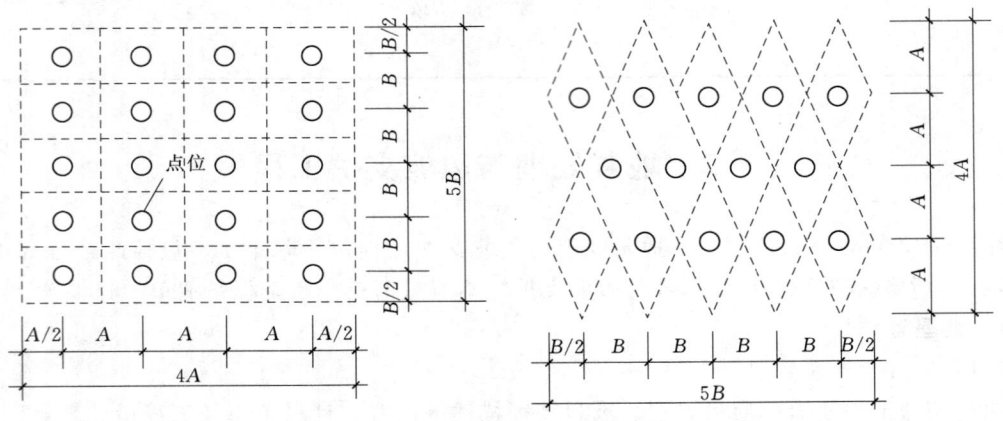

图 5.6 强夯地基工程量计算示意图

(2) "振冲桩（填料）"项目适用于振冲法成孔，灌注填料加以振密所形成的桩体。

其清单内容见表 5.11。

表 5.11 振冲桩地基处理（编码：010201）

项目编码	项目名称	项目特征	计量单位	工程量计算规则	工程内容
010201006	振冲桩（填料）	1. 地层情况 2. 空桩长度、桩长 3. 桩径 4. 填充材料种类	1. m 2. m³	1. 以米计量，按设计图示尺寸以桩长计算 2. 以立方米计量，按设计桩截面乘以桩长以体积计算	1. 振冲成孔、填料、振实 2. 材料运输 3. 泥浆运输

说明：

1) 项目特征描述中的"地层情况"，按"GB 50854—2013"附录 A 中土壤分类表、岩石分类表的规定，并根据工程勘察报告按单位工程各地层所占比例（包括范围值）进行描述，对无法准确描述的地层情况，可注明由投标人根据岩土工程勘察报告自行决定报价。

桩长包括桩尖，空桩长度＝孔深－桩长，孔深为自然地面至设计桩底的深度。

2）从工程内容可以看出，振冲桩项目内，除包含振冲桩外，还包含泥浆运输，计价时应注意包含。

（3）"砂石桩"项目适用于各种成孔方式（振动沉管、锤击沉管）的砂石灌注桩。

（4）"粉喷桩"项目适用于水泥、生石灰粉等粉喷桩。

（5）"灰土（土）挤密桩"项目适用于各种成孔方式的灰土（土）、石灰、水泥粉、煤灰等挤密桩。

灰土（土）挤密桩清单内容见表5.12。

表5.12　　　　　灰土（土）挤密桩地基处理（编码　010201）

项目编码	项目名称	项目特征	计量单位	工程量计算规则	工程内容
010201014	灰土（土）挤密桩	1. 地层情况 2. 空桩长度、桩长 3. 桩径 4. 成孔方法 5. 灰土级配	m	按设计图示尺寸以桩长（包括桩尖）计算	1. 成孔 2. 灰土拌和、运输、填充、夯实

说明：

1）采用泥浆护壁成孔时，工程内容还包含土方、废泥浆外运。

2）采用沉管灌注成孔时，工程内容还包含桩尖制作、安装。

5.2.2　基坑与边坡支护

5.2.2.1　工程量清单项目

基坑与边坡支护地基处理工程量清单项目设置、项目特征描述的内容、计量单位及工程量计算规则，应按"GB 50854—2013"中，表B.2地基处理（编码：010202）规定执行。

设置了地下连续墙（010202001）、咬合灌注桩（010202002）、圆木桩（010202003）、预制钢筋混凝土板桩（010202004）、型钢桩（010202005）、钢板桩（010202006）、锚杆（锚索）（010202007）、土钉（010202008）、喷射混凝土、水泥砂浆（010202009）、钢筋混凝土支撑（010202010）、钢支撑（010202011）等共11个工程量清单项目。

5.2.2.2　注意事项

（1）其他锚杆是指不施加预应力的土层锚杆和岩石锚杆。置入方法包括钻孔置入、打入或射入等。

（2）基坑与边坡的检测、变形观测等费用按国家相关取费标准单独计算，不在本清单项目中。

（3）地下连续墙和喷射混凝土的钢筋网及咬合灌注桩的钢筋笼制作、安装，按附录E中相关项目编码列项。本分部未列的基坑与边坡支护的排桩按附录C中相关项目编码列项。水泥土墙、坑内加固按表B.1中相关项目编码列项。砖、石挡土墙、护坡按附录D中相关项目编码列项。混凝土挡土墙按附录 E 中相关项目编码列项。弃土（不含泥浆）清理、运输按附录 A 中相关项目编码列项。

5.2.2.3　相关说明

（1）"地下连续墙"项目适用于各种导墙施工的复合型地下连续墙工程。

地下连续墙适用于构成建筑物、构筑物地下结构永久性的复合型地下连续墙（即复合地下连续墙应列在分部分项工程量清单项目中）。

地下连续墙清单内容见表 5.13。

表 5.13　　　　　　　地下连续墙基坑与边坡支护（编码：010202）

项目编码	项目名称	项目特征	计量单位	工程量计算规则	工程内容
010202001	地下连续墙	1. 地层情况 2. 导墙类型、截面 3. 墙体厚度 4. 成槽深度 5. 混凝土种类、强度等级 6. 接头形式	m³	按设计图示墙中心线长乘以厚度乘以槽深以体积计算	1. 导墙挖填、制作、安装、拆除 2. 挖土成槽、固壁、清底置换 3. 混凝土制作、运输、灌注、养护 4. 接头处理 5. 土方、废泥浆外运 6. 打桩场地硬化及泥浆池、泥浆沟

说明：

1）项目特征描述中的"混凝土种类"，如在同一地区既使用预拌（商品）混凝土，又允许现场搅拌混凝土时，应予注明。

2）从工程内容可以看出，地下连续墙项目内，除包含地下连续墙外，还包含导墙的挖槽、固壁、回填，土方、废泥浆外运及打桩场地硬化及泥浆池、泥浆沟，计价时应注意包含。

（2）"锚杆"项目是指在需要加固的土体中设置锚杆（钢管或粗钢筋、钢丝束、钢绞线）并灌浆，之后进行锚杆张拉并固定，形成支护。

（3）"土钉"项目是指在需要加固的土体中设置一排土钉（变形钢筋或钢管、角钢等）并灌浆，在加固的土体面层上固定钢丝网后。喷射混凝土面层后所形成的支护。

锚杆、土钉支护项目中的钻孔、布筋、锚杆安装、灌浆、张拉等需要搭设的脚手架，应列入措施项目清单费内。

5.3　桩　基　工　程

在"GB 50854—2013"中，桩基工程位于附录 C，包括两个分部工程，分别是：C.1 打桩；C.2 灌注桩。

5.3.1　工程量清单项目及计量规则

5.3.1.1　打桩

打桩工程量清单项目设置、项目特征描述的内容、计量单位及工程量计算规则，应按"GB 50854—2013"附录中表 C.1 的规定执行，见表 5.14。

5.3 桩 基 工 程

表 5.14   打桩（编码：010301）

项目编码	项目名称	项目特征	计量单位	工程量计算规则	工程内容
010301001	预制钢筋混凝土方桩	1. 地层情况 2. 送桩深度、桩长 3. 桩截面 4. 桩倾斜度 5. 沉桩方法 6. 接桩方式 7. 混凝土强度等级	1. m 2. m³ 3. 根	1. 以米计量，按设计图示尺寸以桩长（包括桩尖）计算 2. 以立方米计量，按设计图示截面积乘以桩长（包括桩尖）以实体积计算 3. 以根计量，按设计图示数量计算	1. 工作平台搭拆 2. 桩机竖拆、移位 3. 沉桩 4. 接桩 5. 送桩
010301002	预制钢筋混凝土管桩	1. 地层情况 2. 送桩深度、桩长 3. 桩外径、壁厚 4. 桩倾斜度 5. 沉桩方法 6. 桩尖类型 7. 混凝土强度等级 8. 填充材料种类 9. 防护材料种类			1. 工作平台搭拆 2. 桩机竖拆、移位 3. 沉桩 4. 接桩 5. 送桩 6. 桩尖制作安装 7. 填充材料、刷防护材料
010301003	钢管桩	1. 地层情况 2. 送桩深度、桩长 3. 材质 4. 管径、壁厚 5. 桩倾斜度 6. 沉桩方法 7. 填充材料种类 8. 防护材料种类	1. t 2. 根	1. 以吨计量，按设计图示尺寸以质量计算 2. 以根计量，按设计图示数量计算	1. 工作平台搭拆 2. 桩机竖拆、移位 3. 沉桩 4. 接桩 5. 送桩 6. 切割钢管、精割盖帽 7. 管内取土 8. 填充材料、刷防护材料
010301004	截（凿）桩头	1. 桩类型 2. 桩头截面、高度 3. 混凝土强度等级 4. 有无钢筋	1. m³ 2. 根	1. 以立方米计量，按设计桩截面乘以桩头长度以体积计算 2. 以根计量，按设计图示数量计算	1. 截（切割）桩头 2. 凿平 3. 废料外运

注 1. 地层情况按"GB 50854—2013"附录 A 中土壤分类表（表 5.2）、岩石分类表的规定，并根据岩土工程勘察报告按单位工程各地层所占比例（包括范围值）进行描述。对无法准确描述的地层情况，可注明由投标人根据岩土工程勘察报告自行决定报价。
   2. 项目特征中的桩截面、混凝土强度等级、桩类型等可直接用标准图代号或设计桩型进行描述。
   3. 预制钢筋混凝土方桩、预制钢筋混凝土管桩项目以成品桩编列，应包括成品桩购置费，如果用现场预制，应包括现场预制桩的所有费用。
   4. 打试验桩和打斜桩应按相应项目编码单独列项，并应在项目特征中注明试验桩或斜桩（斜率）。
   5. 截（凿）桩头项目适用于"GB 50854—2013"附录 B、附录 C 所列的桩头截（凿）。
   6. 预制钢筋混凝土管桩顶与承台的连接构造按"GB 50854—2013"附录 E 相关项目列项。

说明：

从工程内容可以看出，预制钢筋混凝土方桩、预制钢筋混凝土管桩项目内，除包含预制钢筋混凝土方桩、预制钢筋混凝土管桩外，还包含接桩、送桩及管桩的桩尖，计价时应注意包含。

5.3.1.2 灌注桩

灌注桩工程量清单项目设置、项目特征描述的内容、计量单位及工程量计算规则，应按"GB 50854—2013"附录中表 C.2 的规定执行，见表 5.15。

表 5.15　　灌注桩（编码：010302）

项目编码	项目名称	项目特征	计量单位	工程量计算规则	工程内容
010302001	泥浆护壁成孔灌注桩	1. 地层情况 2. 空桩长度、桩长 3. 桩径 4. 成孔方法 5. 护筒类型、长度 6. 混凝土种类、强度等级	1. m 2. m³ 3. 根	1. 以米计量，按设计图示尺寸以桩长（包括桩尖）计算 2. 以立方米计量，按不同截面在桩上范围内以体积计算 3. 以根计量，按设计图示数量计算	1. 护筒埋设 2. 成孔、固壁 3. 混凝土制作、运输、灌注、养护 4. 土方、废泥浆外运 5. 打桩场地硬化及泥浆池、泥浆沟
010302002	沉管灌注桩	1. 地层情况 2. 空桩长度、桩长 3. 复打长度 4. 桩径 5. 沉桩方法 6. 桩尖类型 7. 混凝土种类、强度等级			1. 打（沉）拔钢管 2. 桩尖制作、安装 3. 混凝土制作、运输、灌注、养护
010302003	干作业成孔灌注桩	1. 地层情况 2. 空桩长度、桩长 3. 桩径 4. 扩孔直径、高度 5. 成孔方法 6. 混凝土种类、强度等级			1. 成孔、扩孔 2. 混凝土制作、运输、灌注、振捣、养护
010302004	挖孔桩土（石）方	1. 地层情况 2. 挖孔深度 3. 弃土（石）运距	m³	按设计图示尺寸（含护壁）截面积乘以挖孔深度以立方米计算	1. 排地表水 2. 挖土、凿石 3. 基底钎探 4. 运输
010302005	人工挖孔灌注桩	1. 桩芯长度 2. 桩芯直径、扩底直径、扩底高度 3. 护壁厚度、高度 4. 护壁混凝土种类、强度等级 5. 桩芯混凝土种类、强度等级	1. m³ 2. 根	1. 以立方米计量，按桩芯混凝土体积计算 2. 以根计量，按设计图示数量计算	1. 护壁制作 2. 混凝土制作、运输、灌注、振捣、养护

注　1. 地层情况"GB 50854—2013"附录 A 中土壤分类表（表 5.2）、岩石分类表的规定，并根据岩土工程勘察报告按单位工程各地层所占比例（包括范围值）进行描述。对无法准确描述的地层情况，可注明由投标人根据岩土工程勘察报告自行决定报价。
2. 项目特征中的桩长应包括桩尖，空桩长度=孔深-桩长，孔深为自然地面至设计桩底的深度。
3. 项目特征中的桩截面（桩径）、混凝土强度等级、桩类型等可直接用标准图代号或设计桩型进行描述。
4. 泥浆护壁成孔灌注桩是指在泥浆护壁条件下成孔，采用水下灌注混凝土的桩。其成孔方法包括冲击钻成孔、冲抓锥成孔、回旋钻成孔、潜水钻成孔、泥浆护壁的旋挖成孔等。
5. 沉管灌注桩的沉管方法包括摇击沉管法、振动沉管法、振动冲击沉管法、内夯沉管法等。
6. 干作业成孔灌注桩是指不用泥浆护壁和套管护壁的情况下，用钻机成孔后，下钢筋笼，灌注混凝土的桩，适用于地下水位以上的土层使用。其成孔方法包括螺旋钻成孔、螺旋钻成孔扩底、干作业的旋挖成孔等。
7. 混凝土种类：指清水混凝土、彩色混凝土、水下混凝土等，如在同一地区既使用预拌（商品）混凝土，又允许现场搅拌混凝土时，也应注明。
8. 混凝土灌注桩的钢筋笼制作、安装，按"GB 50854—2013"附录 E 中相关项目编码列项。

5.3.2 清单工程量计算

1. 预制钢筋混凝土方桩、管桩

"预制钢筋混凝土桩"项目适用于预制混凝土方桩、管桩和板桩等。

应注意：

(1) 试桩应按"预制钢筋混凝土桩"项目编码单独列项。

(2) 打钢筋混凝土预制板桩是指留添置原位（即不拔出）的板桩，板桩应在工程量清单中描述其单桩投影面积。

清单工程量计算：

打预制钢筋混凝土方桩、管桩和板桩的工程量，按体积以 m³ 计算。体积按设计桩长（包括桩尖，不扣除桩尖虚体积）乘以桩截面面积。

$$V＝设计图示桩长（含桩尖）×桩截面积 \qquad (5.10)$$

或
$$L＝设计图示桩长（含桩尖）$$

或
$$N＝设计图示桩的数量$$

管桩应扣除空心部分体积，如图 5.7 所示。

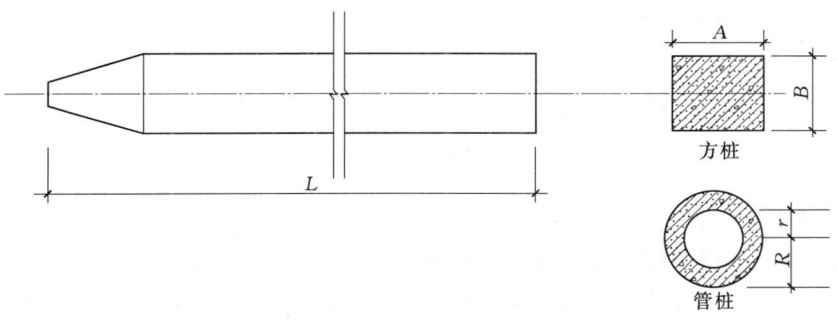

图 5.7 混凝土桩

如果管桩的空心部分按设计要求灌注混凝土或灌注其他填充材料时，应另行计算。

2. 钢管桩

清单工程量计算：

$$M＝设计图示钢管桩的质量$$

或
$$N＝设计图示桩的数量$$

3. 泥浆护壁成孔灌注桩、沉管灌注桩、干作业成孔灌注桩

$$V＝设计图示桩长（含桩尖）×桩截面积 \qquad (5.11)$$

或
$$L＝设计图示桩长（含桩尖）$$

或
$$N＝设计图示桩的数量$$

4. 人工挖孔灌注桩

人工挖孔桩是采用人工在桩位挖孔，排除孔中的土方，一般采用分段挖土法施工。为了

防止桩周围土方塌方，每段挖土深度不能太深，宜控制在1m左右（设计单位确定）。当第一段桩孔挖土完成后，就可以进行支模及浇筑护壁混凝土。护壁混凝土达到$1N/mm^2$（MPa）强度后（常温时间歇一天以上）方能拆模。这时可以进行第二段挖土，如此周而复始地分段进行，一直挖到设计标高后，即放入钢筋骨架并浇灌桩身混凝土，使桩身成形。

现场人工挖孔扩底灌注桩按图护壁内径圆台体积及扩大桩头实体积以m^3为单位计算。

$$V＝设计图示尺寸桩芯混凝土体积$$

或
$$N＝设计图示桩的数量$$

5. 截（凿）桩头

截桩（凿）头清单内容见表5.14中010301004。

说明：

(1) 桩类型可直接用设计桩型进行描述。

(2) 从工程内容可以看出，截（凿）桩头项目内，除包含截（凿）桩头项目外，还包含废料外运，计价时应注意包含。

清单工程量计算：

$$V＝设计图示桩头长度×桩截面积 \qquad (5.12)$$

或
$$N＝设计图示桩的数量$$

5.3.3 案例分析

【**例 5.4**】 某工程采用现场制作截面400mm×400mm、长12m的预制钢筋混凝土方桩280根，设计桩长24m（包括桩尖），采用轨道式柴油打桩机施工，土壤级别为一级土，采用包钢板焊接接桩，桩顶标高为－4.1m，室外设计地面标高为－0.3m，编制该工程工程量清单。

解：1. 计算清单工程量

预制钢筋混凝土桩　　　　　$L＝24m×280＝6720.00(m)$

接桩　　　　　　　　　$N＝280×1＝280(个)$（清单计价中组价用）

2. 编制工程量清单

具体内容见表5.16。

表 5.16　　　　　　　　　分部分项工程工程量清单

序号	项目编码	项目名称	项目特征	计量单位	工程量
1	010301001001	预制混凝土方桩	1. 土壤类别：一级土 2. 单桩长24m，280根 3. 桩截面 400mm×400mm 4. 混凝土强度 C30	m	6720.00

5.3 桩基工程

【例 5.5】 某工程桩基础是钻孔灌注混凝土桩，泥浆护壁成孔，如图 5.8 所示，C25 混凝土现场搅拌，一级土，土孔中混凝土充盈系数为 1.25，自然地面标高 -0.45m，桩顶标高 -3.0m，设计桩长 12.30m，桩进入岩层 1m，桩直径 600mm，共计 100 根，泥浆外运 5km，编制工程量清单。

解： 1. 计算清单工程量

设计桩长为 12.30m，则

工程量为 $L = 12.3m \times 100 = 1230.00m$。

2. 编制工程量清单

具体内容见表 5.17。

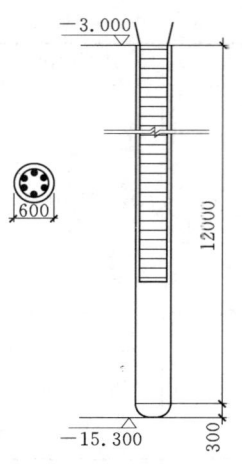

图 5.8 灌注桩剖面图

【例 5.6】 某工程有 26 根钢筋混凝土柱。根据上部荷载计算，每根柱下设计有 6000mm×4000mm×700mm 的桩承台（现场搅拌 C25 混凝土），截凿桩高度 500mm，每个承台下有 4 根截面为 350mm×350mm 的预制 C30 钢筋混凝土方桩（外购），桩长 30m，由 3 根长 10m 的方桩用焊接方式接桩，桩顶距自然地面 5m。桩为成品预制桩。采用柴油打桩机打桩，土质为一类土。

表 5.17　　　　　　　　　　　　　　分部分项工程工程量清单

序号	项目编码	项目名称	项　目　特　征	计量单位	工程量
1	010302001001	泥浆护壁成孔灌注桩	1. 土壤类别：一级土，进入岩层 1m 2. 单桩长 12.3m，100 根 3. 桩直径 600mm 4. 泥浆护壁成孔，泥浆外运 5km 5. 混凝土强度 C25	m	1230.00

计算预制钢筋混凝土桩基础的清单工程量，并编制工程量清单。

解： 1. 列项

按"GB 50854—2013"的有关规定，本例中桩基础工程可列"预制钢筋混凝土方桩、桩承台基础（含模板）"两个清单项目。截（凿）桩头不用列项，因为计价定额的"桩承台基础"项目已含有高度 500mm 内的截（凿）桩费用。

2. 计算清单工程量

（1）预制钢筋混凝土方桩（010301001001）。

清单工程量：$L = 30 \times 4 \times 26 = 3120.00(m)$

（2）桩承台基础（010501005001）（在"GB 50854—2013"附录表 E.5 中）。

清单工程量：$V = (6 \times 4 \times 0.7) \times 26 = 436.80(m^3)$

3. 编制工程量清单

具体内容见表 5.18。

表 5.18　　　　　　　　　　　　　分部分项工程工程量清单

序号	项目编码	项目名称	项 目 特 征	计量单位	工程量
1	010301001001	预制钢筋混凝土方桩	1. 一级土 2. 桩长 30m，送桩深度 5m 3. 桩截面：350mm×350mm（成品桩） 4. 垂直地面打入 5. 焊接接桩 6. C30 混凝土	m	3120.00
2	010501005001	桩承台基础	1. 清水混凝土 2. 现场搅拌 C20（碎 40）混凝土 3. 模板安装、拆除	m^3	436.80

5.4　砌　筑　工　程

在"GB 50854—2013"中，砌筑工程位于附录 D，包括四个分部工程和一个相关问题及说明，分别是：D.1 砖砌体；D.2 砌块砌体；D.3 石砌体；D.4 垫层；D.5 相关问题及说明。

5.4.1　砖砌体

5.4.1.1　工程量清单项目及计量规则

砖砌体工程量清单项目设置、项目特征描述的内容、计量单位及工程量计算规则，应按"GB 50854—2013"附录中表 D.1 的规定执行，见表 5.19。

表 5.19　　　　　　　　　　　　　砖砌体（编码：010401）

项目编码	项目名称	项目特征	计量单位	工程量计算规则	工作内容
010401001	砖基础	1. 砖品种、规格、强度等级 2. 基础类型 3. 砂浆强度等级 4. 防潮层材料种类	m^3	按设计图示尺寸以体积计算。 包括附墙垛基础宽出部分体积，扣除地梁（圈梁）、构造柱所占体积，不扣除基础大放脚 T 形接头处的重叠部分及嵌入基础内的钢筋、铁件、管道、基础砂浆防潮层和单个面积 ≤0.3m² 的孔洞所占体积，靠墙暖气沟的挑檐不增加。 基础长度：外墙按外墙中心线，内墙按内墙净长线计算	1. 砂浆制作、运输 2. 砌砖 3. 防潮层铺设 4. 材料运输
010401002	砖砌挖孔桩护壁	1. 砖品种、规格、强度等级 2. 砂浆强度等级		按设计图示尺寸以立方米计算	1. 砂浆制作、运输 2. 砌砖 3. 材料运输

5.4 砌 筑 工 程

续表

项目编码	项目名称	项目特征	计量单位	工程量计算规则	工作内容
010401003	实心砖墙	1. 砖品种、规格、强度等级 2. 墙体类型 3. 砂浆强度等级、配合比	m³	按设计图示尺寸以体积计算。扣除门窗洞口、过人洞、空圈、嵌入墙内的钢筋混凝土柱、梁、圈梁、挑梁、过梁及凹进墙内的壁龛、管槽、暖气槽、消火栓箱所占体积，不扣除梁头、板头、檩头、垫木、木楞头、沿缘木、木砖、门窗走头、砖墙内加固钢筋、木筋、铁件、钢管及单个面积≤0.3m²的孔洞所占的体积。凸出墙面的腰线、挑檐、压顶、窗台线、虎头砖、门窗套的体积亦不增加。凸出墙面的砖垛并入墙体体积内计算。 1. 墙长度：外墙按中心线、内墙按净长计算。 2. 墙高度： （1）外墙：斜（坡）屋面无檐口天棚者算至屋面板底；有屋架且室内外均有天棚者算至屋架下弦底另加 200mm；无天棚者算至屋架下弦底另加 300mm，出檐宽度超过 600mm时按实砌高度计算；与钢筋混凝土楼板隔层者算至板顶。平屋顶算至钢筋混凝土板底。 （2）内墙：位于屋架下弦者，算至屋架下弦底；无屋架者算至天棚底另加 100mm；有钢筋混凝土楼板隔层者算至楼板顶；有框架梁时算至梁底。 （3）女儿墙：从屋面板上表面算至女儿墙顶面（如有混凝土压顶时算至压顶下表面）。 （4）内、外山墙：按其平均高度计算。 3. 框架间墙：不分内外墙按墙体净尺寸以体积计算。 4. 围墙：高度算至压顶上表面（如有混凝土压顶时算至压顶下表面），围墙柱并入围墙体积内	1. 砂浆制作、运输 2. 砌砖 3. 刮缝 4. 砖压顶砌筑 5. 材料运输
010401004	多孔砖墙				
010401005	空心砖墙				
010401006	空斗墙	1. 砖品种、规格、强度等级 2. 墙体类型 3. 砂浆强度等级、配合比		按设计图示尺寸以空斗墙外形体积计算。墙角、内外墙交接处、门窗洞口立边、窗台砖、屋檐处的实砌部分体积并入空斗墙体积内	1. 砂浆制作、运输 2. 砌砖 3. 装填充料 4. 刮缝 5. 材料运输
010401007	空花墙			按设计图示尺寸以空花部分外形体积计算，不扣除空洞部分体积	
010404008	填充墙	1. 砖品种、规格、强度等级 2. 墙体类型 3. 填充材料种类及厚度 4. 砂浆强度等级、配合比		按设计图示尺寸以填充墙外形体积计算	
010401009	实心砖柱	1. 砖品种、规格、强度等级 2. 柱类型 3. 砂浆强度等级、配合比		按设计图示尺寸以体积计算。扣除混凝土及钢筋混凝土梁垫、梁头所占体积	1. 砂浆制作、运输 2. 砌砖 3. 刮缝 4. 材料运输
010404010	多孔砖柱				

续表

项目编码	项目名称	项目特征	计量单位	工程量计算规则	工作内容
010404011	砖检查井	1. 井截面 2. 垫层材料种类、厚度 3. 底板厚度 4. 井盖安装 5. 混凝土强度等级 6. 砂浆强度等级 7. 防潮层材料种类	座	按设计图示数量计算	1. 土方挖、运 2. 砂浆制作、运输 3. 铺设垫层 4. 底板混凝土制作、运输、浇筑、振捣、养护 5. 砌砖 6. 刮缝 7. 井池底、壁抹灰 8. 抹防潮层 9. 回填 10. 材料运输
010404012	零星砌砖	1. 零星砌砖名称、部位 2. 砂浆强度等级、配合比	1. m^3 2. m^2 3. m 4. 个	1. 以立方米计量,按设计图示尺寸截面积乘以长度计算 2. 以平方米计量,按设计图示尺寸水平投影面积计算 3. 以米计量,按设计图示尺寸长度计算 4. 以个计量,按设计图示数量计算	1. 砂浆制作、运输 2. 砌砖 3. 刮缝 4. 材料运输
010404013	砖散水、地坪	1. 砖品种、规格、强度等级 2. 垫层材料种类、厚度 3. 散水、地坪厚度 4. 面层种类、厚度 5. 砂浆强度等级	m^2	按设计图示尺寸以面积计算	1. 土方挖、运 2. 地基找平、夯实 3. 铺设垫层 4. 砌砖散水、地坪 5. 抹砂浆面层
010404014	砖地沟、明沟	1. 砖品种、规格、强度等级 2. 沟截面尺寸 3. 垫层材料种类、厚度 4. 混凝土强度等级 5. 砂浆强度等级	m	以米计量,按设计图示以中心线长度计算	1. 土方挖、运 2. 铺设垫层 3. 底板混凝土制作、运输、浇筑、振捣、养护 4. 砌砖 5. 刮缝、抹灰 6. 材料运输

注 1. "砖基础"项目适用于各种类型砖基础:柱基础、墙基础、管道基础等。
2. 基础与墙(柱)身使用同一种材料时,以设计室内地面为界(有地下室者,以地下室室内设计地面为界),以下为基础,以上为墙(柱)身。基础与墙身使用不同材料时,位于设计室内地面高度≤±300mm时,以不同材料为分界线,高度>±300mm时,以设计室内地面为分界线。
3. 砖围墙以设计室外地坪为界,以下为基础,以上为墙身。
4. 框架外表面的镶贴砖部分,按零星项目编码列项。
5. 附墙烟囱、通风道、垃圾道应按设计图示尺寸以体积(扣除孔洞所占体积)计算并入所依附的墙体体积内。当设计规定孔洞内需抹灰时,应按"GB 50854—2013"附录 M 中零星抹灰项目编码列项。
6. 空斗墙的窗间墙、窗台下、楼板下、梁头下等的实砌部分,按零星砌砖项目编码列项。
7. "空花墙"项目适用于各种类型的空花墙,使用混凝土花格砌筑的空花墙,实砌墙体与混凝土花格应分别计算,混凝土花格按混凝土及钢筋混凝土中预制构件相关项目编码列项。
8. 台阶、台阶挡墙、梯带、锅台、炉灶、蹲台、池槽、池槽腿、砖胎模、花台、花池、楼梯栏杆、阳台栏板、地垄墙、≤0.3m^2 的孔洞填塞等,应按零星砌砖项目编码列项。砖砌锅台与炉灶可按外形尺寸以个计算,砖砌台阶可按水平投影面积以平方米计算,小便槽、地垄墙可按长度计算,其他工程按立方米计算。
9. 砖砌体内钢筋加固,应按"GB 50854—2013"附录 E 中相关项目编码列项。
10. 砖砌体勾缝按"GB 50854—2013"附录 M 中相关项目编码列项。
11. 检查井内的爬梯按"GB 50854—2013"附录 E 中相关项目编码列项;井、池内的混凝土构件按附录 E 中混凝土及钢筋混凝土预制构件编码列项。
12. 如施工图设计标注做法见标准图集时,应注明标注图集的编码、页号及节点大样。

5.4 砌 筑 工 程

在本节砖砌体工程项目学习中，主要介绍砖基础和砖墙体（实心砖墙、多孔砖墙、空心砖墙等）的清单工程量计算和编制。

5.4.1.2 砖基础

"砖基础"项目适用于各种类型砖基础，包括柱基础、墙基础、管道基础等。

1. 砖基础的长度

砖基础的外墙墙基按外墙按中心线的长度计算；内墙墙基按净长度计算。

2. 砖基础的断面面积

砖基础一般包括基础墙和大放脚（等高式、不等高式）两部分。大放脚是墙基下面的扩大部分，分等高和不等高（间隔）两种。

等高大放脚，每步放脚层数相等，高度为126mm（两皮砖加两灰缝）；每步放脚宽度相等，为62.5mm（一砖长加一灰缝的1/4），如图5.9所示。

不等高（间隔）大放脚，每步放脚高度不等，为63mm与126mm互相交替间隔放脚；每步放脚宽度相等，为62.5mm，如图5.10所示。

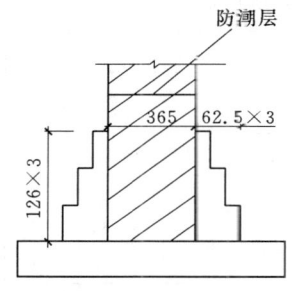
图 5.9 等高式大放脚基础

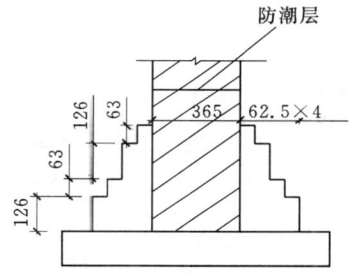
图 5.10 不等高式大放脚基础

$$砖基础的断面面积 = 标准墙厚面积 + 大放脚增加的面积$$
$$= 标准墙厚 \times (设计基础高度 + 大放脚折加高度) \tag{5.13}$$
$$大放脚折加高度 = 大放脚增加的面积/墙厚 = \Delta S/B \tag{5.14}$$

式中 ΔS——大放脚增加断面面积，是指按等高和不等高放脚层数计算的增加断面积；

B——基础墙厚。

折加高度计算方法如图5.11所示，图中 $\Delta S = 2S_1$。

由于等高式与不等高式（间隔）大放脚是有规律的，因此，可以预先将各种形式和不同层次的大放脚增加断面积计算出来，然后按不同墙厚折成其高度（简称为折加高度）加在砖基础的高度内计算，以加快计算速度。

等高式和间隔式砖基础大放脚增加断面积和折加高度见表5.20，供计算基础体积时查用。

3. 砖基础清单工程量计算

$$V_{墙基础} = 基础墙体积 + 大放脚体积$$
$$= 基础墙长度 \times (基础墙的断面积 + 大放脚折算断面积)$$
$$= 基础墙长度 \times 基础墙厚度 \times (基础墙高度 + 大放脚折算高度) \tag{5.15}$$
$$V_{柱基础} = 基础柱的高度 \times 柱的断面积 + 柱大放脚折算体积 \tag{5.16}$$

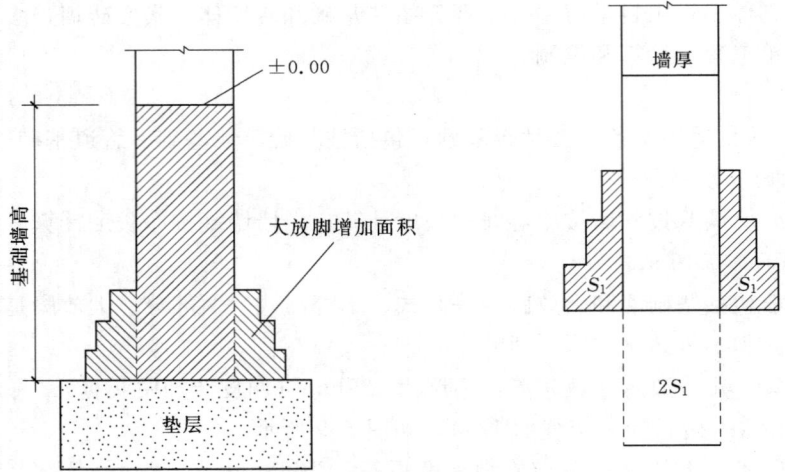

图 5.11　折加高度计算方法示意图

表 5.20　　　　等高不等高砖墙基大放脚折加高度和大放脚增加断面积表

放脚层数	折加高度/m												增加断面/m²	
	$\frac{1}{2}$砖(0.115)		1砖(0.24)		$1\frac{1}{2}$砖(0.365)		2砖(0.49)		$2\frac{1}{2}$砖(0.615)		3砖(0.74)			
	等高	间隔	等高	间隔	等高	间隔	等高	间隔	等高	间隔	等高	间隔	等高	不等高
一	0.137	0.137	0.066	0.066	0.043	0.043	0.032	0.032	0.026	0.026	0.021	0.021	0.01575	0.01575
二	0.411	0.342	0.197	0.164	0.129	0.108	0.096	0.080	0.077	0.064	0.064	0.053	0.04725	0.03938
三	0.822	0.685	0.394	0.328	0.259	0.216	0.193	0.161	0.154	0.128	0.128	0.106	0.0945	0.07875
四	1.396	1.096	0.656	0.525	0.432	0.345	0.321	0.253	0.256	0.205	0.213	0.170	0.1575	0.126
五	2.054	1.643	0.984	0.788	0.647	0.518	0.482	0.380	0.384	0.307	0.319	0.255	0.2363	0.189
六	2.876	2.260	1.378	1.083	0.906	0.712	0.672	0.530	0.538	0.419	0.447	0.315	0.3308	0.2599
七		3.013	1.838	1.444	1.208	0.949	0.900	0.707	0.717	0.563	0.596	0.468	0.441	0.3465
八		3.835	2.363	1.838	1.553	1.208	1.157	0.900	0.922	0.717	0.766	0.596	0.567	0.4411
九			2.953	2.297	1.942	1.510	1.447	1.125	1.153	0.896	0.958	0.745	0.7088	0.5513
十			3.610	2.789	2.372	1.834	1.768	1.366	1.409	1.088	1.717	0.905	0.8663	0.6694

注　1. 基础放脚折加高度是按双面而且完全对称计算的，当放脚为单面时，表中面积应乘以0.5；当两面不对称时，应分别按单面计算。

2. 本表按标准砖双面放脚每层高126mm（等高式），以及双面放脚层高分别为126mm、63mm（不等高式），砌出62.5mm计算。

3. 该表是以标准砖240mm×115mm×53mm为准，灰缝是以10mm为准编制的。

【例5.7】　安徽水电学院传达室基础平面图及基础详图如图5.12所示，室内地坪为±0.00m，防潮层为−0.06m，防潮层以下用M10水泥砂浆砌标准砖基础，防潮层以上为多孔砖墙身，计算砖基础的清单工程量。

解：1. 计算清单工程量

分析：本例中基础使用的是标准砖，墙身使用的是多孔砖，基础与墙身使用了不同的材料，防潮层（高程−0.06）为分界。"位于设计室内地面高度≤±300mm时，以不同材料为分界线"，因此，防潮层以下为基础，防潮层以上为墙体。

砖基础长：$(3.5+3.5+3.3+3.3)\times 2+(3.5-0.24)+(3.3+3.3-0.24)=36.82$(m)

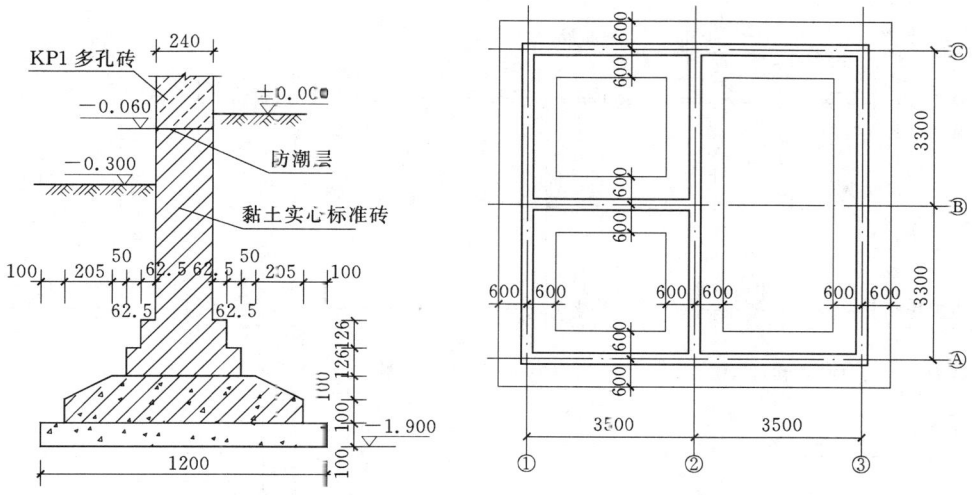

图 5.12 传达室基础平面图及基础详图

砖基础高：$1.9-0.1-0.1-0.1-0.06=1.54(m)$

大放脚折加高度：（查表 5.20）0.197m

[也可以计算：大放脚折加高度 $=\Delta S/B=(0.0625\times 0.126\times 3\times 2)\div 0.24=0.197(m)$]

砖基础工程量：$36.82\times(1.54+0.197)\times 0.24=15.35(m^3)$

2．编制工程量清单

具体内容见表 5.21。

表 5.21　　　　　　　　　分部分项工程工程量清单

序号	项目编码	项目名称	项目特征	计量单位	工程量
1	010401001001	砖基础	1．砖品种、规格：标准砖 240mm×115mm×53mm 2．砂浆强度等级：M10 水泥砂浆	m³	15.35

5.4.1.3　砖墙体

砖墙体项目包括实心砖墙、多孔砖墙、空心砖墙及砌块墙等。

"实心砖墙"项目适用于各种类型的实心砖墙，包括外墙、内墙、围墙、弧形墙等。

"空心砖墙"项目适用于各种规格的空心砖砌筑的各种类型的墙体。

当实心砖墙类型不同时，其价格就不同，因而清单编制人在描述项目特征时必须详细，以便投标人准确报价。

1．墙长度

外墙按外墙中心线长度计算；内墙按内墙净长线长度计算。

女儿墙按女儿墙中心线长度计算；框架间墙长取柱间净长。

2．墙高度

(1) 外墙高度。

坡屋面：无檐口、无天棚：至屋面板底，如图 5.13 (a) 所示；

　　　　有屋架、有天棚：至屋架下弦底+200mm，如图 5.13 (b) 所示；

　　　　有屋架、无天棚：至屋架下弦底+300mm，如图 5.13 (c) 所示。

平屋面：至钢筋混凝土屋面板底，如图 5.13 (d)、5.13 (e) 所示。

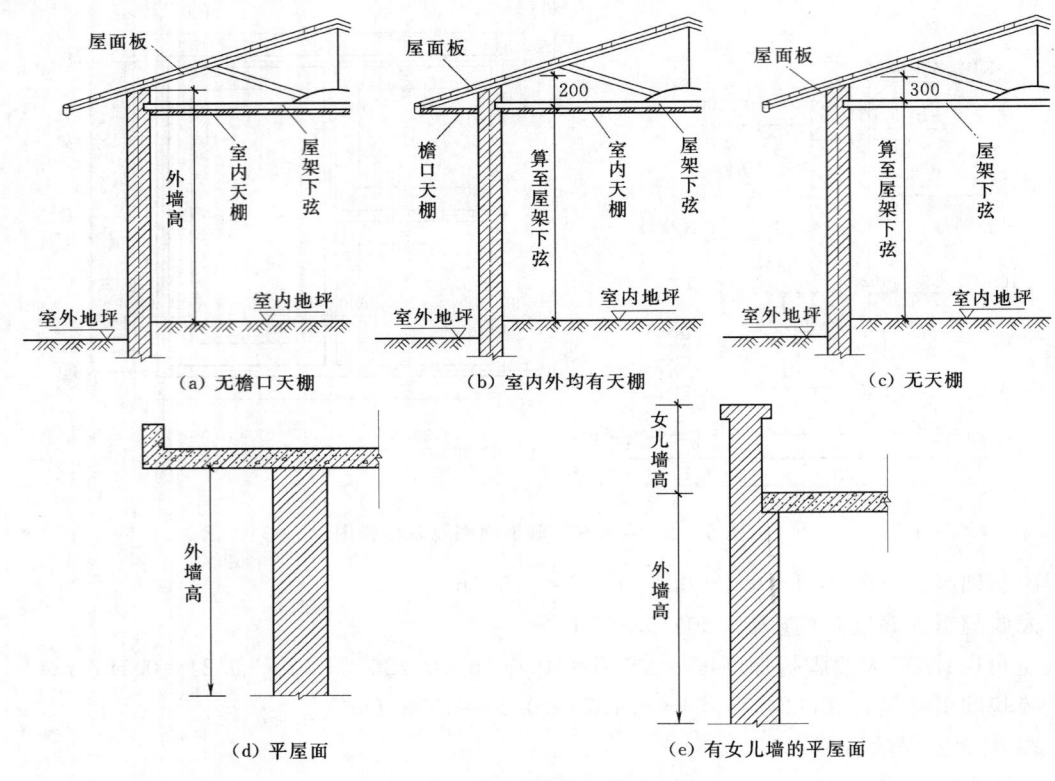

图 5.13 外墙墙身高度示意图

（2）内墙高度。

屋架下：至屋架底，如图 5.14（a）所示；

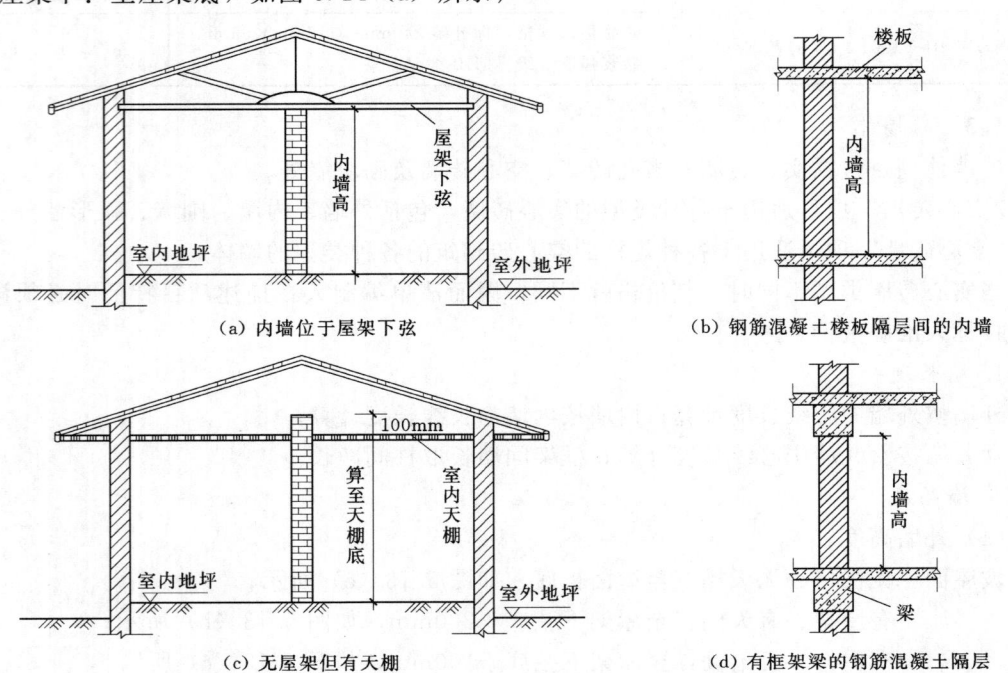

图 5.14 内墙墙身高度示意图

有混凝土楼板：至板顶，如图 5.14（b）所示；
无屋架：至天棚底+100mm，如图 5.14（c）所示；
有框架梁，算至梁底，如图 5.14（d）所示。

（3）女儿墙高。

从屋面板顶至墙顶（混凝土压顶下表面），如图 5.15 所示。

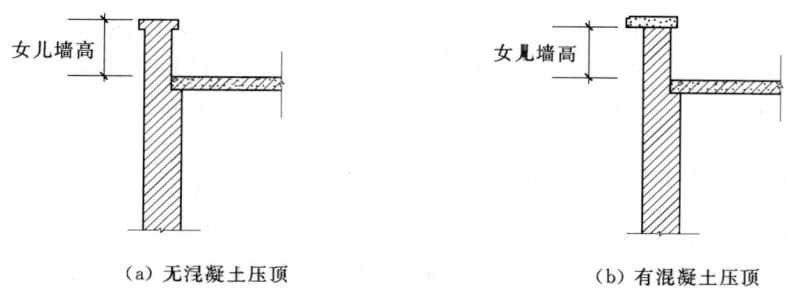

图 5.15　女儿墙墙身高度示意图

（4）内外山墙高。

按其平均高度计算，如图 5.16 和图 5.17 所示。

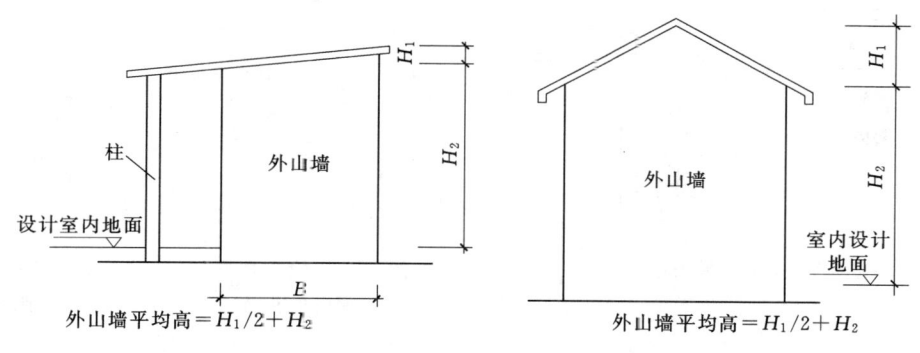

图 5.16　一坡屋面外山墙墙高示意图　　图 5.17　二坡屋面外山墙墙高示意图

3. 墙厚度

（1）标准砖尺寸应为 240mm×115mm×53mm。
（2）标准砖墙厚度应按表 5.22 计算。

表 5.22　　　　　　　　　标 准 墙 计 算 厚 度 表

砖数（厚度）	$\frac{1}{4}$	$\frac{1}{2}$	$\frac{3}{4}$	1	$1\frac{1}{2}$	2	$2\frac{1}{2}$	3
计算厚度/mm	53	115	180	240	365	490	615	740

4. 砖墙清单工程量计算

$$V = 墙长 \times 墙高 \times 墙厚 - 应扣除体积 + 应增加体积 \tag{5.17}$$

（1）应扣除体积。扣除门窗洞口、过人洞、空圈、嵌入墙身的钢筋混凝土柱、梁、圈梁、挑梁、过梁及凹进墙内的壁龛（图 5.18）、管槽、暖气槽、消防栓箱所占体积。不扣除

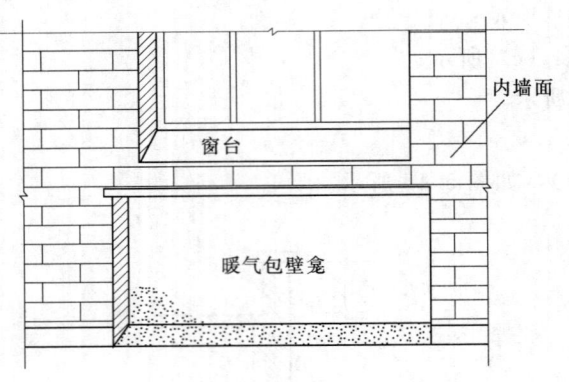

图 5.18 暖气包壁龛示意图

梁头、板头（图 5.19）、檩头、垫木、木楞头、沿椽木、木砖、门窗走头、砖墙内加固钢筋、木筋、铁件、钢管及单个面积 $0.3m^2$ 以下的孔洞所占体积。突出墙面的窗台虎头砖（图 5.20）、压顶线（图 5.21）、山墙泛水、烟囱根、门窗套（图 5.22）、三皮砖以内的腰线和挑檐的体积也不增加。砖垛、突出墙面三皮砖以上的腰线和挑檐等体积，并入墙身体积内计算。

（2）应增加体积。附墙垛、附墙烟囱等基础宽出部分的体积，应并入基础工程量内计算，计算公式为

$$砖垛基础体积＝砖垛基础墙体积＋砖垛基础放脚增加体积 \qquad (5.18)$$

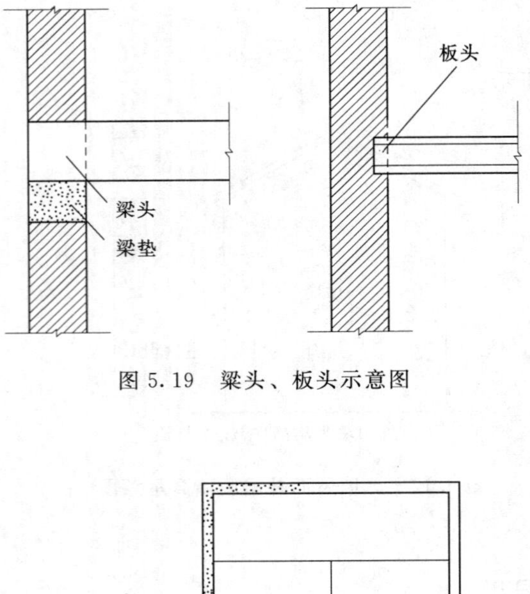

图 5.19 梁头、板头示意图 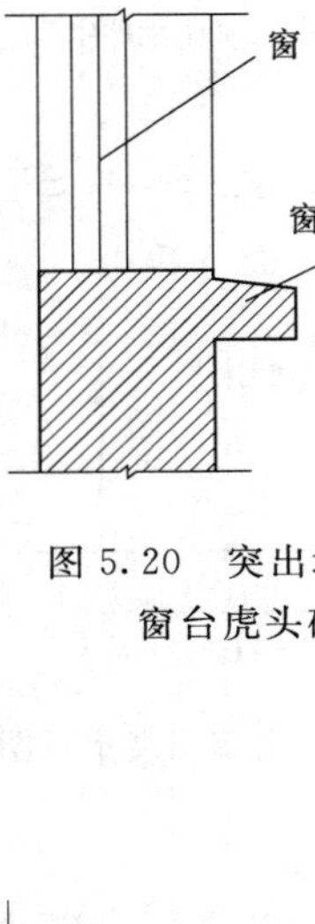　　图 5.20 突出墙面的窗台虎头砖 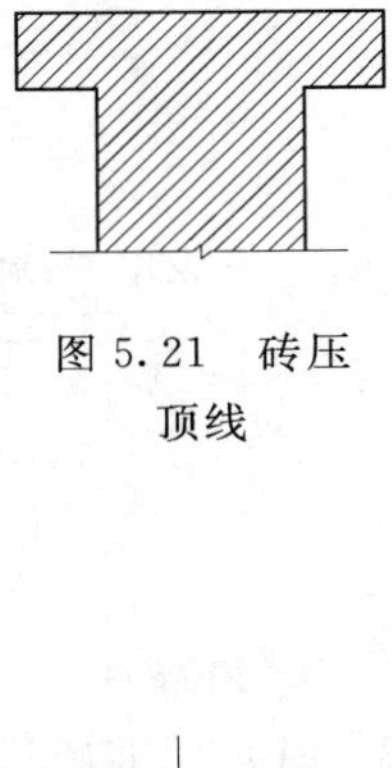　　图 5.21 砖压顶线

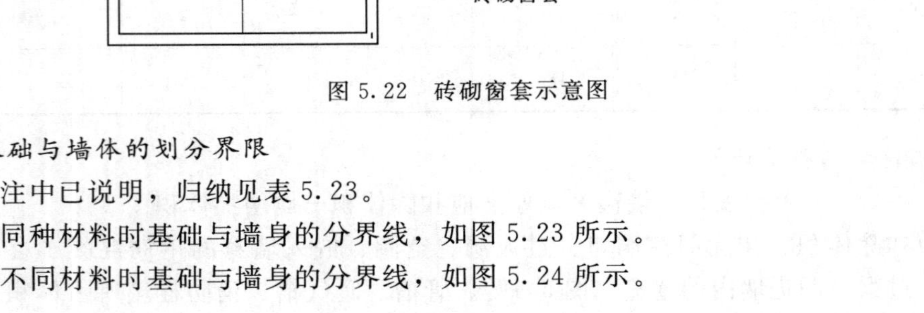

图 5.22 砖砌窗套示意图

5. 基础与墙体的划分界限

前面注中已说明，归纳见表 5.23。

使用同种材料时基础与墙身的分界线，如图 5.23 所示。

使用不同材料时基础与墙身的分界线，如图 5.24 所示。

5.4 砌筑工程

表 5.23   基础与墙体的划分界限

项 目		划 分 界 限
砖基础与墙身	使用同一种材料（图 5.23）	设计室内地面（有地下室者，以地下室室内设计地面为界）
	使用不同材料（图 5.24）	材料分界线距室内地面≤±300mm：材料为界 材料分界线距室内地面＞±300mm：室内地坪为界
	基础与围墙	以设计室外地坪为界，以下为基础，以上为墙身
石	基础与勒脚	以设计室外地坪为界，以下为基础，以上为勒脚
	勒脚与墙身	以设计室内地坪为界，以下为勒脚，以上为墙身
	基础与围墙	围墙内外地坪标高不同时，应以较低地坪标高为界，以下为基础；围墙内外标高之差为挡土墙时，挡土墙以上为墙身

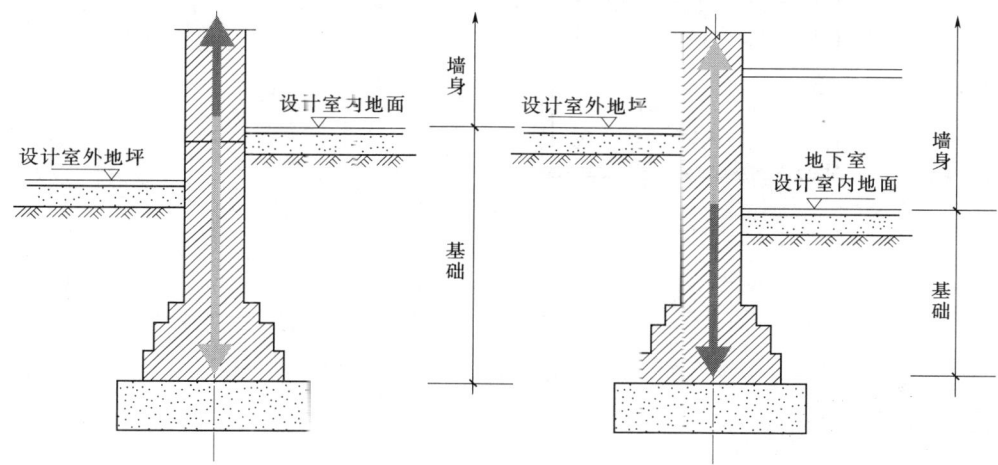

图 5.23　基础与墙身使用同种材料

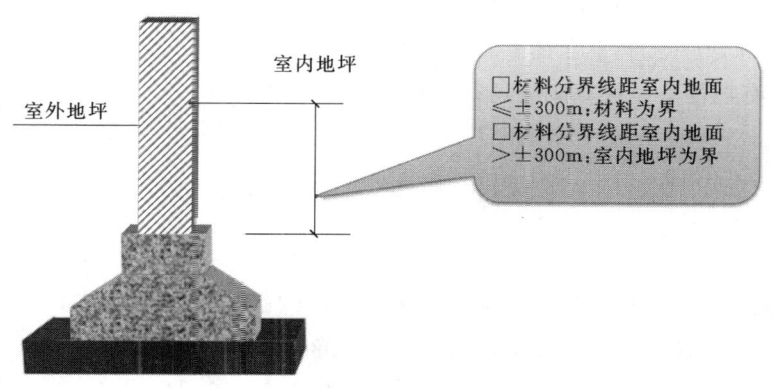

图 5.24　基础与墙身使用不同种材料

【例 5.8】 某传达室如图 5.25 所示，砖墙体用 M5 混合砂浆砌筑，M1 为 1000mm×2400mm，M2 为 900mm×2400mm，C1 为 1500mm×1500mm；门窗上部均设过梁，截面为 240mm×180mm，长度按门窗洞口宽度每边增加 250mm；外墙均设圈梁（内墙不设），截面为 240mm×240mm，计算墙体的清单工程量。

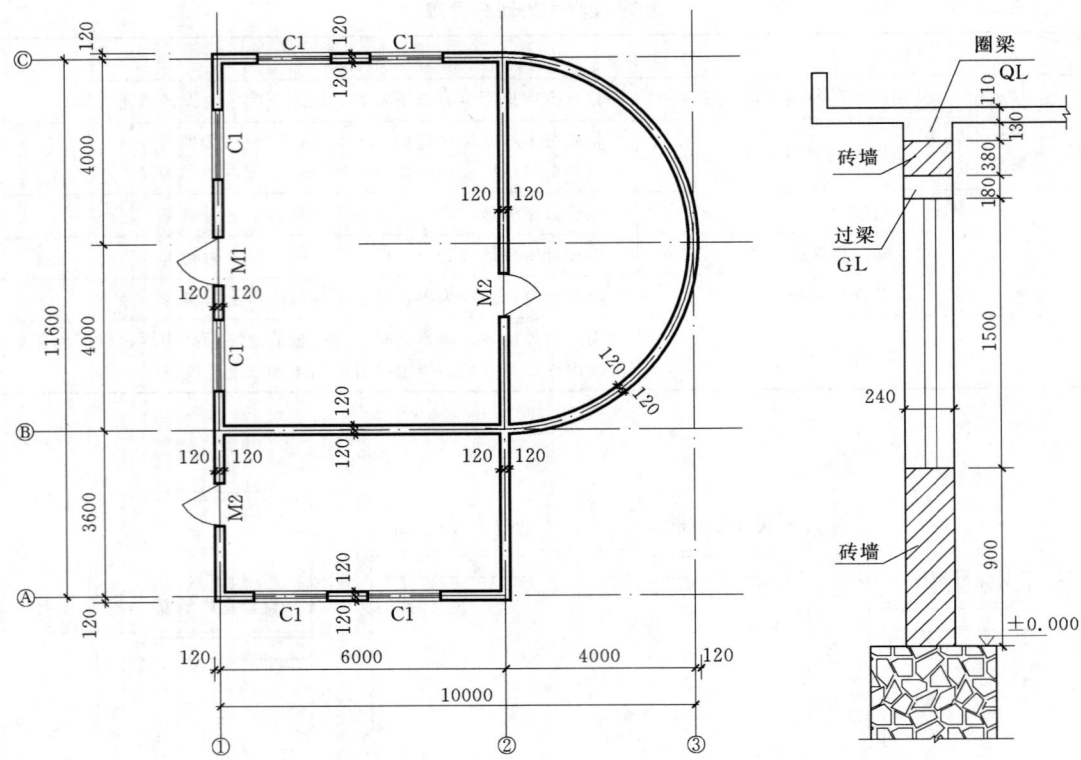

图 5.25 传达室平面及墙体示意图

解：1. 计算清单工程量

外墙中心线长度：6.00＋4.00×3.14＋3.60＋6.00＋3.60＋8.00＝39.76(m)

内墙净长线长度：6.00－0.24＋8.00－0.24＝13.52(m)

外墙高度：0.90＋1.50＋0.18＋0.38＝2.96(m)

内墙高度：0.90＋1.50＋0.18＋0.38＋0.13＝3.09(m)

（内墙高：有混凝土楼板算至板顶；有框架梁算至梁底。）

M1 面积：1.00×2.40＝2.40(m²)

M2 面积：0.90×2.40＝2.16(m²)

C1 面积：1.50×1.50＝2.25(m²)

M1GL 体积：0.24×0.18×(1.00＋0.50)＝0.065(m²)

M2GL 体积：0.24×0.18×(0.90＋0.50)＝0.060(m²)

C1GL 体积：0.24×0.18×(1.50＋0.50)＝0.086(m²)

外墙工程量：(39.76×2.96－2.40－2.16－2.25×6)×0.24－0.065－0.060－0.086×6
　　　　　　＝23.27(m³)

内墙工程量：(13.52×3.09－2.16)×0.24－0.06＝9.45(m³)

实心砖墙工程量：23.27＋9.45＝32.72(m³)

2. 编制工程量清单

具体内容见表 5.24。

5.4 砌筑工程

表 5.24　分部分项工程工程量清单

序号	项目编码	项目名称	项目特征	计量单位	工程量
1	010401003001	实心砖墙	1. 砖品种、规格：标准砖 240mm×115mm×53mm 2. 墙体类型：双面混水墙 3. 墙体厚度：240mm 4. 砂浆强度等级：M5 混合砂浆	m^3	32.72

【例 5.9】 某单层建筑物层高 3.6m，如图 5.26 所示，墙身为 M5 混合砂浆砌筑标准砖，内外墙厚均为 370mm，混水砖墙。屋顶单跨梁截面高宽 500mm×240mm，门窗洞口上全部采用砖平砌过梁，M1 为 1500mm×2700mm，M2 为 1000mm×2700mm，C1 为 1800mm×1800mm，计算砖墙的清单工程量并编制工程量清单。

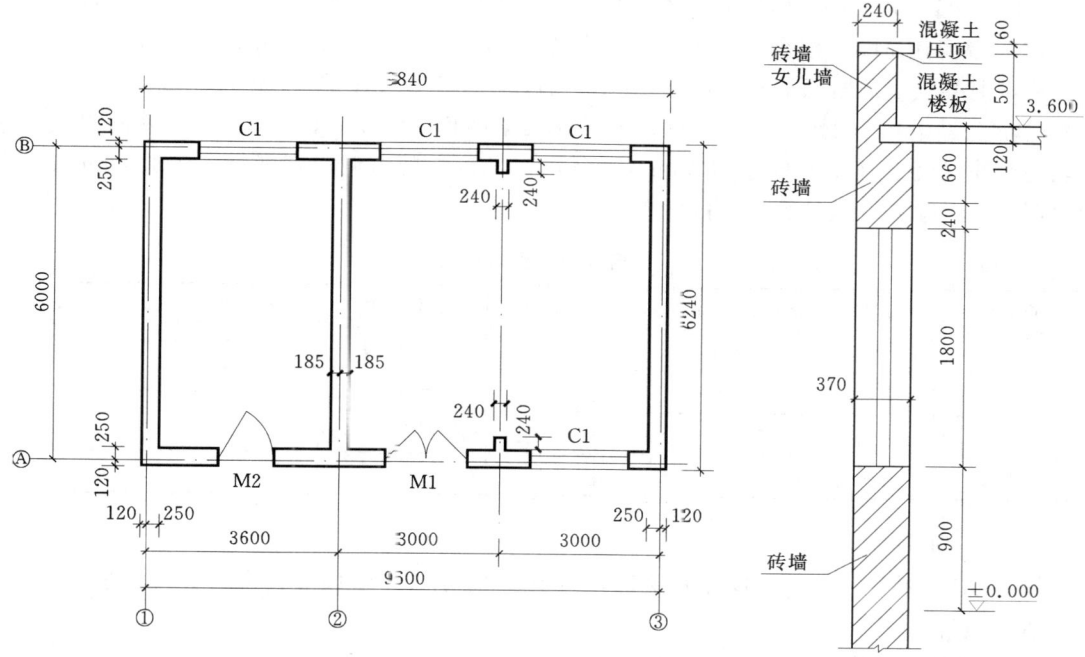

图 5.26　某单层建筑物平面及墙体示意图

解： 1. 清单工程量计算

外墙中心线长度：$(9.84-0.37+6.24-0.37)\times2=30.68(m)$

内墙净长线长度：$V=6.0-0.25\times2=5.50(m)$

240mm 女儿墙的中心线长度：$(9.84-0.24+6.24-0.24)\times2=31.20(m)$

370mm 砖墙工程量：$[(30.68+5.50)\times3.6-1.50\times2.70-1.00\times2.70-1.80\times1.30\times4]\times0.365+0.24\times0.24\times(3.6-2.5)\times2=40.70(m^3)$

女儿墙工程量：$0.24\times0.50\times31.2=3.74(m^3)$

2. 工程量清单编制

具体内容见表 5.25。

表 5.25　　　　　　　　　　　分部分项工程工程量清单

序号	项目编码	项目名称	项　目　特　征	计量单位	工程量
1	010401003001	实心砖墙	1. 砖品种、规格：标准砖 240mm×115mm×53mm 2. 墙体类型：双面混水墙 3. 墙体厚度：370mm 4. 砂浆强度等级：M5 混合砂浆	m³	40.70
2	010401003002	实心砖墙	1. 砖品种、规格：标准砖 240mm×115mm×53mm 2. 墙体类型：女儿墙 3. 墙体厚度：240mm 4. 砂浆强度等级：M5 混合砂浆	m³	3.74

【例 5.10】 某单层建筑物，框架结构，尺寸如图 5.27 所示，门窗及混凝土构件尺寸见表 5.26，墙身用 M5.0 混合砂浆砌筑加气混凝土砌块，厚度为 240mm；女儿墙砌筑煤矸石空心砖，混凝土压顶断面 240mm×60mm，墙厚均为 240mm；隔墙为 120mm 厚实心砖墙。框架柱断面 240mm×240mm 到女儿墙顶，框架梁断面 240mm×500mm，门窗洞口上均采用现浇钢筋混凝土过梁，断面 240mm×180mm，长度按门窗洞口宽度每边增加 250mm，两端为框架柱者除外。试计算墙体的清单工程量。

表 5.26　　　　　　　　　　门窗及混凝土构件表

门窗名称	洞口尺寸（长×宽）/(mm×mm)	数量	构件名称	构件断面尺寸/(mm×mm)
M1	1560×2700	1	门窗过梁	240×180
M2	1000×2700	4	框架梁	240×500
C1	1800×1800	6	框架柱	240×240
C2	1560×1800	1		

解：1. 列项

按"GB 50854—2013"的有关规定，本例工程可列"砌块墙、空心砖墙、实心砖墙"三个清单项目。

2. 计算清单工程量

(1) 砌块墙工程量：
$$V = [(11.1+10.2-0.24\times6)\times2\times3.5-1.56\times2.7-1.8\times1.8\times6\\-1.56\times1.8]\times0.24-(1.56\times2+2.3\times6)\times0.24\times0.18\\=26.28(m^3)$$

(2) 空心砖墙工程量：
$$V=(11.1+10.2-0.24\times6)\times2\times(0.50-0.06)\times0.24\\=4.19(m^3)$$

(3) 实心砖墙工程量：
$$V=[(11.1-0.24\times3)\times3.5-1.00\times2.70\times2]\times0.12\times2\\-0.24\times0.18\times1.5\times4\\=7.16(m^3)$$

3. 编制工程量清单

具体内容见表 5.27。

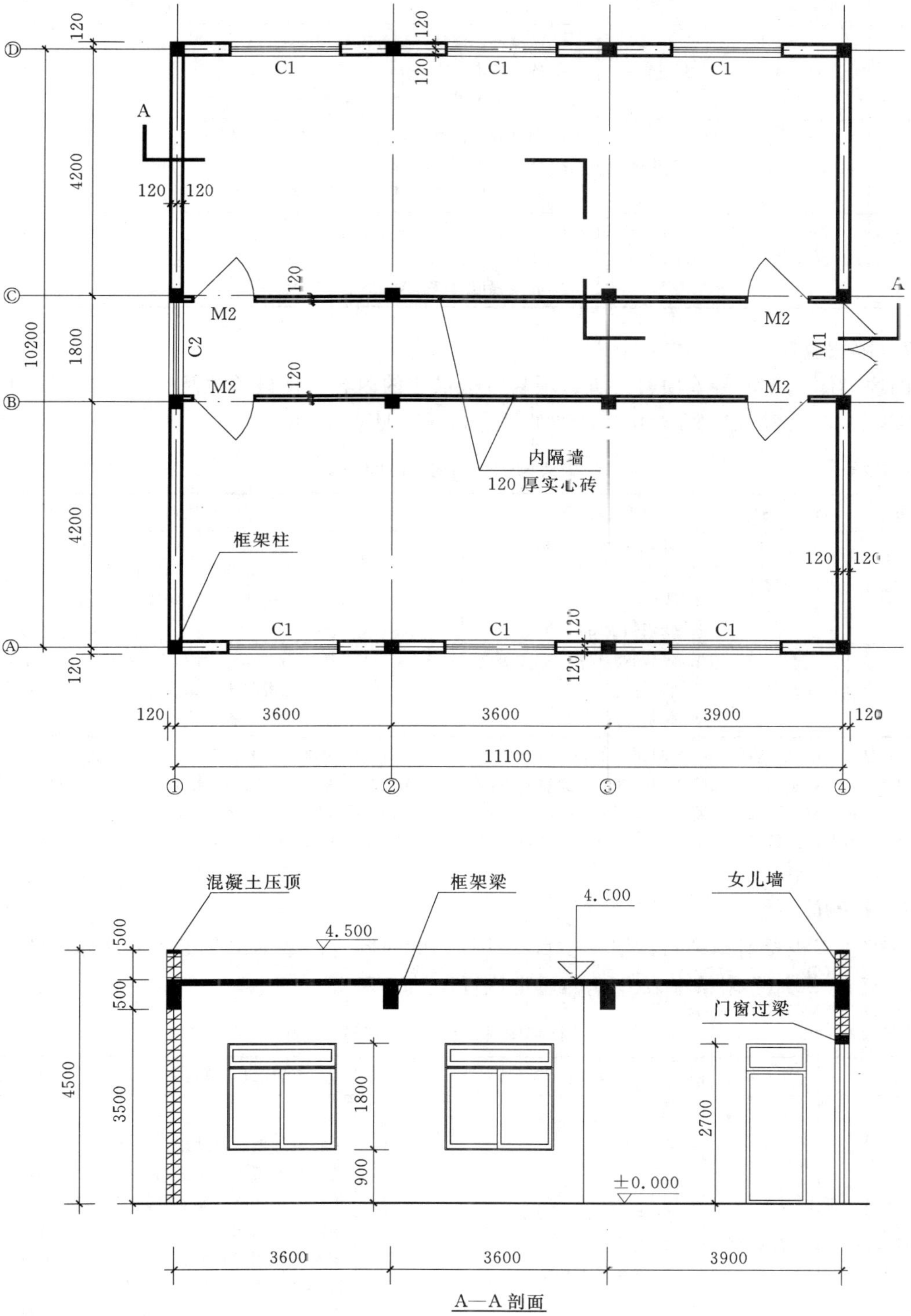

5.4 砌筑工程

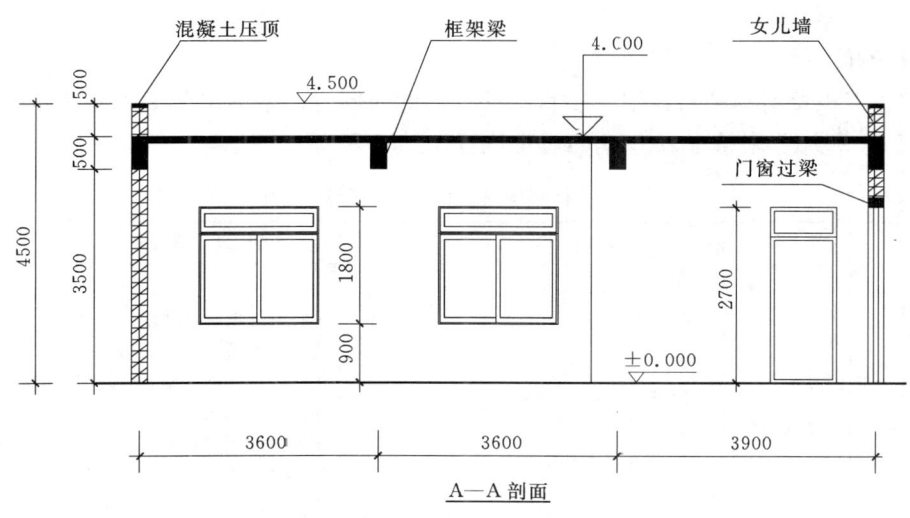

图 5.27 单层建筑物框架结构示意图

表 5.27 分部分项工程工程量清单

序号	项目编码	项目名称	项目特征	计量单位	工程量
1	010402001001	砌块墙	1. 砖品种、规格：加气混凝土砌块 2. 墙体厚度：240mm 3. 砂浆强度等级：M5.0 混合砂浆	m³	26.28
2	010401005001	空心砖墙	1. 砖品种、规格：空心砖墙 2. 墙体厚度：240mm 3. 砂浆强度等级：M5.0 混合砂浆	m³	4.19
3	010401003001	实心砖墙	1. 砖品种、规格：实心砖墙 2. 墙体厚度：120mm 3. 砂浆强度等级：M5.0 混合砂浆	m³	7.16

5.4.2 砌块砌体

砌块砌体工程量清单项目设置、项目特征描述的内容、计量单位及工程量计算规则，应按"GB 50854—2013"附录中表 D.2 的规定执行，见表 5.28。

表 5.28 砌块砌体（编码：010402）

项目编码	项目名称	项目特征	计量单位	工程量计算规则	工作内容
010402001	砌块墙	1. 砌块品种、规格、强度等级 2. 墙体类型 3. 砂浆强度等级	m³	工程量计算规则，同实心砖墙、多孔砖墙和空心砖墙	1. 砂浆制作、运输 2. 砌砖、砌块 3. 勾缝 4. 材料运输
010402002	砌块柱	1. 砖品种、规格、强度等级 2. 墙体类型 3. 砂浆强度等级		按设计图示尺寸以体积计算。扣除混凝土及钢筋混凝土梁垫、梁头、板头所占体积	

注 1. 砌体内加筋、墙体拉结的制作、安装，应按"GB 50854—2013"附录 E 中相关项目编码列项。
　　2. 砌块排列应上、下错缝搭砌，如果搭错缝长度满足不了规定的压搭要求，应采取压砌钢筋网片的措施，具体构造要求按设计规定。若设计无规定时，应注明由投标人根据工程实际情况自行考虑。
　　3. 砌体垂直灰缝宽＞30mm 时，采用 C20 细石混凝土灌实。灌注的混凝土应按"GB 50854—2013"附录 E 相关项目编码列项。

5.4.3 石砌体

石砌体工程量清单项目设置、项目特征描述的内容、计量单位及工程量计算规则，应按"GB 50854—2013"附录中表 D.3 的规定执行，见表 5.29。

表 5.29 石砌体（编码：010403）

项目编码	项目名称	项目特征	计量单位	工程量计算规则	工作内容
010403001	石基础	1. 石料种类、规格 2. 基础类型 3. 砂浆强度等级	m³	按设计图示尺寸以体积计算包括附墙垛基础宽出部分体积，不扣除基础砂浆防潮层及单个面积≤0.3m² 的孔洞所占体积，靠墙暖气沟的挑檐不增加体积。基础长度：外墙按中心线，内墙按净长计算	1. 砂浆制作、运输 2. 吊装 3. 砌石 4. 防潮层铺设 5. 材料运输

5.4 砌 筑 工 程

续表

项目编码	项目名称	项目特征	计量单位	工程量计算规则	工作内容
010403002	石勒脚	1. 石料种类、规格 2. 石表面加工要求 3. 勾缝要求 4. 砂浆强度等级、配合比	m³	按设计图示尺寸以体积计算，扣除单个面积＞0.3m²的孔洞所占的体积	1. 砂浆制作、运输 2. 吊装 3. 砌石 4. 石表面加工 5. 勾缝 6. 材料运输
010403003	石墙			工程量计算规则，同实心砖墙、多孔砖墙和空心砖墙，只是无"框架间墙"	
010403004	石挡土墙	1. 石料种类、规格 2. 石表面加工要求 3. 勾缝要求 4. 砂浆强度等级、配合比		按设计图示尺寸以体积计算	1. 砂浆制作、运输 2. 吊装 3. 砌石 4. 变形缝、泄水孔、压顶抹灰 5. 滤水层 6. 勾缝 7. 材料运输
010403005	石柱				1. 砂浆制作、运输 2. 吊装 3. 砌石 4. 石表面加工 5. 勾缝 6. 材料运输
010403006	石栏杆		m	按设计图示以长度计算	
010403007	石护坡		m²	按设计图示尺寸以体积计算	
010403008	石台阶	1. 垫层材料种类、厚度 2. 石料种类、规格 3. 护坡厚度、高度 4. 石表面加工要求 5. 勾缝要求 6. 砂浆强度等级、配合比			1. 铺设垫层 2. 石料加工 3. 砂浆制作、运输 4. 砌石 5. 石表面加工 6. 勾缝 7. 材料运输
010403009	石坡道		m²	按设计图示以水平投影面积计算	
010403010	石地沟、明沟	1. 沟截面尺寸 2. 土壤类别、运距 3. 垫层材料种类、厚度 4. 石料种类、规格 5. 石表面加工要求 6. 勾缝要求 7. 砂浆强度等级、配合比	m	按设计图示以中心线长度计算	1. 土方挖、运 2. 砂浆制作、运输 3. 铺设垫层 4. 砌石 5. 石表面加工 6. 勾缝 7. 回填 8. 材料运输

注 1. 石基础、石勒脚、石墙的划分：基础与勒脚应以设计室外地坪为界。勒脚与墙身应以设计室内地面为界。石围墙内外地坪标高不同时，应以较低地坪标高为界，以下为基础；内外标高之差为挡土墙时，挡土墙以上为墙身。
2. "石基础"项目适用于各种规格（粗料石、细料石等）、各种材质（砂石、青石等）和各种类型（柱基、墙基、直形、弧形等）基础。
3. "石勒脚""石墙"项目适用于各种规格（粗料石、细料石等）、各种材质（砂石、青石、大理石、花岗石等）和各种类型（直形、弧形等）勒脚和墙体。
4. "石挡土墙"项目适用于各种规格（粗料石、细料石、块石、毛石、卵石等）、各种材质（砂石、青石、石灰石等）和各种类型（直形、弧形、台阶形等）挡土墙。
5. "石柱"项目适用于各种规格、各种石质、各种类型的石柱。
6. "石栏杆"项目适用于无雕饰的一般石栏杆。
7. "石护坡"项目适用于各种石质和各种石料（粗料石、细料石、片石、块石、毛石、卵石等）。
8. "石台阶"项目包括石梯带（垂带），不包括石梯膀，石梯膀应按"GB 50854—2013"中附录C石挡土墙项目编码列项。
9. 如施工图设计标注做法见标准图集时，应注明标注图集的编码、页号及节点大样。

5.4.4 垫层

垫层工程量清单项目设置、项目特征描述的内容、计量单位及工程量计算规则，应按"GB 50854—2013"附录中表 D.4 的规定执行，见表 5.30。

表 5.30　　　　　　　　　　　　垫层（编码：010404）

项目编码	项目名称	项目特征	计量单位	工程量计算规则	工作内容
010404001	垫层	垫层材料种类、配合比、厚度	m^3	按设计图示尺寸以立方米计算	1. 垫层材料的拌制 2. 垫层铺设 3. 材料运输

注　除混凝土垫层应按附录 E 中相关项目编码列项外，没有包括垫层要求的清单项目应按本表垫层项目编码列项。

$$垫层清单工程量计算 V = 垫层长 \times 垫层宽 \times 垫层厚 \tag{5.19}$$

5.5　混凝土及钢筋混凝土工程

在"GB 50854—2013"中，混凝土及钢筋混凝土工程位于附录 E，包括十六个分部工程和一个相关问题及说明，分别是：E.1 现浇混凝土基础；E.2 现浇混凝土柱；E.3 现浇混凝土梁；E.4 现浇混凝土墙；E.5 现浇混凝土板；E.6 现浇混凝土楼梯；E.7 现浇混凝土其他构件；E.8 后浇带；E.9 预制混凝土柱；E.10 预制混凝土梁；E.11 预制混凝土屋架；E.12 预制混凝土板；E.13 预制混凝土楼梯；E.14 其他预制构件；E.15 钢筋工程；E.16 螺栓、铁件；E.17 相关问题及说明。

5.5.1 现浇混凝土基础

现浇混凝土基础项目包括垫层、带形基础、独立基础、满堂基础、桩承台基础和设备基础共六个清单项目。

5.5.1.1 工程量清单项目及计量规则

现浇混凝土基础工程量清单项目设置、项目特征描述的内容、计量单位及工程量计算规则，应按"GB 50854—2013"附录中表 E.1 的规定执行，见表 5.31。

表 5.31　　　　　　　　　　　　现浇混凝土基础（编码：010501）

项目编码	项目名称	项目特征	计量单位	工程量计算规则	工作内容
010501001	垫层				1. 模板及支撑制作、安装、拆除、堆放、运输及清理模内杂物、刷隔离剂等 2. 混凝土制作、运输、浇筑、振捣、养护
010501002	带形基础	1. 混凝土种类 2. 混凝土强度等级	m^3	按设计图示尺寸以体积计算。不扣除伸入承台基础的桩头所占体积	
010501003	独立基础				
010501004	满堂基础				
010501005	桩承台基础				
010501006	设备基础	1. 混凝土种类 2. 混凝土强度等级 3. 灌浆材料及其强度等级			

注　1. 有肋带形基础、无肋带形基础应按本表中相关项目列项，并注明肋高。
　　2. 箱式满堂基础中柱、梁、墙、板分别按"GB 50854—2013"中 E.2、E.3、E.4、E.5 相关项目分别编码列项；箱式满堂基础底板按本表中的满堂基础项目列项。
　　3. 框架式设备基础中柱、梁、墙、板分别按"GB 50854—2013"中 E.2、E.3、E.4、E.5 相关项目分别编码列项；基础部分按本表相关项目编码列项。
　　4. 如为毛石混凝土基础，项目特征应描述毛石所占比例。

5.5 混凝土及钢筋混凝土工程

说明：

（1）项目特征描述中"混凝土种类"，是指清水混凝土、彩色混凝土等。如在同一地区既使用预拌（商品）混凝土，又允许现场搅拌混凝土时，应同时注明。如为毛石混凝土基础，应描述毛石所占比例。

（2）混凝土基础和墙、柱的分界线，以混凝土基础的扩大顶面为界，以下为基础，以上为柱或墙，如图 5.28 所示。

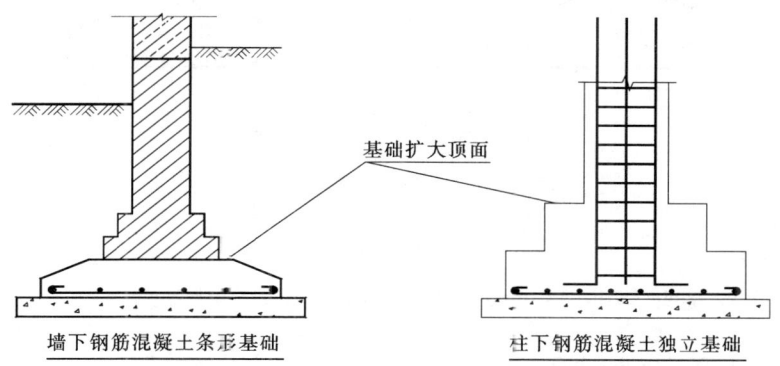

图 5.28 混凝土基础和墙、柱划分示意图

5.5.1.2 垫层

清单工程量计算如下：

基础垫层： $$V_{基础垫层}=设计垫层底面积×垫层厚度 \tag{5.20}$$

楼地面垫层： $$V_{楼地面垫层}=主墙间净面积×设计垫层厚度 \tag{5.21}$$

楼地面垫层面积应扣除凸出地面构筑物、设备基础、室内铁道、地沟等所占面积，不扣除间壁墙（厚度≤120mm）及≤0.3m² 柱、垛、附墙烟囱及孔洞所占面积。

注：房屋建筑工程中的垫层项目，若是非混凝土垫层按 010404001 列项；若是混凝土垫层按 010501001 列项。

5.5.1.3 带形基础

1. 带形基础形式

带形基础按其形式不同可分为无梁式（板式）和有梁式（带肋）两种，如图 5.29 所示。

基础长度：外墙基础按外墙中心线长度计算，内墙基础按基础间净长线计算，如图 5.30 所示。

无梁式（板式）混凝土基础和有梁式（带肋）混凝土基础应分别编码列项，并注明肋高。

2. 清单工程量计算

（1）带型基础。设计图示尺寸体积，不扣除伸入承台基础的桩头所占体积。

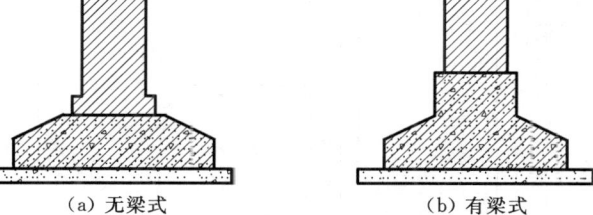

图 5.29 无梁式和有梁式带形基础示意图

$$V_{带型基础}=基础长度×断面积+V_{T型接头体积} \tag{5.22}$$

注：T 型接头（图 5.31），其体积计算如下：

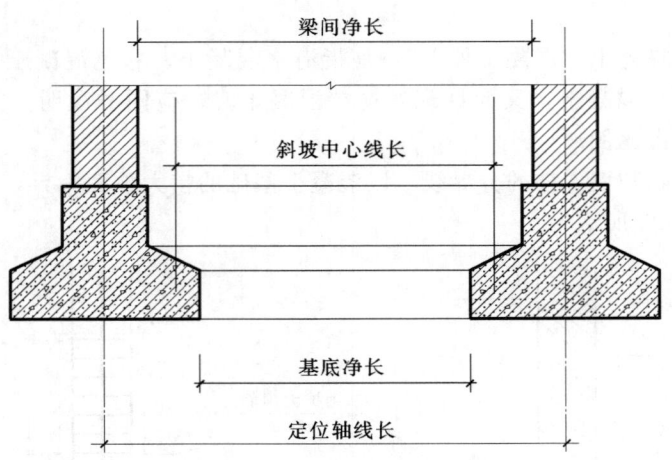

图 5.30 内墙基础计算长度示意图

接头体积：$V_T = L_T \times b \times H + [L_T/6 \times (B+2b) \times h_1]$ (5.23)

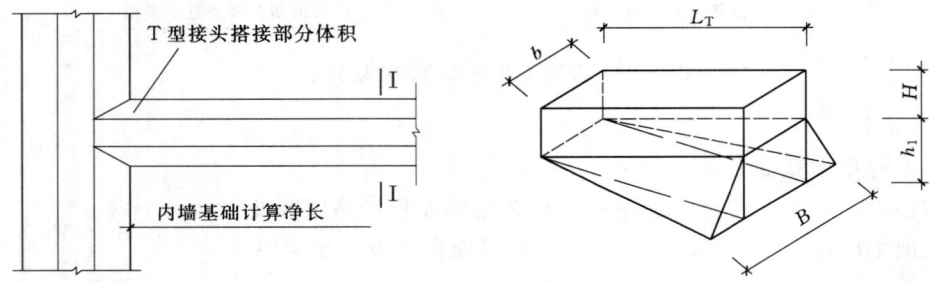

图 5.31 混凝土带型基础 T 形接头示意图

【例 5.11】 某房屋基础平面及剖面图如图 5.32 所示，内、外墙基础交接示意图如 5.33 所示，计算混凝土基础清单工程量，并编制其工程量清单。已知混凝土基础采用现场搅拌 C25（碎石 40）混凝土浇筑。（不考虑模板费用）

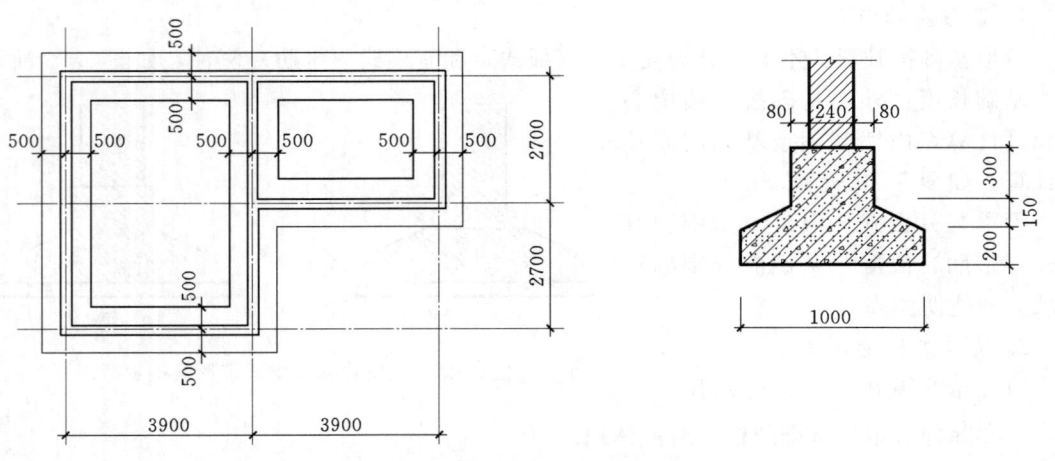

图 5.32 某房屋基础平面及剖面图

解： 1. 计算清单工程量

$$基础工程量 = 基础断面积 \times 基础长度$$

如图 5.32 所示：

外墙下基础工程量 $= [(0.08 \times 2 + 0.24) \times 0.3 + (0.08 \times 2 + 0.24 + 1)/2$
$\times 0.15 + 1 \times 0.2] \times (3.9 \times 2 + 2.7 \times 2) \times 2$
$= (0.12 + 0.105 + 0.2) \times 26.4 = 11.22 (m^3)$

内、外墙基础交接示意图如图 5.33 所示：

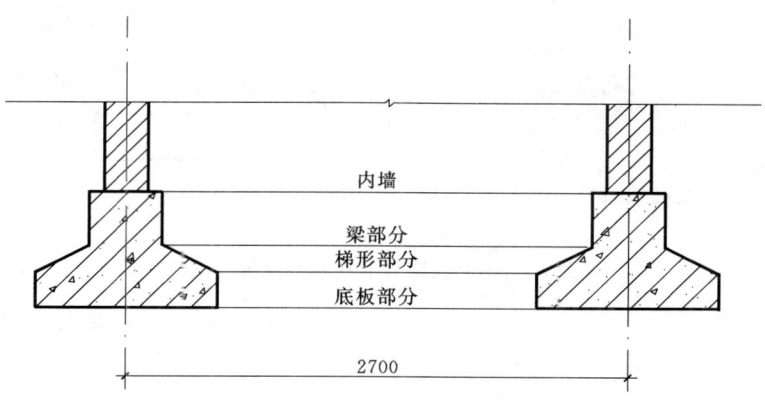

图 5.33　内、外墙基础交接示意图

内墙下基础：

$$梁间净长 = 2.7 - (0.12 + 0.08) \times 2 = 2.3(m)$$
$$斜坡中心线长 = 2.7 - (0.2 + 0.3/2) \times 2 = 2.0(m)$$
$$基底净长 = 2.7 - 0.5 \times 2 = 1.7(m)$$

内墙下基础工程量 $= \sum$ 内墙下基础各部分 $\times$ 相应计算长度
$= (0.08 \times 2 + 0.24) \times 0.3 \times 2.3 + (0.08 \times 2 + 0.24 + 1)/2$
$\times 0.15 \times 2 + 1 \times 0.2 \times 1.7$
$= 0.28 + 0.21 + 0.34 = 0.83(m^3)$

基础工程量 $=$ 外墙下基础工程量 $+$ 内墙下基础工程量
$= 11.22 + 0.83 = 12.05(m^3)$

2. 编制工程量清单

具体内容见表 5.32。

表 5.32　　　　　　　　　分部分项工程工程量清单

序号	项目编码	项目名称	项目特征	计量单位	工程量
1	010501002001	带型基础	1. 基础形式：现浇混凝土带型基础 2. 混凝土强度等级：C25	m³	12.05

5.5.1.4 独立基础

独立基础按其断面形状可分为四棱锥台形、踏步（台阶）形和杯形独立基础等。

1. 四棱锥台形独立基础的工程量计算

如图 5.34 所示，其体积计算如下：

$$V = abh + \frac{h_1}{6}[a_1b_1 + ab + (a_1+a)(b_1+b)] \tag{5.24}$$

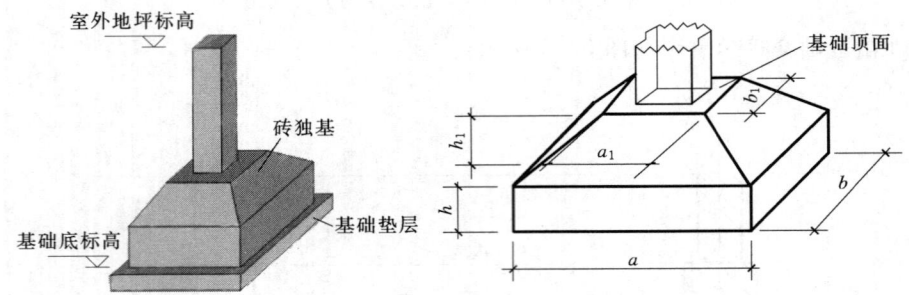

图 5.34 四棱锥台形独立基础示意图

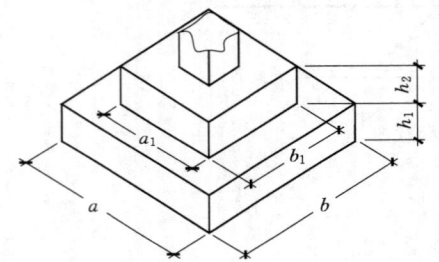

图 5.35 踏步形独立基础示意图

2. 踏步（台阶）形独立基础的工程量计算

$$V = abh_1 + a_1b_1h_2 \tag{5.25}$$

踏步（台阶）形独立基础如图 5.35 所示。

5.5.1.5 满堂基础

满堂基础按其形式不同可分为无梁式、有梁式和箱式满堂基础三种主要形式。

（1）无梁式满堂基础，如图 5.36 所示，其工程量计算式如下：

$$\text{无梁式满堂基础工程量} = \text{底板} + \text{柱墩} + \text{边肋} \tag{5.26}$$

式中：柱墩体积的计算与角锥形独立基础的体积计算方法相同。

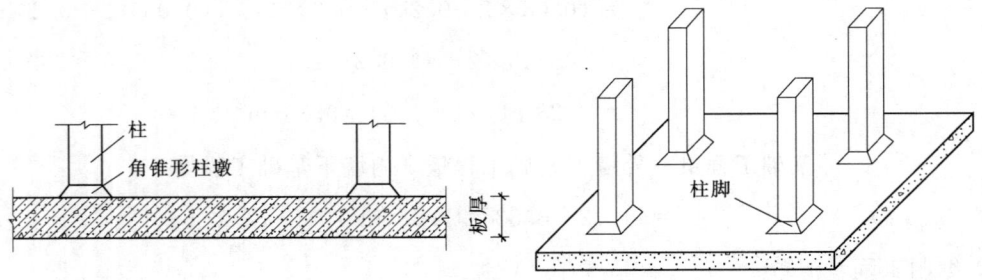

图 5.36 无梁式满堂基础示意图

（2）有梁式满堂基础，如图 5.37 所示，其工程量计算式如下：

$$\text{有梁式满堂基础工程量} = \text{基础底板体积} + \text{梁体积} \tag{5.27}$$

（3）箱式满堂基础，如图 5.38 所示，箱型基础混凝土工程量分别按：无梁式满堂基础、墙、板相关规定计算。

5.5 混凝土及钢筋混凝土工程

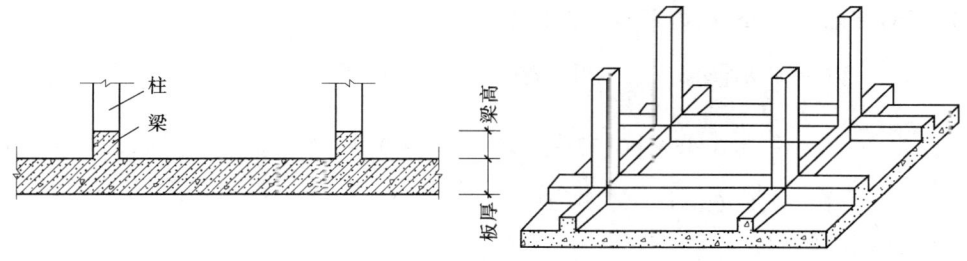

图 5.37 有梁式满堂基础示意图

可按满堂基础、现浇柱、梁、墙、板分别编码列项,也可利用满堂基础中的第五级编码分别列项。

【例 5.12】 如图 5.39 所示,计算 36 个 C25 钢筋混凝土杯形基础混凝土的清单工程量,并编制其工程量清单。

解:1. 计算清单工程量

(1) 杯形基础 200mm 高下部台体:
$$V_1 = a_1 \times b_1 \times h_1 = 2 \times 2.2 \times 0.2$$
$$= 0.88(m^3)$$

(2) 杯形基础 300mm 高上部台体:
$$V_2 = a \times b \times h_2 = 1.15 \times 1.35 \times 0.3$$
$$= 0.47(m^3)$$

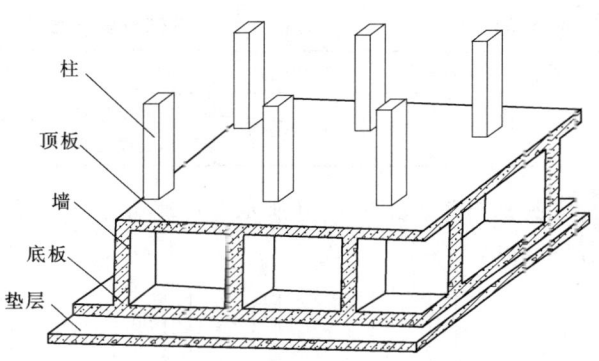

图 5.38 箱式满堂基础示意图

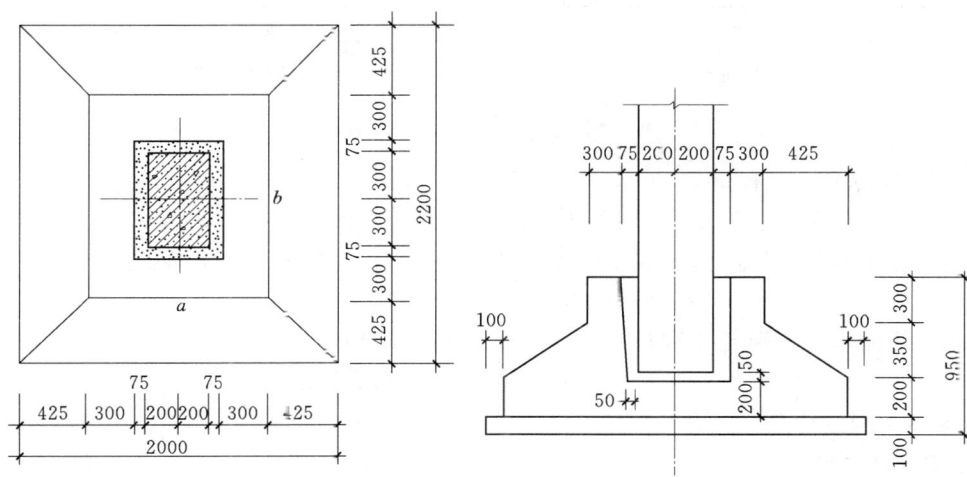

图 5.39 钢筋混凝土杯形基础示意图

(3) 杯形基础 350mm 高中部四棱锥:
$$V_3 = \frac{1}{6}h_3[a_1b_1 + ab + (a_1+a)(b_1+b)]$$
$$= \frac{1}{6} \times 0.35 \times [2 \times 2.2 + 1.15 \times 1.35 + (2+1.15) \times (2.2+1.35)]$$
$$= 1.00(m^3)$$

(4) 杯形基础 650mm 高内部空心四棱锥：

$$V_4 = \frac{1}{6}h_4[a_3b_3 + a_4b_4 + (a_3+a_4)(b_3+b_4)]$$
$$= \frac{1}{6} \times 0.65 \times [0.55 \times 0.75 + 0.5 \times 0.7 + (0.55+0.5)\times(0.75+0.7)]$$
$$= 0.25(\text{m}^3)$$

(5) 杯形基础体积：

$$V = (V_1+V_2+V_3-V_4)\times 36 = (0.88+0.47+1.00-0.25)\times 36 = 75.60(\text{m}^3)$$

2. 编制工程量清单

具体内容见表 5.33。

表 5.33　　　　　　　　　　　分部分项工程工程量清单

序号	项目编码	项目名称	项目特征	计量单位	工程量
1	010501003001	独立基础	1. 基础形式：现浇混凝土独立基础 2. 混凝土强度等级：C25	m³	75.60

【例 5.13】　如图 5.40 所示，计算有 C25 梁式满堂基础混凝土的清单工程量，并编制其工程量清单。

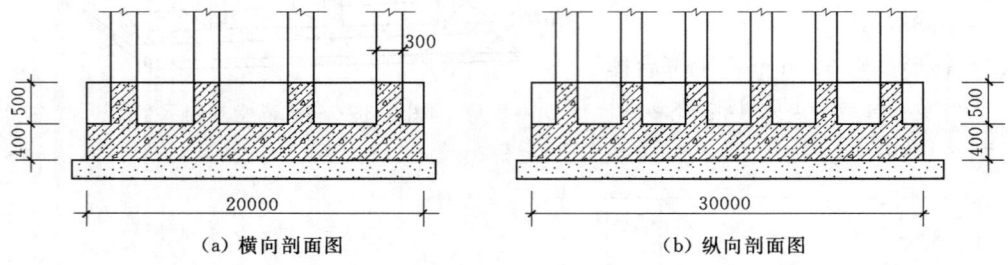

图 5.40　有梁式满堂基础示意图

解：1. 计算清单工程量

底板混凝土工程量：$V_{底板} = 30\text{m} \times 20\text{m} \times 0.4\text{m} = 240.00\text{m}^3$

梁混凝土工程量：$V_{梁} = 0.5\text{m} \times 0.3\text{m} \times (30-0.3\times 6)\text{m} \times 4 + 0.5\text{m} \times 0.3\text{m}$
$\times (20-0.3\times 4)\text{m} \times 6 = 33.84\text{m}^3$

梁板式满堂基础混凝土工程量：$V = $ 底板体积 + 梁体积
$= V_{底板} + V_{梁} = 273.84\text{m}^3$

2. 编制工程量清单

具体内容见表 5.34。

表 5.34　　　　　　　　　　　分部分项工程工程量清单

序号	项目编码	项目名称	项目特征	计量单位	工程量
1	010501004001	满堂基础	1. 基础形式：现浇混凝土有梁式满堂基础 2. 混凝土强度等级：C25	m³	273.84

5.5.2　现浇混凝土柱

现浇混凝土柱项目适用于各种结构形式下的柱，包括矩形柱、构造柱和异形柱共三个清单项目。

5.5.2.1 工程量清单项目及计量规则

现浇混凝土柱工程量清单项目设置、项目特征描述的内容、计量单位及工程量计算规则，应按"GB 50854—2013"附录中表 E.2 的规定执行，见表 5.35。

表 5.35　　　　　　　　现浇混凝土柱（编码：010502）

项目编码	项目名称	项目特征	计量单位	工程量计算规则	工作内容
010502001	矩形柱	1. 混凝土种类 2. 混凝土强度等级	m³	按设计图示尺寸以体积计算柱高： 1. 有梁板的柱高，应自柱基上表面（或楼板上表面）至上一层楼板上表面之间的高度计算 2. 无梁板的柱高，应自柱基上表面（或楼板上表面）至柱帽下表面之间的高度计算 3. 框架柱的柱高，应自柱基上表面至柱顶高度计算 4. 构造柱按全高计算，嵌接墙体部分（马牙槎）并入柱身体积 5. 依附柱上的牛腿和升板的柱帽，并入柱身体积	1. 模板及支架（撑）制作、安装、拆除、堆放、运输及清理模内杂物、刷隔离剂等 2. 混凝土制作、运输、浇筑、振捣、养护
010502002	构造柱				
010502003	异形柱	1. 柱形状 2. 混凝土种类 3. 混凝土强度等级			

注　混凝土种类：指清水混凝土、彩色混凝土等，如在同一地区既使用预拌（商品）混凝土、又允许现场搅拌混凝土时，也应注明。

说明：

（1）L 形柱和变截面矩形柱可执行"矩形柱"清单项目。

（2）柱面有凹凸和竖向线脚、工字形、十字形、T 形、5～7 边形柱执行"异形柱"清单项目。

（3）工程量计算时，不扣除基础中钢筋、铁件等所占体积，但应扣除劲性骨架的型钢所占体积。

5.5.2.2 清单工程量计算

现浇混凝土柱清单计算规则是按设计图示尺寸以体积计算，其计算公式为

$$V = 设计图示尺寸体积 = 柱断面面积 \times 柱高 \qquad (5.28)$$

1. 柱高的确定

（1）有梁板的柱高，自柱基上表面（或楼板一表面）算至上一层楼板上表面之间的高度计算，如图 5.41（a）所示。

（2）无梁板的柱高，自柱基上表面（或楼板上表面）至柱帽下表面之间的高度计算，如图 5.41（b）所示。

（3）框架柱的柱高，自柱基上表面至柱顶高度计算，如图 5.41（c）所示。

（4）构造柱按全高计算，嵌接墙体部分（马牙槎）并入柱身体积，如图 5.41（d）所示。

（5）依附柱上的牛腿和升板的柱帽，并入柱身体积。

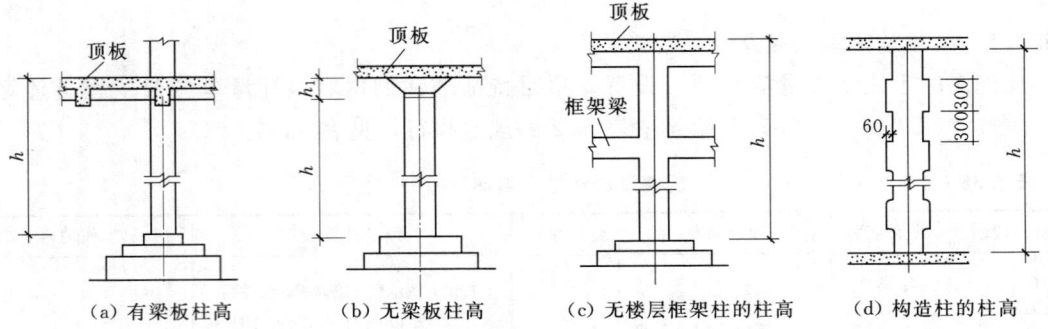

图 5.41 柱高示意图

2. 柱断面积计算

柱断面积按设计图示尺寸计算。

计算构造柱断面时,应根据构造柱的具体位置计算其实际面积(包括马牙槎面积),马牙槎的构造如图 5.42 所示。其断面积计算如下:

$$S_{马牙槎}=构造柱依附的墙厚×0.03n（马牙槎个数） \quad (5.29)$$

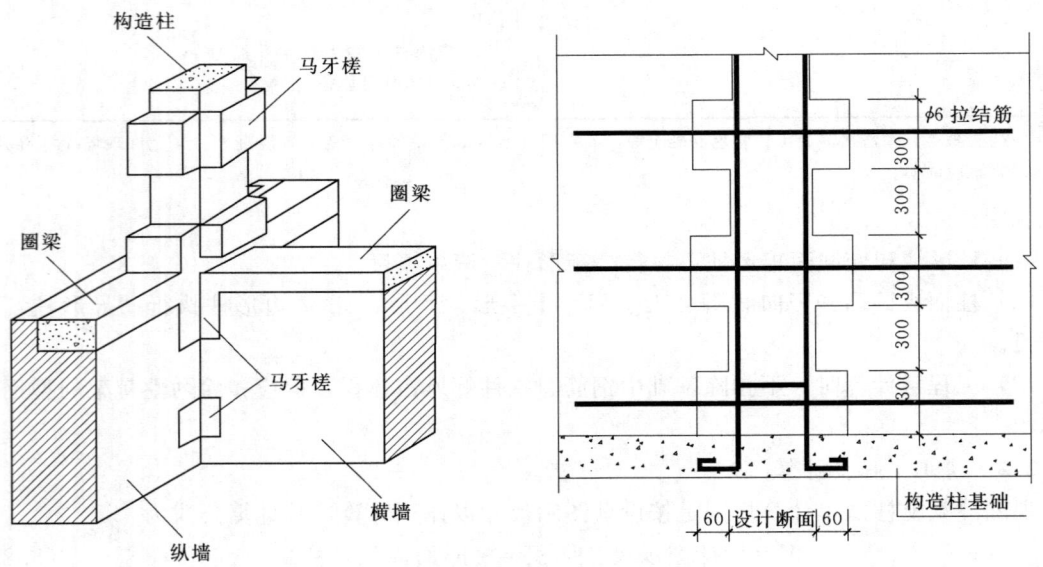

图 5.42 构造柱与砖墙嵌接部分（马牙槎）示意图

构造柱的平面布置有四种情况：一字形墙中间处、T 形接头处、十字交叉处、L 形拐角处,如图 5.43 所示。

$$构造柱断面积=d_1d_2+0.03(n_1d_1+n_2d_2) \quad (5.30)$$

式中　d_1、d_2——构造柱两个方向的尺寸；

　　　n_1、n_2——d_1、d_2 方向咬接的边数。

3. 注意

(1) 构造柱嵌接墙体部分（马牙槎）并入柱身体积计算。

(2) 薄壁柱也称隐壁柱,指在框剪结构中,隐藏在墙体中的钢筋混凝土柱。单独的薄壁

5.5 混凝土及钢筋混凝土工程

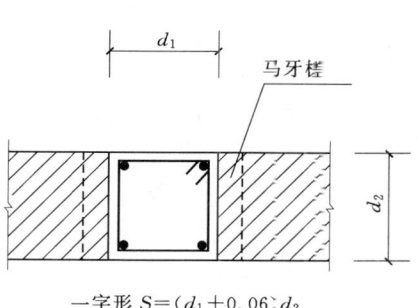
一字形 $S=(d_1+0.06)d_2$

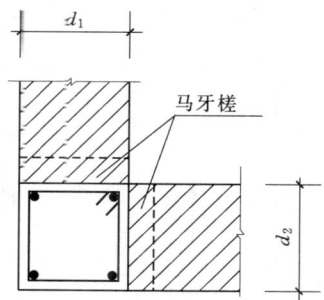
L形 $S=(d_1 d_2)+(d_2+d_1)×0.03$

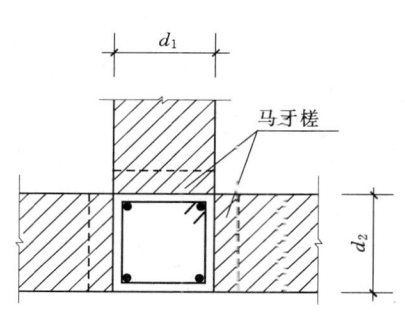
T形 $S=(d_1 d_2)+(d_1+2d_2)$

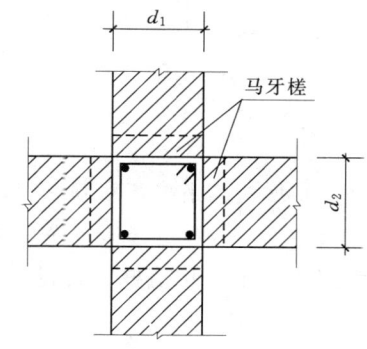
十字形 $S=(d_1 d_2)+(d_1+d_2)×0.06$

图 5.43 构造柱平面位置图

柱根据其截面形状,确定以矩形柱或异形柱编码列项。

(3)依附柱上的牛腿(图 5.44)和升板的柱帽,并入柱身体积计算。其中,升板建筑是指利用房屋自身网状排列的承重柱作为导杆,将就地叠层生产的大面积楼板由下而上逐层提升就位固定的一种方法。升板的柱帽是指升板建筑中联结板与柱之间的构件。

(4)混凝土柱上的钢牛腿按"GB 50854—2013"附录F金属结构工程中的零星钢构件编码列项。

【例 5.14】 如图 5.45 所示构造柱,A 形 4 根,B 形 8 根,C 形 12 根,D 形 24 根,总高 26m,混凝土强度等级为 C25,计算现浇混凝土构造柱的清单工程量,并编制其工程量清单。

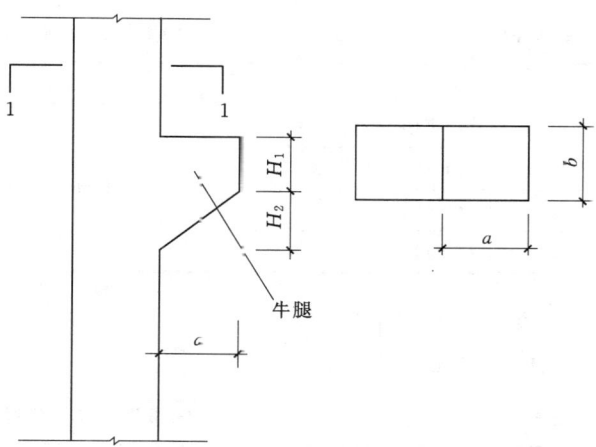

图 5.44 牛腿柱示意图

解:1.计算清单工程量

A 形(一字形)构造柱工程量 $=(0.24×0.24+0.24×0.03×2)×26×4$
$=0.072×26×4=7.483(m^3)$

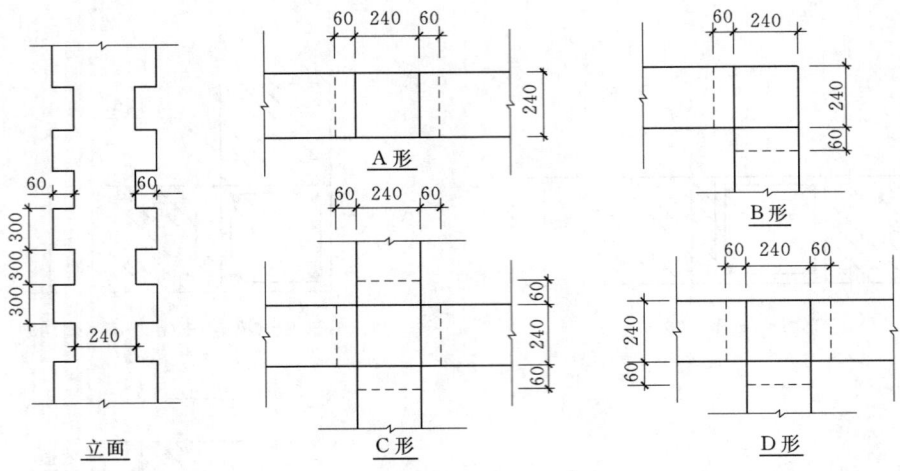

图 5.45 构造柱示意图

B形（L形）构造柱工程量 $=(0.24\times0.24+0.24\times0.03\times2)\times26\times8$
$=0.072\times26\times8=14.976(m^3)$

C形（十字形）构造柱工程量 $=(0.24\times0.24+0.24\times0.03\times4)\times26\times12$
$=0.0864\times26\times12=26.957(m^3)$

D形（T形）构造柱工程量 $=(0.24\times0.24+0.24\times0.03\times3)\times26\times24$
$=0.0792\times26\times24=49.421(m^3)$

构造柱工程量总计 $=7.488+14.976+26.957+49.421=98.84(m^3)$

归纳：当构造柱设计断面为 240mm×240mm 时，断面面积计算见表 5.36。

表 5.36 构造柱计算断面面积表

构造柱形式	设计柱断面形式	计算断面面积/m^2
一字形	240mm×240mm	0.072
L形		0.072
十字形		0.0864
T形		0.0792

2. 编制工程量清单

具体内容见表 5.37。

表 5.37 分部分项工程工程量清单

序号	项目编码	项目名称	项目特征	计量单位	工程量
1	010502002001	构造柱	1. 混凝土种类：现浇 2. 混凝土强度等级：C25	m^3	98.84

5.5.3 现浇混凝土梁

现浇混凝土梁项目，包括基础梁、矩形梁、异形梁、圈梁、过梁以及弧形和拱形梁共六个清单项目。

5.5.3.1 工程量清单项目及计量规则

现浇混凝土梁工程量清单项目设置、项目特征描述的内容、计量单位及工程量计算规则，应按"GB 50854—2013"附录中表 E.3 的规定执行，见表 5.38。

表 5.38　　　　　　　　　现浇混凝土梁（编码：010503）

项目编码	项目名称	项目特征	计量单位	工程量计算规则	工程内容
010503001	基础梁	1. 混凝土种类 2. 混凝土强度等级	m³	按设计图示尺寸以体积计算。伸入墙内的梁头、梁垫并入梁体积内 1. 梁与柱连接时，梁长算至柱侧面 2. 主梁与次梁连接时，次梁长算至主梁侧面	1. 模板及支架（撑）制作、安装、拆除、堆放、运输及清理模内杂物、刷隔离剂等 2. 混凝土制作、运输、浇筑、振捣、养护
010503002	矩形梁				
010503003	异形梁				
010503004	圈梁				
010503005	过梁				
010503006	弧形和拱形梁				

说明：
（1）截面为 T 形、十字形、工字形的梁，以及变截面梁可执行"异形梁"清单项目。
（2）工程量计算时，不扣除基础中钢筋、铁件等所占体积，但应扣除劲性骨架的型钢所占体积。

"现浇混凝土梁"项目适用范围：
"基础梁"项目适用于独立基础间架设的，承受上部墙传来荷载的梁。
"圈梁"项目适用于为了加强结构整体性，构造上要求设置的封闭型的水平的梁。
"过梁"项目适用于建筑物门窗洞口上所设置的梁。
"矩形梁、异形梁、弧形和拱形梁"项目适用于除了以上三种梁外的截面为矩形、异形及形状为弧形、拱形的梁。

5.5.3.2 清单工程量计算

现浇混凝土梁的清单计算规则是按设计图示尺寸以体积计算，伸入墙内的梁头、梁垫并入梁体积内。其计算公式为

$$V_{梁} = 梁断面积 \times 梁长 \tag{5.31}$$

其中：伸入墙内的现浇梁垫并入现浇梁体积内计算，如图 5.46 所示。
当圈梁兼做过梁时，如图 5.47 所示。

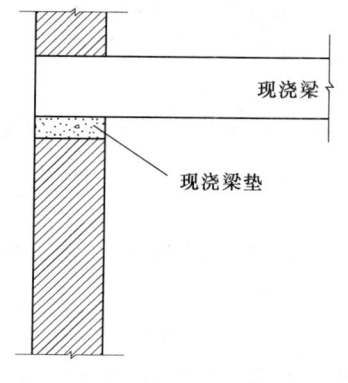
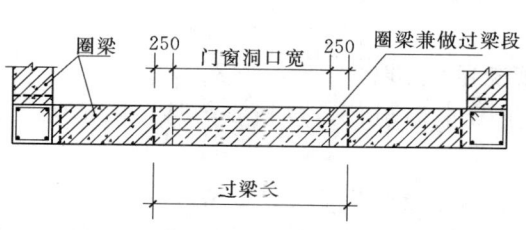

图 5.46　现浇梁垫示意图　　　图 5.47　圈梁与过梁连接在一起示意图

圈梁：$V_{圈梁}$＝圈梁长度×$SQL-VGL$

过梁：$V_{过梁}$＝(门窗洞口宽＋0.5m)×SGL

1. 梁长的确定

(1) 梁与柱连接时，梁长算至柱内侧面；次梁与主梁连接时，次梁长算至主梁内侧面（图 5.48 和图 5.49）；梁端与混凝土墙相接时，梁长算至混凝土墙内侧面；梁端与砖墙交接时伸入砖墙的部分（包括梁头）并入梁内。

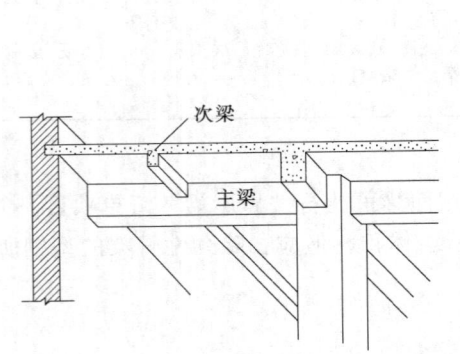

图 5.48　主、次梁示意图

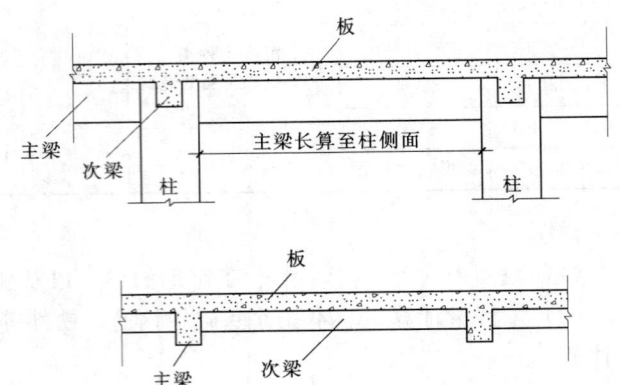

图 5.49　主、次梁计算长度示意图

(2) 对于圈梁的长度，外墙上圈梁长取外墙中心线长；内墙上圈梁长取内墙净长，且当圈梁与主次梁或柱交接时，圈梁长度算至主次梁或柱的侧面；当圈梁与构造柱相交时，其相交部分的体积计入构造柱内。

梁长的取值归纳见表 5.39。

表 5.39　　　　　　　　　　　　　梁 长 的 取 值

名　　称	梁 长 取 值
梁与柱连接	算至柱侧面
主梁与次梁连接	次梁算至主梁侧面
圈梁	外墙圈梁长取外墙中心线长（当圈梁截面宽同外墙宽时），内墙圈梁长取内墙净长线

2. 梁高的取值

一种情况指从梁底至现浇板底的高度；另一种情况按实际高度（基础梁、预制板下的梁）取值。

5.5.4　现浇混凝土墙

现浇混凝土墙项目，包括直形墙、弧形墙、短肢剪力墙以及挡土墙梁共四个清单项目。

5.5.4.1　工程量清单项目及计量规则

现浇混凝土墙工程量清单项目设置、项目特征描述的内容、计量单位及工程量计算规则，应按"GB 50854—2013"附录中表 E.4 的规定执行，见表 5.40。

5.5 混凝土及钢筋混凝土工程

表 5.40　　　　　　　现浇混凝土墙（编码：010504）

项目编码	项目名称	项目特征	计量单位	工程量计算规则	工程内容
010504001	直形墙	1. 混凝土种类 2. 混凝土强度等级	m³	按设计图示尺寸以体积计算。 扣除门窗洞口及单个面积＞0.3m²的孔洞所占体积，墙垛及突出墙面部分并入墙体体积内计算	1. 模板及支架（撑）制作、安装、拆除、堆放、运输及清理模内杂物、刷隔离剂等 2. 混凝土制作、运输、浇筑、振捣、养护
010504002	弧形墙				
010504003	短肢剪力墙				
010504004	挡土墙				

注　短肢剪力墙是指截面厚度不大于300mm，各肢截面高度与厚度之比的最大值大于4但不大于8的剪力墙；各肢截面高度与厚度之比的最大值不大于4的剪力墙按柱项目编码列项。

5.5.4.2　清单工程量计算

按设计图示尺寸以体积计算。

$$V = 设计图示尺寸体积 = 墙长 \times 墙高 \times 墙厚 - 应扣除体积 + 应并入体积 \quad (5.32)$$

式中　应扣除体积——门窗洞口及单个面积 0.3m² 以外的孔洞所占体积；

应并入体积——墙垛及突出墙面部分。

5.5.5　现浇混凝土板

现浇混凝土板项目，包括有梁板、无梁板、平板、拱板、薄壳板、栏板、天沟（檐沟）（挑檐板）、雨篷（悬挑板）（阳台板）、空心板以及其他板共十个清单项目。

5.5.5.1　工程量清单项目及计量规则

现浇混凝土板工程量清单项目设置、项目特征描述的内容、计量单位及工程量计算规则，应按"GB 50854—2013"附录中表 E.5 的规定执行，见表 5.41。

表 5.41　　　　　　　现浇混凝土板（编码：010505）

项目编码	项目名称	项目特征	计量单位	工程量计算规则	工程内容
010505001	有梁板	1. 混凝土种类 2. 混凝土强度等级	m³	按设计图示尺寸以体积计算。不扣除单个面积≤0.3m²的孔洞所占体积。 压型钢板混凝土楼板扣除构件内压型钢板所占体积。 有梁板（包括主梁、次梁与板）按梁、板体积之和计算，无梁板按板和柱帽体积之和计算，各类板伸入墙内的板头并入板体积内，薄壳板的肋、基梁并入薄壳体积内计算	1. 模板及支架（撑）制作、安装、拆除、堆放、运输及清理模内杂物、刷隔离剂等 2. 混凝土制作、运输、浇筑、振捣、养护
010505002	无梁板				
010505003	平板				
010505004	拱板				
010505005	薄壳板				
010505006	栏板				
010505007	天沟（檐沟）（挑檐板）			按设计图示尺寸以体积计算	
010505008	雨篷（悬挑板）（阳台板）			按设计图示尺寸以墙外部分体积计算。包括伸出墙外的牛腿和雨篷反挑檐的体积	
010505009	空心板			按设计图示尺寸以体积计算。空心板（GBF 高强薄壁蜂巢芯板等）应扣除空心部分体积	
010505010	其他板			按设计图示尺寸以体积计算	

注　现浇挑檐、天沟板、雨篷、阳台与板（包括屋面板、楼板）连接时，以外墙外边线为分界线；与圈梁（包括其他梁）连接时，以梁外边线为分界线。外边线以外为挑檐、天沟、雨篷或阳台。

说明:"现浇混凝土板"项目适用范围:

"有梁板"项目适用于密肋板、井字梁板。

"无梁板"项目适用于直接支撑在柱上的板。

"平板"项目适用于直接支撑在墙上(或圈梁上)的板。

"栏板"项目适用于楼梯或阳台上所设的安全防护板。

"其他板"项目适用于除了以上各种板外的其他板。

5.5.5.2 清单工程量计算

清单工程量计算规则是按设计图示尺寸以体积计算。

1. 有梁板

有梁板混凝土工程量:梁、板体积之和。

2. 无梁板

无梁板混凝土工程量:板、柱帽体积和(含板头)。

3. 平板、栏板

平板、栏板混凝土工程量:板的图示体积(含板头、墙内部分体积)。

$$实际尺寸平板混凝土工程量 = 板长度 \times 板宽度 \times 板厚度 \quad (5.33)$$

(板长度和板宽度指实际尺寸)

4. 薄壳板

薄壳板混凝土工程量:按板、肋和基梁体积之和计算。

5. 天沟、挑檐板

按设计图示尺寸以体积计算。

当天沟、挑檐板与板(屋面板)连接时,以外墙外边线为界(含反檐)。

与圈梁(包括其他梁)连接时,以梁外边线为界,外边线以外为天沟、挑檐。

6. 雨篷和阳台板

按设计图示尺寸以墙外部分体积计算(包括伸出墙外的牛腿和雨篷反挑檐的体积)。

雨篷、阳台与板(楼板、屋面板)连接时,以外墙外边线为界,与圈梁(包括其他梁)连接时,以梁外边线为界,外边线以外为雨篷、阳台。

7. 空心板

空心板凝土工程量:设计图示尺寸体积(扣除空心部分体积)。

8. 其他板

按设计图示尺寸以体积计算。

现浇混凝土板计算分界线示意图,如图 5.50 和图 5.51 所示。

注意:混凝土板采用浇筑复合高强薄型空心管时,其工程量应扣除管所占体积,复合高强薄型空心管应包括在混凝土板项目内。采用轻质材料浇筑在有梁板内,轻质材料应包括在内。压型钢板混凝土楼板扣除构件内压型钢板所占体积。

【例 5.15】 某房屋二层结构平面图如图 5.52 所示,已知一层板顶标高为 3.0m,二层板顶标高为 6.0m,现浇板厚 100mm,各构件混凝土强度等级为 C25,断面尺寸见表 5.42,柱轴线居中,计算二层各钢筋混凝土构件的清单工程量,并编制其工程量清单。

5.5 混凝土及钢筋混凝土工程

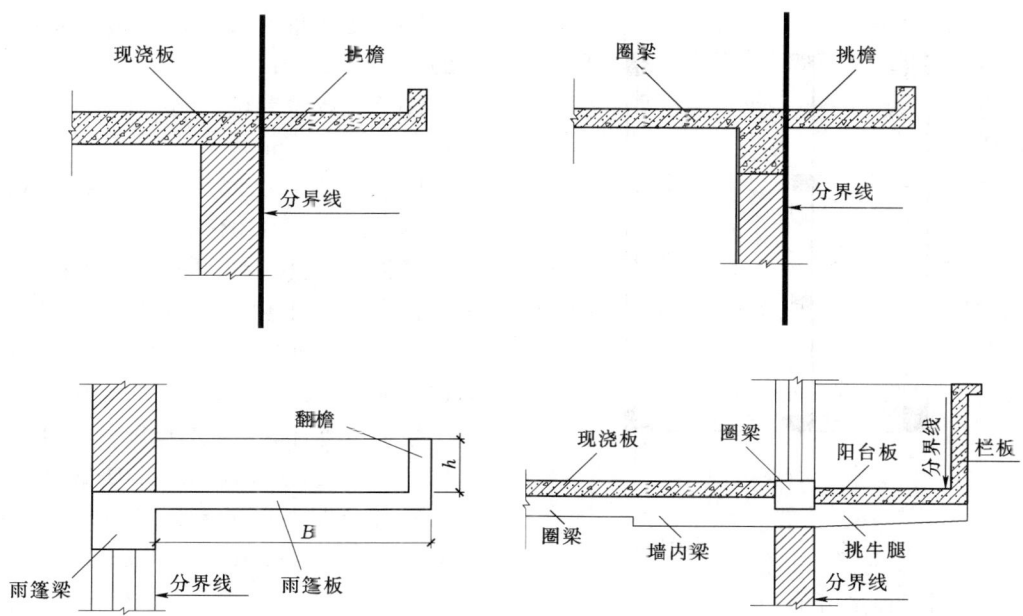

图 5.50 现浇混凝土板计算分界线示意图

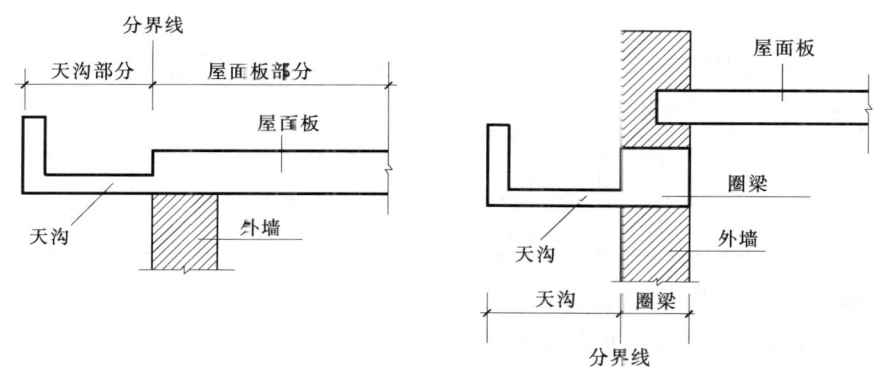

图 5.51 屋面板、圈梁与天沟相连时的分界线示意图

表 5.42 构 件 尺 寸

构件名称	构 件 尺 寸	构件名称	构 件 尺 寸
KZ	400mm×400mm	KL2	宽×高：300mm×650mm
KL1	宽×高：250mm×500mm	L1	宽×高：250mm×400mm

解： 1. 列项

按"GB 50854—2013"的有关规定，本例可列"矩形柱、有梁板"两个清单项目。

2. 计算清单工程量

(1) 矩形柱 (KZ)。

$$矩形柱工程量=[0.4\times0.4\times(6-3)\times4]=1.92(m^3)$$

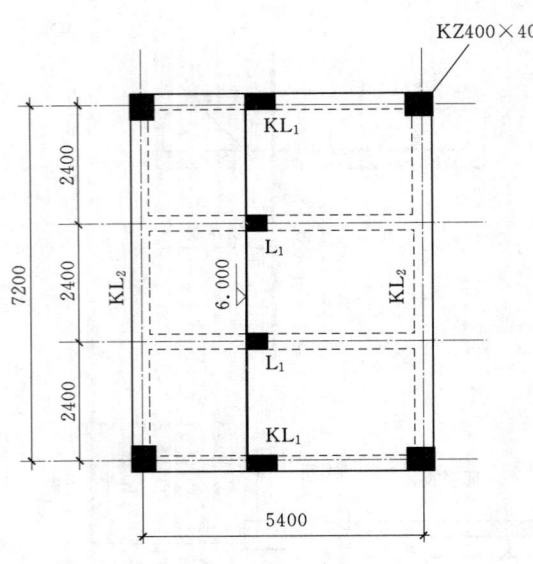

图 5.52 二层结构平面图

(2) 有梁板。

KL1 工程量 $=0.25\times0.5\times(5.4-0.2\times2)\times2=1.25(m^3)$

KL2 工程量 $=0.3\times0.65\times(7.2-0.2\times2)\times2=2.65(m^3)$

L1 工程量 $=0.25\times0.4\times(5.4+0.2\times2-0.3\times2)\times2=1.04(m^3)$

平板工程量 $=(7.2-0.05\times2)\times(5.4-0.1\times2)\times0.1=3.69(m^3)$

平板重复计算 L1 工程量 $=0.25\times0.1\times(5.4+0.2\times2-0.3\times2)\times2=0.26(m^3)$

平板重复计算 KZ 工程量 $=(0.4-0.3)\times(0.4-0.25)\times0.1\times4=0.01(m^3)$

则有梁板工程量 $=1.25+2.65+1.04+3.69-0.26-0.01=8.36(m^3)$

3. 编制工程量清单

具体内容见表 5.43。

表 5.43　　　　　　　　分部分项工程工程量清单

序号	项目编码	项目名称	项 目 特 征	计量单位	工程量
1	010502001001	矩形柱	1. 柱尺寸、高度：高 3m，断面尺寸 400mm×400mm 2. 混凝土强度等级：C25	m³	1.92
2	010505001001	有梁板	1. 板厚：100mm 2. 混凝土类别：现浇钢筋混凝土 3. 混凝土强度等级：C25	m³	8.36

【例 5.16】 接例 [例 5.15]，若屋面设计为挑檐，如图 5.53 所示，计算挑檐的清单工程量，并编制其工程量清单。

解：1. 计算清单工程量

挑檐平板的中心线长 $=[(5.4+0.2\times2+0.3\times2)+(7.2+0.2\times2+0.3\times2)]\times2=29.20m$

挑檐平板工程量 $=0.6\times0.1\times29.20=1.75(m^3)$

挑檐立板的中心线长 $=[5.4+0.2\times2+(0.6-0.08\div2)\times2+7.2+0.2\times2+(0.6-0.08\div2)\times2]\times2=31.28(m)$

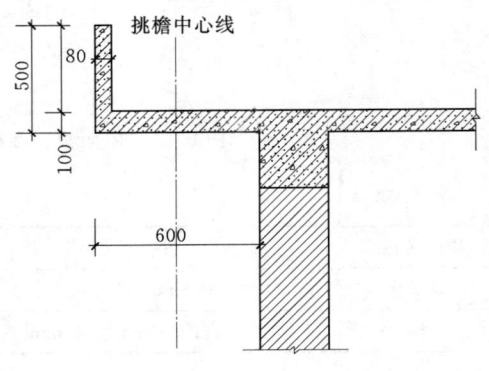

图 5.53 挑檐剖面图

挑檐立板工程量 $=(0.5-0.1)\times0.08\times31.28=1.00(m^3)$

挑檐工程量 $=$ 挑檐平板工程量 $+$ 挑檐立板工程量 $=1.75+1.00=2.75(m^3)$

2. 编制工程量清单

具体内容见表 5.44。

表 5.44　　　　　　　　　　分部分项工程工程量清单

序号	项目编码	项目名称	项目特征	计量单位	工程量
1	010505007001	挑檐板	1. 混凝土强度等级：C25	m³	2.75

5.5.6　现浇混凝土楼梯

现浇混凝土楼梯项目，包括直形楼梯和弧形楼梯两个清单项目。

5.5.6.1　工程量清单项目及计量规则

现浇混凝土楼梯工程量清单项目设置、项目特征描述的内容、计量单位及工程量计算规则，应按"GB 50854—2013"附录中表 E.6 的规定执行，见表 5.45。

表 5.45　　　　　　　　　　现浇混凝土楼梯（编码：010506）

项目编码	项目名称	项目特征	计量单位	工程量计算规则	工程内容
010506001	直形楼梯	1. 混凝土强度种类 2. 混凝土强度等级	1. m² 2. m³	1. 以平方米计量，按设计图示尺寸以水平投影面积计算。不扣除宽度≤500mm的楼梯井，伸入墙内部分不计算 2. 以立方米计量，按设计图示尺寸以体积计算	1. 模板及支架（撑）制作、安装、拆除、堆放、运输及清理模内杂物、刷隔离剂等 2. 混凝土制作、运输、浇筑、振捣、养护
010506002	弧形楼梯				

注　整体楼梯（包括直形楼梯、弧形楼梯）水平投影面积包括休息平台、平台梁、斜梁和楼梯的连接梁。当整体楼梯与现浇楼板无梯梁连接时，以楼梯的最后一个踏步边缘加 300mm 为界。

5.5.6.2　清单工程量计算

$S=$ 设计图示尺寸水平投影面积

或　　　$V=$ 设计图示尺寸体积

楼梯与楼层板的分界，如图 5.54 所示。

如图 5.55 所示，当 $C<500$mm 时，$S=B\times L$；当 $C\geqslant 500$mm 时，$S=BL-V_{楼梯井}$。

5.5.7　现浇混凝土其他构件

现浇混凝土其他构件项目，包括散水、坡道、室外地坪、电缆沟、地沟、台阶、扶手、压顶、化粪池、检查井以及其他构件共七个清单项目。

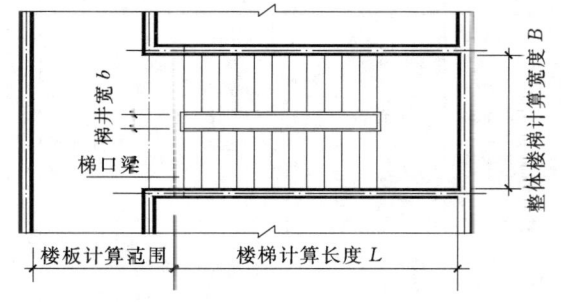

图 5.54　整体楼梯平面示意图

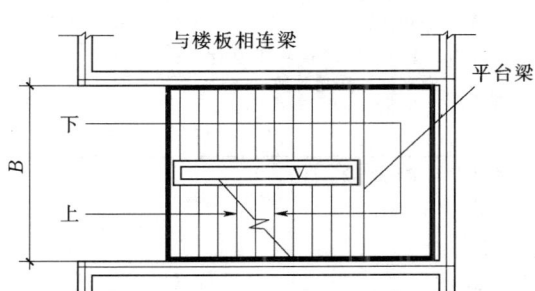

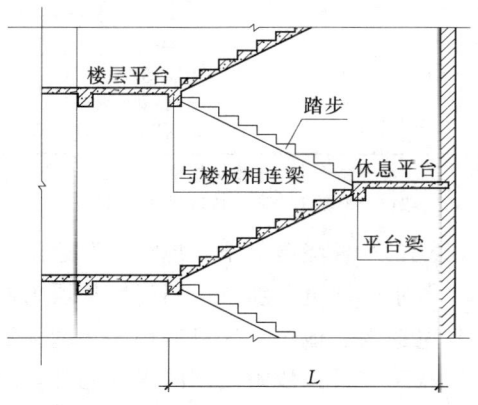

图 5.55　整体楼梯平面图及剖面图

5.5.7.1 工程量清单项目及计量规则

现浇混凝土其他构件工程量清单项目设置、项目特征描述的内容、计量单位及工程量计算规则，应按"GB 50854—2013"附录中表 E.7 的规定执行，见表 5.46。

表 5.46 现浇混凝土其他构件（编码：010507）

项目编码	项目名称	项目特征	计量单位	工程量计算规则	工程内容
010507001	散水、坡道	1. 垫层材料种类、厚度 2. 面层厚度 3. 混凝土种类 4. 混凝土强度等级 5. 变形缝填塞材料种类	m^2	按设计图示尺寸以水平投影面积计算。不扣除单个 $\leqslant 0.3 m^2$ 的孔洞所占面积	1. 地基夯实 2. 铺设垫层 3. 模板及支撑制作、安装、拆除、堆放、运输及清理模内杂物、刷隔离剂等 4. 混凝土制作、运输、浇筑、振捣、养护 5. 变形缝填塞
010507002	室外地坪	1. 地坪厚度 2. 混凝土强度等级			
010507003	电缆沟、地沟	1. 土壤类别 2. 沟截面净空尺寸 3. 垫层材料种类、厚度 4. 混凝土种类 5. 混凝土强度等级 6. 防护材料种类	m	按设计图示以中心线长度计算	1. 挖填、运土石方 2. 铺设垫层 3. 模板及支撑制作、安装、拆除、堆放、运输及清理模内杂物、刷隔离剂等 4. 混凝土制作、运输、浇筑、振捣、养护 5. 刷防护材料
010507004	台阶	1. 踏步高、宽 2. 混凝土种类 3. 混凝土强度等级	1. m^2 2. m^3	1. 以平方米计量，按设计图示尺寸水平投影面积计算 2. 以立方米计量，按设计图示尺寸以体积计算	1. 模板及支撑制作、安装、拆除、堆放、运输及清理模内杂物、刷隔离剂等 2. 混凝土制作、运输、浇筑、振捣、养护
010507005	扶手、压顶	1. 断面尺寸 2. 混凝土种类 3. 混凝土强度等级	1. m 2. m^3	1. 以米计量，按设计图示的中心线延长米计算 2. 以立方米计量，按设计图示尺寸以体积计算	1. 模板及支架（撑）制作、安装、拆除、堆放、运输及清理模内杂物、刷隔离剂等 2. 混凝土制作、运输、浇筑、振捣、养护
010507006	化粪池、检查井	1. 混凝土强度等级 2. 防水、抗渗要求	1. m^3 2. 座	1. 按设计图示尺寸以体积计算 2. 以座计量，按设计图示尺寸数量计算	
010507007	其他构件	1. 构件的类型 2. 构件规格 3. 部位 4. 混凝土种类 5. 混凝土强度等级	m^3		

注 1. 现浇混凝土小型池槽、垫块、门框等，应按本表其他构件项目编码列项。
   2. 架空式混凝土台阶，按现浇楼梯计算。

说明："现浇混凝土其他构件"适用范围：

"散水、坡道"项目适用于结构层为混凝土的散水、坡道。

"电缆沟、地沟"项目适用于沟壁为混凝土的地沟项目。

"扶手"是指依附之用的附握构件，较窄。

"压顶"是指加强稳定封顶的构件，较宽。

"其他构件"项目适用于小型池槽、垫块、门框等。

5.5.7.2 清单工程量计算

1. 散水、坡道、地坪

$$S=设计图示尺寸水平投影面积$$

2. 电缆沟、地沟

$$L=设计图示尺寸中心线长度$$

3. 台阶

$$S=设计图示尺寸水平投影面积$$

或

$$V=设计图示尺寸体积$$

注：台阶与平台相连时，可向平台方向外延300mm（图5.56）。

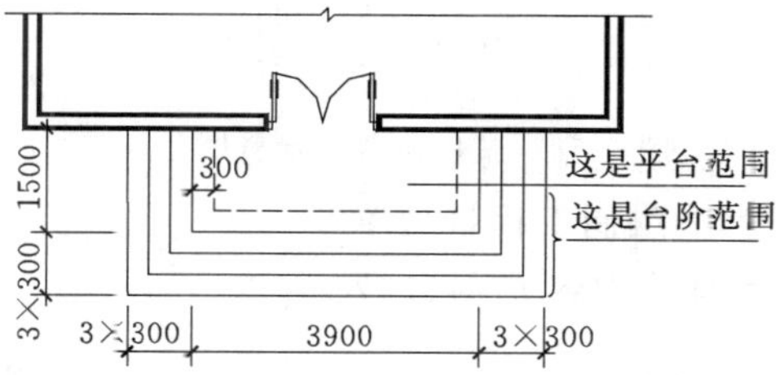

图5.56 台阶平面示意图

4. 扶手、压顶

$$L=设计图示尺寸中心线长度$$

或

$$V=设计图示尺寸体积$$

5. 其他构件

$$V=设计图示尺寸体积$$

【例5.17】某房屋平面图如图5.57所示、台阶示意图如图5.58所示，散水、台阶的混凝土的强度等级为C25，计算散水和台阶的清单工程量，并编制其工程量清单。

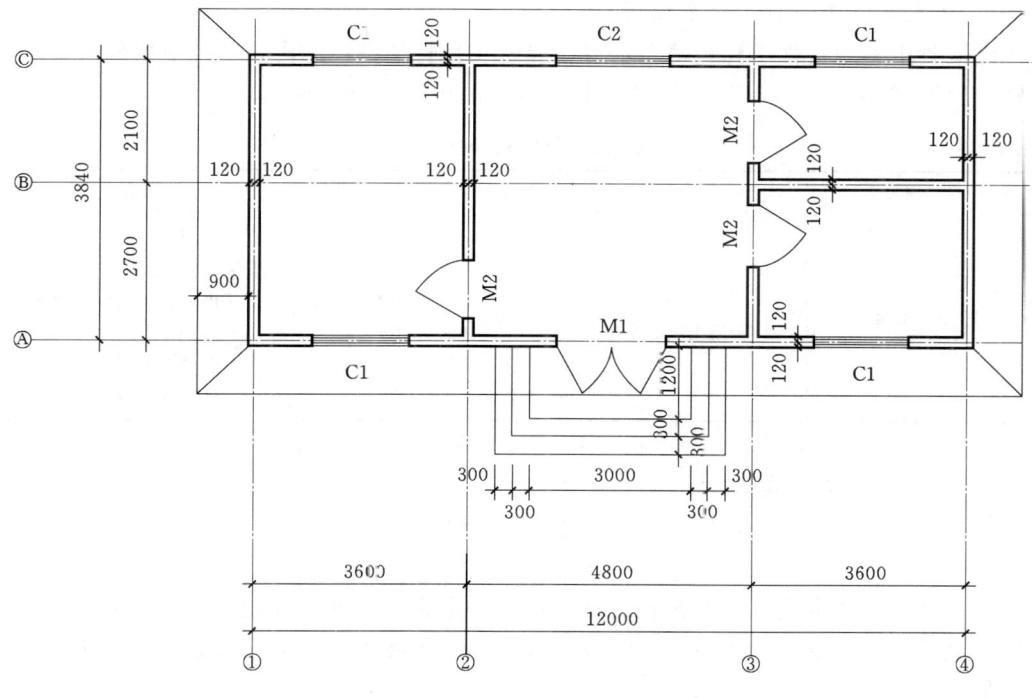

图5.57 某房屋平面示意图

解：1. 列项

按"GB 50854—2013"的有关规定，本例可列"散水、台阶"两个清单项目。

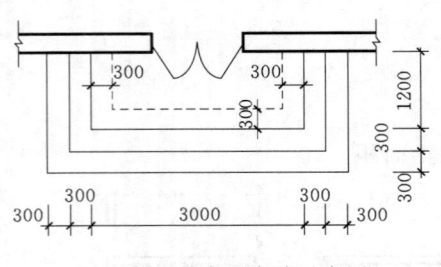

图 5.58 某房屋台阶示意图

2. 计算清单工程量

(1) 散水工程量 = $(12+0.24+0.45×2+4.8+0.24+0.45×2)×2×0.9-(3+0.3×4)×0.9=38.16×0.9-4.2×0.9=30.56(m^2)$

(2) 台阶工程量 = $(3.0+0.3×4)×(1.2+0.3×2)-(3.0-0.3×2)×(1.2-0.3)=7.56-2.16=5.40(m^2)$

3. 编制工程量清单

具体内容见表 5.47。

表 5.47　　　　　　　　　分部分项工程工程量清单

序号	项目编码	项目名称	项目特征	计量单位	工程量
1	010507001001	散水	1. 混凝土强度等级：C25	m²	30.56
2	010507004001	台阶	1. 踏步宽：300mm 2. 混凝土强度等级：C25	m²	5.40

5.5.8　现浇混凝土后浇带

现浇混凝土后浇带项目，共一个清单项目。后浇带是一种刚性变形缝，适用于不允许留设柔性变形缝的部位。后浇带的浇筑应待两侧结构主体混凝土干缩变形稳定后进行，一般宽在 700~1000mm 之间。

5.5.8.1　工程量清单项目及计量规则

现浇混凝土其他构件工程量清单项目设置、项目特征描述的内容、计量单位及工程量计算规则，应按"GB 50854—2013"附录中表 E.8 的规定执行，见表 5.48。

表 5.48　　　　　　　　　后浇带（编码：010508）

项目编码	项目名称	项目特征	计量单位	工程量计算规则	工程内容
010508001	后浇带	1. 混凝土种类 2. 混凝土强度等级	m³	按设计图示尺寸以体积计算	1. 模板及支架（撑）制作、安装、拆除、堆放、运输及清理模内杂物、刷隔离剂等 2. 混凝土制作、运输、浇筑、振捣、养护及混凝土交接面、钢筋等的清理

注　"后浇带"适用范围，适用于基础（满堂式）、梁、墙、板的后浇带。

5.5.8.2　清单工程量计算

$$V = 设计图示后浇带部分尺寸体积$$

注：

（1）后浇带是指混凝土浇筑时按设计预留的一定宽度，这部分先不浇，待主体结构达到设计要求或结构沉降稳定后再用高一级强度等级的膨胀混凝土补浇。因形状是带状的，故称为后浇带。

（2）后浇带清单项目应注意按工程实际板、墙、基础等分别列项计算。

5.5.9　预制混凝土构件

在"GB 50854—2013"中，预制混凝土构件包括 E.9 预制混凝土柱、E.10 预制混凝土

5.5 混凝土及钢筋混凝土工程

梁、E.11 预制混凝土屋架、E.12 预制混凝土板、E.13 预制混凝土楼梯和 E.14 其他预制构件六个部分，下面简要地介绍其清单项目划分及工程量计算规则。

5.5.9.1 清单项目划分及工程量计算规则

预制混凝土构件工程量清单项目设置、项目特征描述的内容、计量单位及工程量计算规则，应按"GB 50854—2013"附录中表 E.9～表 E.14 的规定执行，见表 5.49～表 5.54。

表 5.49　　　　　　　　　　预制混凝土柱（编码：010509）

项目编码	项目名称	项目特征	计量单位	工程量计算规则	工程内容
010509001	矩形柱	1. 图代号 2. 单件体积 3. 安装高度 4. 混凝土强度等级 5. 砂浆（细石混凝土）强度等级、配合比	1. m³ 2. 根	1. 以立方米计量，按设计图示尺寸以体积计算 2. 以根计量，按设计图示尺寸以数量计算	1. 模板制作、安装、拆除、堆放、运输及清理模内杂物、刷隔离剂等 2. 混凝土制作、运输、浇筑、振捣、养护 3. 构件运输、安装 4. 砂浆制作、运输 5. 接头灌缝、养护
010509002	异形柱				

注　以根计量，必须描述单件体积。

表 5.50　　　　　　　　　　预制混凝土梁（编码：010510）

项目编码	项目名称	项目特征	计量单位	工程量计算规则	工程内容
010510001	矩形梁	1. 图代号 2. 单件体积 3. 安装高度 4. 混凝土强度等级 5. 砂浆（细石混凝土）强度等级、配合比	1. m³ 2. 根	1. 以立方米计量，按设计图示尺寸以体积计算 2. 以根计量，按设计图示尺寸以数量计算	1. 模板制作、安装、拆除、堆放、运输及清理模内杂物、刷隔离剂等 2. 混凝土制作、运输、浇筑、振捣、养护 3. 构件运输、安装 4. 砂浆制作、运输 5. 接头灌缝、养护
010510002	异形梁				
010510003	过梁				
010510004	拱形梁				
010510005	鱼腹式吊车梁				
010510006	其他梁				

注　以根计量，必须描述单件体积。

表 5.51　　　　　　　　　　预制混凝土屋架（编码：010511）

项目编码	项目名称	项目特征	计量单位	工程量计算规则	工程内容
010511001	折线型	1. 图代号 2. 单件体积 3. 安装高度 4. 混凝土强度等级 5. 砂浆（细石混凝土）强度等级、配合比	1. m³ 2. 榀	1. 以立方米计量，按设计图示尺寸以体积计算 2. 以榀计量，按设计图示尺寸以数量计算	1. 模板制作、安装、拆除、堆放、运输及清理模内杂物、刷隔离剂等 2. 混凝土制作、运输、浇筑、振捣、养护 3. 构件运输、安装 4. 砂浆制作、运输 5. 接头灌缝、养护
010511002	组合				
010511003	薄腹				
010511004	门式刚架				
010511005	天窗架				

注　1. 以榀计量，必须描述单件体积。
　　2. 三角形屋架按本表中折线型屋架项目编码列项。

表 5.52 预制混凝土板（编码：010512）

项目编码	项目名称	项目特征	计量单位	工程量计算规则	工程内容
010512001	平板	1. 图代号 2. 单件体积 3. 安装高度 4. 混凝土强度等级 5. 砂浆（细石混凝土）强度等级、配合比	1. m³ 2. 块	1. 以立方米计量，按设计图示尺寸以体积计算。不扣除单个面积≤300mm×300mm的孔洞所占体积，扣除空心板空洞体积 2. 以块计量，按设计图示尺寸以数量计算	1. 模板制作、安装、拆除、堆放、运输及清理模内杂物、刷隔离剂等 2. 混凝土制作、运输、浇筑、振捣、养护 3. 构件运输、安装 4. 砂浆制作、运输 5. 接头灌缝、养护
010512002	空心板				
010512003	槽形板				
010512004	网架板				
010512005	折线板				
010512006	带肋板				
010512007	大型板				
010512008	沟盖板、井盖板、井圈	1. 单件体积 2. 安装高度 3. 混凝土强度等级 4. 砂浆强度等级、配合比	1. m³ 2. 块（套）	1. 以立方米计量，按设计图示尺寸以体积计算 2. 以块计量，按设计图示尺寸以数量计算	

注　1. 以块（套）计量，必须描述单件体积。
　　2. 不带肋的预制遮阳板、雨篷板、挑檐板、拦板等，应按本表平板项目编码列项。
　　3. 预制F形板、双T形板、单肋板和带反挑檐的雨篷板、挑檐板、遮阳板等，应按本表带肋板项目编码列项。
　　4. 预制大型墙板、大型楼板、大型屋面板等，按本表中大型板项目编码列项。

表 5.53 预制混凝土楼梯（编码：010513）

项目编码	项目名称	项目特征	计量单位	工程量计算规则	工程内容
010513001	楼梯	1. 楼梯类型 2. 单件体积 3. 混凝土强度等级 4. 砂浆（细石混凝土）强度等级	1. m³ 2. 段	1. 以立方米计量，按设计图示尺寸以体积计算。扣除空心踏步空洞体积 2. 以段计量，按设计图示尺寸以数量计算	1. 模板制作、安装、拆除、堆放、运输及清理模内杂物、刷隔离剂等 2. 混凝土制作、运输、浇筑、振捣、养护 3. 构件运输、安装 4. 砂浆制作、运输 5. 接头灌缝、养护

注　以段计量，必须描述单件体积。

表 5.54 其他预制构件（编码：010514）

项目编码	项目名称	项目特征	计量单位	工程量计算规则	工程内容
010514001	垃圾道、通风道、烟道	1. 单件体积 2. 混凝土强度等级 3. 砂浆强度等级	1. m³ 2. m² 3. 根（块、套）	1. 以立方米计量，按设计图示尺寸以体积计算。不扣除单个面积≤300mm×300mm的孔洞所占体积，扣除烟道、垃圾道、通风道的孔洞所占体积 2. 以平方米计量，按设计图示尺寸以面积计算。不扣除单个面积≤300mm×300mm的孔洞所占面积 3. 以根计量，按设计图示尺寸以数量计算	1. 模板制作、安装、拆除、堆放、运输及清理模内杂物、刷隔离剂等 2. 混凝土制作、运输、浇筑、振捣、养护 3. 构件运输、安装 4. 砂浆制作、运输 5. 接头灌缝、养护
010514002	其他构件	1. 单件体积 2. 构件的类型 3. 混凝土强度等级 4. 砂浆强度等级			

注　1. 以块、根计量，必须描述单件体积。
　　2. 预制钢筋混凝土小型池槽、压顶、扶手、垫块、隔热板、花格等，按本表中其他构件项目编码列项。

5.5.9.2 清单工程量计算

$$V = 设计图示尺寸体积$$

或

$$N = 根（块、榀、段、套）数$$

【例 5.18】 某工程楼面采用 C30（碎 20）8×7YKB336-2 预应力空心板，C20（碎 40）16PB1860-2 预制平板。屋面采用 C30（碎 20）10×7YKB336-3 预应力空心板，C20（碎 40）16PB1860-3 预制平板。空心板单块体积均为 0.146m³，平板单块体积均为 0.07227m³。图示钢丝总用量 1t，预应力冷拔丝总用量 5t。计算空心板、平板安装完毕后的分部分项工程费用。（空心板、平板均外购）

计算预制混凝土构件清单项目的工程量，并编制其工程量清单。

解：1. 列项

按"GB 50854—2013"的有关规定，本例可列"预制平板、预制空心板、预制构件钢筋、预应力钢丝"四个清单项目。

2. 计算清单工程量

(1) 预制平板：$V = (16+16) \times 0.07227 = 2.31(m^3)$

(2) 预制空心板：$V = (56+70) \times 0.146 = 18.40(m^3)$

(3) 预制构件钢筋：$T = 1t$

(4) 预应力钢丝：$T = 5t$

3. 编制工程量清单

具体内容见表 5.55。

表 5.55 分部分项工程工程量清单

序号	项目编码	项目名称	项目特征	计量单位	工程量
E 混凝土及钢筋混凝土工程					
1	010512001001	预制平板	1. 单块体积均为 0.07227m³ 2. 预制 C20（碎 40）混凝土	m³	2.31
2	010512002001	预制空心板	1. 单块体积均为 0.146m³ 2. 预制 C30（碎 20）混凝土	m³	18.40
3	010515002001	预制构件钢筋	1. 柱断面：400×400 2. 现浇 C30（碎 20）混凝土，商品混凝土	t	1
4	010515007001	预应力钢丝	板厚：100mm 现浇 C30（碎 20）混凝土，商品混凝土	t	5

5.6 门 窗 工 程

在"GB 50854—2013"中，门窗工程位于附录 H，包括十个分部工程，分别是：H.1 木门；H.2 金属门；H.3 金属卷帘（闸）门；H.4 厂库房大门、特种门；H.5 其他门；H.6 木窗；H.7 金属窗；H.8 门窗套；H.9 窗台板；H.10 窗帘、窗帘盒、轨。

5.6.1 门

本小节简要地学习门（木门、金属门、金属卷帘门、其他门等）的清单工程量计算与清单编制。

5.6.1.1 木门

1. 清单项目划分及工程量计算规则

木门工程量清单项目设置、项目特征描述的内容、计量单位及工程量计算规则,应按"GB 50854—2013"中表 H.1 的规定执行,见表 5.56。

表 5.56 木门(编码:010801)

项目编码	项目名称	项目特征	计量单位	工程量计算规则	工程内容
010801001	木质门	1. 门代号及洞口尺寸 2. 镶嵌玻璃品种、厚度	1. 樘 2. m²	1. 以樘计量,按设计图示数量计算 2. 以平方米计量,按设计图示洞口尺寸以面积计算	1. 门安装 2. 玻璃安装 3. 五金安装
010801002	木质门带套				
010801003	木质连窗门				
010801004	木质防火门				
010801005	木门框	1. 门代号及洞口尺寸 2. 框截面尺寸 3. 防护材料种类	1. 樘 2. m	1. 以樘计量,按设计图示数量计算 2. 以米计量,按设计图示框的中心线以延长米计算	1. 木门框制作、安装 2. 运输 3. 刷防护材料
010801006	门锁安装	1. 锁品种 2. 锁规格	个(套)	按设计图示数量计算	安装

注 1. 木质门应区分镶板木门、企口木板门、实木装饰门、胶合板门、夹板装饰门、木纱门、全玻门(带木质扇框)、木质半玻门(带木质扇框)等项目,分别编码列项。
2. 木门五金应包括折页、插销、门碰珠、弓背拉手、搭机、木螺丝、弹簧折页(自动门)、管子拉手(自由门、地弹门)、地弹簧(地弹门)、角铁、门轧头(地弹门、自由门)等。
3. 木质带套计量按洞口尺寸以面积计算,不包括门套的面积,但门套应计算在综合单价中。
4. 以樘计量,项目特征必须描述洞口尺寸;以平方米计量,项目特征可不描述洞口尺寸。
5. 单独制作安装木门框按木门框项目编码列项。

2. 清单工程量计算

(1)木门。

$$S=设计图示尺寸洞口面积$$

或

$$N=设计图示门的数量$$

(2)门锁安装。

$$N=设计图示门锁的数量$$

5.6.1.2 金属门

1. 清单项目划分及工程量计算规则

金属门工程量清单项目设置、项目特征描述的内容、计量单位及工程量计算规则,应按"GB 50854—2013"中表 H.2 的规定执行,见表 5.57。

2. 清单工程量计算

$$S=设计图示尺寸洞口面积$$

或

$$N=设计图示门的数量$$

5.6.1.3 金属卷帘(闸)门

1. 清单项目划分及工程量计算规则

金属卷帘门工程量清单项目设置、项目特征描述的内容、计量单位及工程量计算规则,应按"GB 50854—2013"中表 H.3 的规定执行,见表 5.58。

5.6 门窗工程

表 5.57　　　　　　　　　金属门（编码：010802）

项目编码	项目名称	项目特征	计量单位	工程量计算规则	工程内容
010802001	金属（塑钢）门	1. 门代号及洞口尺寸 2. 门框或扇外围尺寸 3. 门框、扇材质 4. 玻璃品种、厚度	1. 樘 2. m²	1. 以樘计量，按设计图示数量计算 2. 以平方米计量，按设计图示洞口尺寸以面积计算	1. 门安装 2. 玻璃安装 3. 五金安装
010802002	彩板门	1. 门代号及洞口尺寸 2. 门框或扇外围尺寸			
010802003	钢质防火门	1. 门代号及洞口尺寸 2. 门框或扇外围尺寸 3. 门框、扇材质			1. 门安装 2. 五金安装
010802004	防盗门				

注　1. 金属门应区分金属平开门、金属推拉门、金属地弹门、全玻门（带金属扇框）、金属半玻门（带扇框）等项目，分别编码列项。
　　2. 铝合金门五金包括地弹簧、门锁、拉手、门插、门铰、螺丝等。
　　3. 金属门五金包括L形执手插锁（双舌）、执手锁（单舌）、门轨头、地锁、防盗门机、门眼（猫眼）、门碰珠、电子锁（磁卡锁）、闭门器、装饰拉手等。
　　4. 以樘计量，项目特征必须描述洞口尺寸，没有洞口尺寸必须描述门框或扇外围尺寸；以平方米计量，项目特征可不描述洞口尺寸及框、扇的外围尺寸（下同）。
　　5. 以平方米计量，无设计图示洞口尺寸，按门框、扇外围以面积计算。

表 5.58　　　　　　　　金属卷帘（闸）门（编码：010803）

项目编码	项目名称	项目特征	计量单位	工程量计算规则	工程内容
010803001	金属卷帘（闸）门	1. 门代号及洞口尺寸 2. 门材质 3. 启动装置品种、规格	1. 樘 2. m²	1. 以樘计量，按设计图示数量计算 2. 以平方米计量，按设计图示洞口尺寸以面积计算	1. 门运输、安装 2. 启动装置、活动小门、五金安装
010803002	防火卷帘（闸）门				

注　以樘计量，项目特征必须描述洞口尺寸；以平方米计量，项目特征可不描述洞口尺寸。

2. 清单工程量计算

$$S = 设计图示尺寸洞口面积$$

或

$$N = 设计图示门的数量$$

5.6.1.4　其他门

1. 清单项目划分及工程量计算规则

其他门工程量清单项目设置、项目特征描述的内容、计量单位及工程量计算规则，应按"GB 50854—2013"中表 H.5 的规定执行，见表 5.59。

表 5.59　　　　　　　　　其他门（编码：010805）

项目编码	项目名称	项目特征	计量单位	工程量计算规则	工程内容
010805001	电子感应门	1. 门代号及洞口尺寸 2. 门框或扇外围尺寸 3. 门框、扇材质 4. 玻璃品种、厚度 5. 启动装置的品种、规格 6. 电子配件品种、规格	1. 樘 2. m²	1. 以樘计量，按设计图示数量计算 2. 以平方米计量，按设计图示洞口尺寸以面积计算	1. 门安装 2. 启动装置、五金、电子配件安装
010805002	旋转门				

续表

项目编码	项目名称	项目特征	计量单位	工程量计算规则	工程内容
010805003	电子对讲门	1. 门代号及洞口尺寸 2. 门框或扇外围尺寸 3. 门材质 4. 玻璃品种、厚度 5. 启动装置的品种、规格 6. 电子配件品种、规格	1. 樘 2. m²	1. 以樘计量，按设计图示数量计算 2. 以平方米计量，按设计图示洞口尺寸以面积计算	1. 门安装 2. 启动装置、五金、电子配件安装
010805004	电动伸缩门				
010805005	全玻自由门	1. 门代号及洞口尺寸 2. 门框或扇外围尺寸 3. 框材质 4. 玻璃品种、厚度			1. 门安装 2. 五金安装
010805006	镜面不锈钢饰面门	1. 门代号及洞口尺寸 2. 门框或扇外围尺寸 3. 框、扇材质 4. 玻璃品种、厚度			
010805007	复合材料门				

2. 清单工程量计算

$$S = 设计图示尺寸洞口面积$$

或

$$N = 设计图示门的数量$$

5.6.2 窗

本节简要地学习窗（木窗、金属窗等）的清单工程量计算与清单编制。

5.6.2.1 木窗

1. 清单项目划分及工程量计算规则

木窗工程量清单项目设置、项目特征描述的内容、计量单位及工程量计算规则，应按"GB 50854—2013"中表 H.6 的规定执行，见表 5.60。

表 5.60　　　　　　　　木窗（编码：010806）

项目编码	项目名称	项目特征	计量单位	工程量计算规则	工程内容
010806001	木质窗	1. 窗代号及洞口尺寸 2. 玻璃品种、厚度	1. 樘 2. m²	1. 以樘计量，按设计图示数量计算 2. 以平方米计量，按设计图示洞口尺寸以面积计算	1. 窗安装 2. 五金、玻璃安装
010806002	木飘（凸）窗				
010806003	木橱窗	1. 窗代号 2. 框截面及外围展开面积 3. 玻璃品种、厚度 4. 防护材料种类种类	1. 樘 2. m²	1. 以樘计量，按设计图示数量计算 2. 以平方米计量，按设计图示尺寸以框外围面积计算	1. 窗制作、运输、安装 2. 五金、玻璃安装 3. 刷防护材料
010806004	木纱窗	1. 窗代号及框的外围尺寸 2. 窗纱材料品种、规格		1. 以樘计量，按设计图示数量计算 2. 以平方米计量，按框的外围尺寸以面积计算	1. 窗安装 2. 五金安装

注　1. 木质窗应区分木百叶窗、木组合窗、木天窗、木固定窗、木装饰空花窗等项目，分别编码列项。
　　2. 以樘计量，项目特征必须描述洞口尺寸，没有洞口尺寸必须描述窗框外围尺寸；以平方米计量，项目特征可不描述洞口尺寸及框的外围尺寸。
　　3. 以平方米计量，无设计图示洞口尺寸，按窗框外围以面积计算。
　　4. 木橱窗、木飘（凸）窗以樘计量，项目特征必须描述框截面及外围展开面积。
　　5. 木窗五金包括折页、插销、风钩、木螺丝、滑楞滑轨（推拉窗）等。

2. 清单工程量计算

$$S=设计图示尺寸洞口（框外围）面积$$

或

$$N=设计图示窗的数量$$

5.6.2.2 金属窗

1. 清单项目划分及工程量计算规则

金属窗工程量清单项目设置、项目特征描述的内容、计量单位及工程量计算规则，应按"GB 50854—2013"中表 H.7 的规定执行，见表 5.61。

表 5.61　　　　　　　　　　　　金属窗（编码：010807）

项目编码	项目名称	项目特征	计量单位	工程量计算规则	工程内容
010807001	金属（塑钢、断桥）窗	1. 窗代号及洞口尺寸 2. 框、扇材质 3. 玻璃品种、厚度	1. 樘 2. m²	1. 以樘计量，按设计图示数量计算 2. 以平方米计量，按设计图示洞口尺寸以面积计算	1. 窗安装 2. 五金、玻璃安装
010807002	金属防火窗				
010807003	金属百叶窗				1. 窗安装 2. 五金安装
010807004	金属纱窗	1. 窗代号及框的外围尺寸 2. 框材质 3. 窗纱材料品种、规格		1. 以樘计量，按设计图示数量计算 2. 以平方米计量，按框的外围尺寸以面积计算	1. 窗安装 2. 五金安装
010807005	金属格栅窗	1. 窗代号及洞口尺寸 2. 框外围尺寸 3. 框、扇材质		1. 以樘计量，按设计图示数量计算 2. 以平方米计量，按设计图示洞口尺寸以面积计算	
010807006	金属（塑钢、断桥）橱窗	1. 窗代号 2. 框外围展开面积 3. 框、扇材质 4. 玻璃品种、厚度 5. 防护材料种类	1. 樘 2. m²	1. 以樘计量，按设计图示数量计算 2. 以平方米计量，按设计图示尺寸以框外围展开面积计算	1. 窗制作、运输、安装 2. 五金、玻璃安装 3. 刷防护材料
010807007	金属（塑钢、断桥）飘（凸）窗	1. 窗代号 2. 框外围展开面积 3. 框、扇材质 4. 玻璃品种、厚度			1. 窗安装 2. 五金、玻璃安装
010807008	彩板窗	1. 窗代号及洞口尺寸 2. 框外围尺寸 3. 框、扇材质 4. 玻璃品种、厚度		1. 以樘计量，按设计图示数量计算 2. 以平方米计量，按设计图示洞口尺寸或框外围以面积计算	
010807009	复合材料窗				

注 1. 金属窗应区分金属组合窗、防盗窗等项目，分别编码列项。
    2. 以樘计量，项目特征必须描述洞口尺寸，没有洞口尺寸必须描述窗框外围尺寸；以平方米计量，项目特征可不描述洞口尺寸及框的外围尺寸。
    3. 以平方米计量，无设计图示洞口尺寸，按窗框外围以面积计算。
    4. 金属橱窗、飘（凸）窗以樘计量，项目特征必须描述框外围展开面积。
    5. 金属窗五金包括折页、螺丝、执手、卡锁、铰拉、风撑、滑轮、滑轨、立把、拉手、角码、牛角制等。

2. 清单工程量计算

$$S=设计图示尺寸洞口（框外围）面积$$

或

$$N=设计图示窗的数量$$

【例 5.19】 某工程有单扇无亮镶板门共 38 樘，洞口尺寸 1.0m×2.1m；有单扇有亮（平板玻璃 3mm 厚）无玻胶合板门 100 樘（亮子高 0.5m），洞口尺寸 0.9m×2.5m；有单扇无亮无玻胶合板门 38 樘，洞口尺寸 0.9m×2.1m。门上安装球形执手锁，门油漆为一底两油调和漆。计算木门清单项目的清单工程量，并编制其工程量清单。（木门油漆按"GB 50854—2013"附录 P 单列清单项目。）

解：1. 列项

按"GB 50854—2013"的有关规定，本例工程可列"镶板木门、胶合板门（单扇有亮）、胶合板门（单扇无亮）、门锁安装、单层木门油漆"五个清单项目。

2. 计算清单工程量

(1) 镶板木门：$S=1×2.1×38=79.80(m^2)$

(2) 胶合板门（单扇有亮）：$S=0.9×2.5×100=225.00(m^2)$

(3) 胶合板门（单扇无亮）：$S=0.9×2.1×38=71.82(m^2)$

(4) 门锁安装：$N=38+100+38=176(个)$

(5) 单层木门油漆：$S=(79.80+225.00+71.82)=376.62(m^2)$

3. 编制工程量清单

具体内容见表 5.62 "分部分项工程工程量清单"。

表 5.62　　　　　　　　　　　分部分项工程工程量清单

序号	项目编码	项目名称	项　目　特　征	计量单位	工程量
H　门窗工程					
1	010801001001	镶板木门	单扇（无亮）镶板门	m²	79.80
2	010801001002	胶合板门	1. 单扇（有亮）胶合板门 2. 平板玻璃 3mm 厚	m²	225.00
3	010801001003	胶合板门	单扇（无亮）胶合板门	m²	71.82
4	010801006001	门锁安装	球形执手锁安装	个	176
P　油漆、涂料、裱糊工程					
1	011401001001	单层木门油漆	1. 单扇（无亮）镶板门 2. 单扇（有亮）胶合板门 3. 单扇（无亮）胶合板门 4. 一底两度调和漆	m²	376.62

【例 5.20】 某房屋平面图如图 5.59 所示，门窗表见表 5.63。C-1 纱扇面积为 750mm×750mm，C-2 纱扇面积为 900mm×750mm；木门油漆为一底两油调和漆。编制门窗工程清单项目的计量。

解：1. 列项

按"GB 50854—2013"的有关规定，本例工程可列"胶合板门、金属地弹门、塑钢推拉窗、塑钢纱扇、单层木门油漆"五个清单项目。

5.6 门窗工程

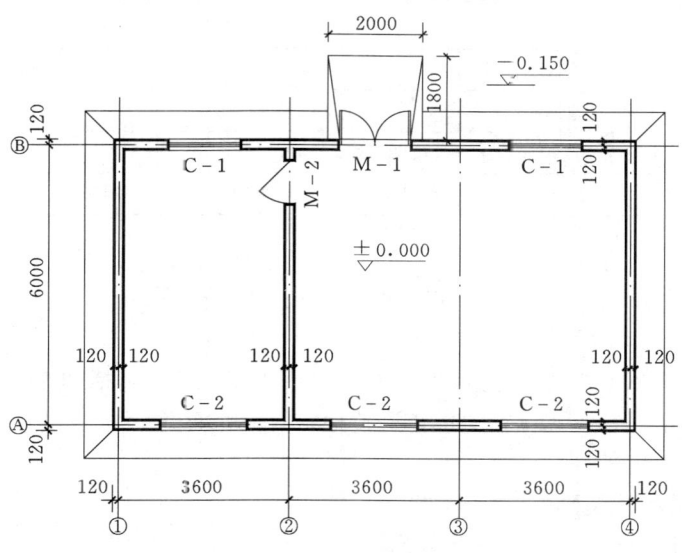

图 5.59 某房屋平面图

表 5.63 门 窗 统 计 表

名称	门窗编号	洞口尺寸/(mm×mm)	数量	备 注
门	M-1	1500×3000	1	100系列双扇铝合金地弹门
	M-2	900×2400	1	无玻有亮胶合板门
窗	C-1	1500×2100	2	90系列塑钢推拉窗
	C-2	1800×2100	3	90系列塑钢推拉窗

2. 计算清单工程量

(1) 胶合板门（单扇有亮）：$S=0.9\times2.4=2.16(m^2)$

(2) 金属地弹门：$S=1.5\times3=4.5(m^2)$

(3) 塑钢推拉窗：$S=1.5\times2.1\times2+1.8\times2.1\times3=17.64(m^2)$

(4) 塑钢纱窗：$S=0.75\times0.75\times2+0.9\times0.75\times3=3.15(m^2)$

(5) 单层木门油漆：$S=2.16 m^2$

3. 编制工程量清单

具体内容见表 5.64 "分部分项工程工程量清单"。

表 5.64 分部分项工程工程量清单

序号	项目编码	项目名称	项目特征	计量单位	工程量
			H 门窗工程		
1	010801001001	胶合板门	M-2，单层有亮木门	m²	2.16
2	010802001001	金属地弹门	M-1 类型：双扇地弹门 材质：100系列铝合金	m²	4.5
3	010807001001	塑钢推拉窗	C-1，C-2 类型：双扇推拉窗 材质：90系列塑钢	m²	17.64

续表

序号	项目编码	项目名称	项目特征	计量单位	工程量
4	010807004001	塑钢纱扇	90系列塑钢推拉纱扇	m²	3.15
P 油漆、涂料、裱糊工程					
1	011401001001	单层木门油漆	单层无玻有亮胶合板门；一底两油调和漆。	m²	2.16

5.7 屋面及防水工程

在"GB 50854—2013"中，屋面及防水工程位于附录J，包括四个分部工程，分别是：J.1 瓦、型材及其他屋面；J.2 屋面防水及其他；J.3 墙面防水、防潮；J.4 楼（地）面防水、防潮。

5.7.1 瓦、型材及其他屋面

5.7.1.1 清单项目划分及工程量计算规则

瓦、型材及其他屋面工程量清单项目设置、项目特征描述的内容、计量单位及工程量计算规则，应按"GB 50854—2013"中表J.1的规定执行，见表5.65。

表5.65　　　　　　　瓦、型材及其他屋面（编码：010901）

项目编码	项目名称	项目特征	计量单位	工程量计算规则	工程内容
010901001	瓦屋面	1. 瓦品种、规格 2. 黏结层砂浆的配合比		按设计图示尺寸以斜面积计算。 不扣除房上烟囱、风帽底座、风道、小气窗、斜沟等所占面积。小气窗的出檐部分不增加面积	1. 砂浆制作、运输、摊铺、养护 2. 安瓦、作瓦脊
010901002	型材屋面	1. 型材品种、规格 2. 金属檩条材料品种、规格 3. 接缝、嵌缝材料种类			1. 檩条制作、运输、安装 2. 屋面型材安装 3. 接缝、嵌缝
010901003	阳光板屋面	1. 阳光板品种、规格 2. 骨架材料品种、规格 3. 接缝、嵌缝材料种类 4. 油漆品种、刷漆遍数	m²	按设计图示尺寸以斜面积计算。 不扣除屋面面积≤0.3m²孔洞所占面积	1. 骨架制作、运输、安装、刷防护材料、油漆 2. 阳光板安装 3. 接缝、嵌缝
010901004	玻璃钢屋面	1. 玻璃钢品种、规格 2. 骨架材料品种、规格 3. 玻璃钢固定方式 4. 接缝、嵌缝材料种类 5. 油漆品种、刷漆遍数			1. 骨架制作、运输、安装、刷防护材料、油漆 2. 玻璃钢制作、安装 3. 接缝、嵌缝
010901005	膜结构屋面	1. 膜布品种、规格 2. 支柱（网架）钢材品种、规格 3. 钢丝绳品种、规格 4. 锚固基座做法 5. 油漆品种、刷漆遍数		按设计图示尺寸以需要覆盖的水平投影面积计算	1. 膜布热压胶接 2. 支柱（网架）制作、安装 3. 膜布安装 4. 穿钢丝绳、锚头锚固 5. 锚固基座、挖土、回填 6. 刷防护材料，油漆

注 1. 瓦屋面若是在木基层上铺瓦，项目特征不必描述黏结层砂浆的配合比，瓦屋面铺防水层，按"GB 50854—2013"中J.2屋面防水及其他中相关项目编码列项。
2. 型材屋面、阳光板屋面、玻璃钢屋面的柱、梁、屋架，按"GB 50854—2013"中附录F金属结构工程、附录G木结构工程中相关项目编码列项。

1. 瓦屋面

(1) 瓦屋面做防水层时，可按屋面及防水工程及其他相关工程中的相关项目单独编码列项。

(2) 瓦屋面的木檩条、木椽子、顺水条、挂瓦条、木屋面板按木结构工程中相关项目编码列项。

(3) 瓦屋面的木檩条、木椽子、木屋面板需刷防火涂料时，按油漆、涂料、裱糊工程中相关项目编码列项。

2. 型材屋面

(1) 型材屋面的钢檩条或木檩条以及骨架、螺栓、挂钣等应包括在型材屋面项目内，即为完成型材屋面实体所需的一切人工、材料、机械费用都应包括在型材屋面项目内。

(2) 型材屋面的木檩条、木椽子、顺水条、挂瓦条、木屋面板按木结构工程中相关项目编码列项。

(3) 型材屋面中的柱、梁、屋架按金属结构工程、木结构工程中相关项目编码列项。

3. 阳光板屋面、玻璃钢屋面

(1) 阳光板屋面、玻璃钢屋面项目中除包含屋面板外，还包含骨架等施工工序，计价时应注意包含。

(2) 阳光板屋面、玻璃钢屋面中的柱、梁、屋架按金属结构工程、木结构工程中相关项目编码列项。

4. 膜结构

膜结构也称索膜结构，是一种以膜布与支撑（柱、网架等）和拉结结构（拉杆、钢丝绳等）组成的屋盖、篷顶结构。"膜结构屋面"项目适用于膜布屋面。

(1) 索膜结构中支撑和拉结构件应包括在膜结构屋面项目内。

(2) 支撑柱的钢筋混凝土柱基、锚固的钢筋混凝土基础以及地脚螺栓、挖土、回填等费用包含在本项目中。

(3) "瓦屋面""型材屋面""膜结构屋面"的钢檩条、钢支撑（柱、网架等）和拉结结构需刷防护材料时，可按相关项目单独编码列项，也可包括在"瓦屋面""型材屋面""膜结构屋面"项目内。

5.7.1.2 清单工程量计算

$S=$ 设计图示尺寸斜面积 $=$ 屋面图示尺寸的水平投影面积 $S_{水平} \times$ 坡度延尺系数 C \hfill (5.34)

1. 延尺系数 C

延尺系数指两坡屋面的坡度系数，实际是三角形的斜边与直角底边的比值，即

$$C=斜长/直角底边=1/\cos\alpha \quad (5.35)$$

$$斜长=(A^2+B^2)^{1/2} \quad (5.36)$$

坡屋面示意图如图 5.60 所示。

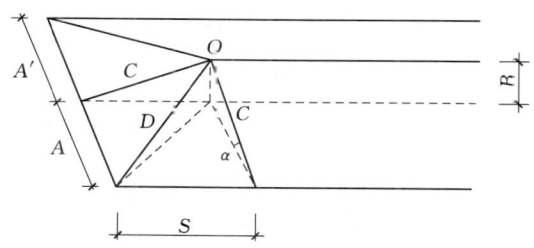

图 5.60 坡屋面示意图

注：(1) 两坡排水屋面的面积为屋面水平投影面积乘以延尺系数 C。
(2) 四坡排水屋面斜脊长度 $=A \times D$（当 $S=A$ 时）。
(3) 两坡排水屋面的沿山墙泛水长度 $=A \times C$。
(4) 坡屋面高度 $=B$。

2. 隅延尺系数 D

隅延尺系数指四坡屋面斜脊长度系数，实际是四坡排水屋面斜脊长度与直角底边的比值，即

$$D=四坡排水屋面斜脊长度/直角底边=1/\cos\alpha \tag{5.37}$$

$$四坡排水屋面斜脊长度=(A^2+斜长^2)^{1/2}=A\times D \tag{5.38}$$

延尺系数 C、隅延尺系数 D 见表 5.66。

表 5.66 屋面坡度系数表

坡 度			延尺系数 C	隅延尺系数 D
$B/A(A=1)$	高跨比 $B/2A$	角度（α）	$A=1$	$A=1$
1	1/2	45°	1.4142	1.7321
0.75		36°52′	1.2500	1.6008
0.7		35°	1.2207	1.5779
0.666	1/3	33°40′	1.2015	1.5620
0.65		33°01′	1.1926	1.5564
0.60		30°58′	1.1662	1.5362
0.577		30°	1.1547	1.5270
0.55		28°49′	1.1413	1.5170
0.5	1/4	26°34′	1.1180	1.5000
0.45		24°14′	1.0966	1.4839
0.4	1/5	21°48′	1.0770	1.4697
0.35		19°17′	1.0594	1.4569
0.30		16°42′	1.0440	1.4457
0.25		14°02′	1.0308	1.4362
0.20	1/10	11°19′	1.0198	1.4283
0.15		8°32′	1.0112	1.4221
0.125		7°8′	1.0078	1.4191
0.100	1/20	5°42′	1.0050	1.4177
0.083		4°45′	1.0035	1.4166
0.066	1/30	3°49′	1.0022	1.4157

5.7.2 屋面防水及其他

5.7.2.1 清单项目划分及工程量计算规则

屋面防水及其他工程量清单项目设置、项目特征描述的内容、计量单位及工程量计算规则，应按"GB 50854—2013"中表 J.2 的规定执行，见表 5.67。

5.7 屋面及防水工程

表 5.67 屋面防水及其他（编码：010902）

项目编码	项目名称	项目特征	计量单位	工程量计算规则	工程内容
010902001	屋面卷材防水	1. 卷材品种、规格、厚度 2. 防水层数 3. 防水层做法	m²	按设计图示尺寸以面积计算。 1. 斜屋顶（不包括平屋顶找坡）按斜面积计算，平屋顶按水平投影面积计算 2. 不扣除房上烟囱、风帽底座、风道、屋面小气窗和斜沟所占面积 3. 屋面的女儿墙、伸缩缝和天窗等处的弯起部分，并入屋面工程量内	1. 基层处理 2. 刷底油 3. 铺油毡卷材、接缝
010902002	屋面涂膜防水	1. 防水膜品种 2. 涂膜厚度、遍数 3. 增强材料种类			1. 基层处理 2. 刷基层处理剂 3. 铺布、喷涂防水层
010902003	屋面刚性层	1. 刚性层厚度 2. 混凝土种类 3. 混凝土强度等级 4. 嵌缝材料种类 5. 钢筋规格、型号		按设计图示尺寸以面积计算。不扣除房上烟囱、风帽底座、风道等所占面积	1. 基层处理 2. 混凝土制作、运输、铺筑、养护 3. 钢筋制作安装
010902004	屋面排水管	1. 排水管品种、规格 2. 雨水斗、山墙出水口品种、规格 3. 接缝、嵌缝材料种类 4. 油漆品种、刷漆遍数	m	按设计图示尺寸以长度计算。如设计未标注尺寸，以檐口至设计室外散水上表面垂直距离计算	1. 排水管及配件安装、固定 2. 雨水斗、山墙出水口、雨水篦子安装 3. 接缝、嵌缝 4. 刷漆
010902005	屋面排（透）气管	1. 排（透）气管品种、规格 2. 接缝、嵌缝材料种类 3. 油漆品种、刷漆遍数		按设计图示尺寸以长度计算	1. 排（透）气管及配件安装、固定 2. 铁件制作、安装 3. 接缝、嵌缝 4. 刷漆
010902006	屋面（廊、阳台）泄（吐）水管	1. 吐水管品种、规格 2. 接缝、嵌缝材料种类 3. 吐水弯长度 4. 油漆品种、刷漆遍数	根（个）	按设计图示数量计算	1. 水管及配件安装、固定 2. 接缝、嵌缝 3. 刷漆
010902007	屋面天沟、沿沟	1. 材料品种、规格 2. 接缝、嵌缝材料种类	m²	按设计图示尺寸以展开面积计算	1. 天沟材料铺设 2. 天沟配件安装 3. 接缝、嵌缝 4. 刷防护材料
010902008	屋面变形缝	1. 嵌缝材料种类 2. 止水带材料种类 3. 盖缝材料 4. 防护材料种类	m	按设计图示以长度计算	1. 清缝 2. 填塞防水材料 3. 止水带安装 4. 盖缝制作、安装 5. 刷防护材料

注：1. 屋面刚性层无钢筋，其钢筋项目特征不必描述。
  2. 屋面找平层按本规范附录 L 楼地面装饰工程"平面砂浆找平层"项目编码列项。
  3. 屋面防水搭接及附加层用量不另行计算，在综合单价中考虑。
  4. 屋面保温找坡层按"GB 50854—2013"附录 K 保温、隔热、防腐工程"保温隔热屋面"项目编码列项。

1. 项目适用范围

(1) "屋面卷材防水"项目适用于利用胶结材料粘贴卷材进行防水的屋面,如高聚物改性沥青防水卷材屋面。

(2) "屋面刚性层"项目适用于细石混凝土、补偿收缩混凝土、块体混凝土、预应力混凝土和钢纤维混凝土等刚性防水屋面。

(3) "屋面排水管"项目适用于各种排水管材(PVC管、玻璃钢管、铸铁管等)项目。

2. 说明

(1) 基层处理(清理修补、刷基层处理剂)、檐沟、天沟、水落口、泛水收头、变形缝等处的卷材附加层,浅色、反射涂料保护层、绿豆砂保护层、细砂、云母及蛭石保护层等费用应包括在屋面卷材防水项目内。

(2) 屋面保温、找坡层(如1:6水泥炉渣)按保温、隔热、防腐工程中相关项目编码列项。

5.7.2.2 清单工程量计算

(1) 屋面卷材、涂膜、刚性防水层。

$$S=设计图示尺寸面积=屋面水平投影面积×坡度延尺系数+弯起面积 \quad (5.39)$$

1) 不扣除房上烟囱、风帽底座、风道、屋面小气窗、斜沟所占面积。

2) 卷材、涂膜防水层与女儿墙、伸缩缝、天窗等相交时,其弯起部分面积按图示尺寸并入防水层工程量中。无设计上弯尺寸时,可按计价定额规定计算弯起面积;一般女儿墙、伸缩缝处上弯250mm,天窗处上弯500mm。

(2) 屋面找平层:设计图示尺寸面积。

(3) 屋面排水管、排气管:设计图示尺寸长度。

注:屋面排水管长度如设计未标注尺寸,以檐口至设计室外散水上表面垂直距离计算。

(4) 屋面、阳台、走廊泄水管:设计图示数量。

(5) 屋面天沟、檐沟:设计图示尺寸展开面积。

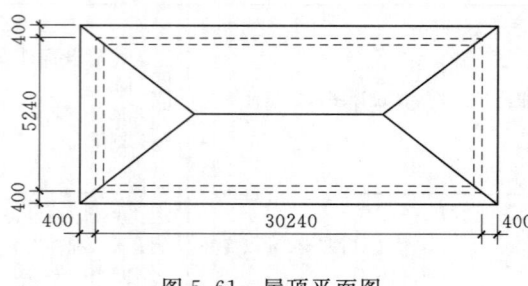

图 5.61 屋顶平面图

(6) 屋面变形缝:设计图示尺寸长度。

【例 5.21】 某建筑物坡屋面如图 5.61 所示,计算四面坡水(坡度 $B/A=1/2$ 的黏土瓦屋面)屋面的工程量,并编制其工程量清单。

解:1. 计算清单工程量

四面坡水屋面工程量 $=(5.24+0.8)×(30.00+0.24+0.8)×1.118=209.60(m^2)$

2. 编制工程量清单

具体内容见表 5.68 "分部分项工程工程量清单"。

表 5.68 分部分项工程工程量清单

序号	项目编码	项目名称	项 目 特 征	计量单位	工程量
1	010901001001	瓦屋面	瓦品种、规格:黏土瓦屋面	m²	209.60

5.7.3 墙面防水、防潮

5.7.3.1 清单项目划分及工程量计算规则

墙面防水、防潮工程量清单项目设置、项目特征描述的内容、计量单位及工程量计算规则，应按"GB 50854—2013"中表 J.3 的规定执行，见表 5.69。

表 5.69　　　　　　　墙面防水、防潮（编码：010903）

项目编码	项目名称	项目特征	计量单位	工程量计算规则	工程内容
010903001	墙面卷材防水	1. 卷材品种、规格、厚度 2. 防水层数 3. 防水层做法	m²	按设计图示尺寸以面积计算	1. 基层处理 2. 刷黏结剂 3. 铺防水卷材 4. 接缝、嵌缝
010903002	墙面涂膜防水	1. 防水膜品种 2. 涂膜厚度、遍数 3. 增强材料种类	m²	按设计图示尺寸以面积计算	1. 基层处理 2. 刷基层处理剂 3. 铺布、喷涂防水层
010903003	墙面砂浆防水（防潮）	1. 防水层做法 2. 砂浆厚度、配合比 3. 钢丝网规格			1. 基层处理 2. 挂钢丝网片 3. 设置分格缝 4. 砂浆制作、运输、摊铺、养护
010903004	墙面变形缝	1. 嵌缝材料种类 2. 止水带材料种类 3. 盖缝材料 4. 防护材料种类	m	按设计图示以长度计算	1. 清缝 2. 填塞防水材料 3. 止水带安装 4. 盖缝制作、安装 5. 刷防护材料

注　1. 墙面防水搭接及附加层用量不另行计算，在综合单价中考虑。
　　2. 墙面变形缝，若做双面，工程量乘系数 2。
　　3. 墙面找平层按"GB 50854—2013"中附录 M 墙、柱面装饰与隔断、幕墙工程"立面砂浆找平层"项目编码列项。

5.7.3.2 清单工程量计算

1. 墙面卷材防水、涂膜防水

"墙面卷材防水、涂膜防水"项目适用于基础、墙面等部位的防水。

计算式如下：

（1）墙基防水。

$$\text{墙基防水层工程量} = \text{防水层长} \times \text{防水层宽} \tag{5.40}$$

式中外墙基防水层长度取外墙中心线长，内墙基防水层长度取内墙净长。

（2）墙身防水。

$$\text{墙身防水层工程量} = \text{防水层长} \times \text{防水层高} \tag{5.41}$$

式中外墙面防水层长度取外墙外边线长，内墙面防水层长度取内墙面净长。

注意：墙面防水搭接及附加层用量不另行计算，在综合单价中考虑。

说明：

（1）刷基础处理剂、刷胶黏剂、胶粘卷材防水、特殊处理部位的嵌缝材料、附加卷材垫衬的费用应包含在墙面卷材防水、涂膜防水项目内。

（2）永久性保护层（如砖墙、混凝土地坪等）应按相关项目编码列项。

(3) 墙基、墙身的防水应分别编码列项。

(4) 墙面找平层按墙、柱面装饰与隔断、幕墙工程中相关项目编码列项。

2. 墙面砂浆防水（防潮）

"墙面砂浆防水（防潮）"项目适用于地下、基础、墙面等部位的防水防潮。

注意：防水、防潮层的外加剂费用应包含在该项目中。

工程量计算同"墙面卷材防水"项目。

3. 墙面变形缝

"墙面变形缝"项目适用于墙体部位的抗震缝、温度缝、沉降缝的处理。

工程量计算：按设计图示以长度计算。若做双面，工程量乘以系数2。

5.7.4 楼（地）面防水、防潮

5.7.4.1 清单项目划分及工程量计算规则

楼（地）面防水、防潮工程量清单项目设置、项目特征描述的内容、计量单位及工程量计算规则，应按"GB 50854—2013"中表 J.4 的规定执行，见表 5.70。

表 5.70　　　　　　　　楼（地）面防水、防潮（编码：010904）

项目编码	项目名称	项目特征	计量单位	工程量计算规则	工程内容
010904001	楼（地）面卷材防水	1. 卷材品种、规格、厚度 2. 防水层数 3. 防水层做法	m²	按设计图示尺寸以面积计算。 1. 楼（地）面防水：按主墙间净空面积计算，扣除凸出地面的构筑物、设备基础等所占面积，不扣除间壁墙及单个面积≤0.3m² 柱、垛、烟囱和孔洞所占面积 2. 楼（地）面防水反边高度≤300mm算作地面防水，反边高度>300mm算按墙面防水计算	1. 基层处理 2. 刷黏结剂 3. 铺防水卷材 4. 接缝、嵌缝
010904002	楼（地）面涂膜防水	1. 防水膜品种 2. 涂膜厚度、遍数 3. 增强材料种类 4. 反边高度			1. 基层处理 2. 刷基层处理剂 3. 铺布、喷涂防水层
010904003	楼（地）面砂浆防水（防潮）	1. 防水层做法 2. 砂浆厚度、配合比 3. 反边高度			1. 基层处理 2. 砂浆制作、运输、摊铺、养护
010904004	楼（地）面变形缝	1. 嵌缝材料种类 2. 止水带材料种类 3. 盖缝材料 4. 防护材料种类	m	按设计图示以长度计算	1. 清缝 2. 填塞防水材料 3. 止水带安装 4. 盖缝制作、安装 5. 刷防护材料

注　1. 楼（地）面防水找平层按"GB 50854—2013"中附录 L 楼地面装饰工程"平面砂浆找平层"项目编码列项。

　　2. 楼（地）面防水搭接及附加层用量不另行计算，在综合单价中考虑。

5.7.4.2 清单工程量计算

1. 楼（地）面卷材防水、涂膜防水、砂浆防水（防潮）

按设计图示尺寸以面积计算，计算式如下：

地面防水层工程量＝主墙间净空面积－凸出地面的构筑物、设备基础等所占面积

　　　　　　　　　　＋防水反边面积(高度≤300mm) 　　　　　　　　　　(5.42)

不扣一间壁墙及单个≤0.3m² 的柱、垛、烟囱和孔洞所占面积。

2. 楼（地）面变形缝

"楼（地）面变形缝"适用于基础、楼面、地面等部位的抗震缝、温度缝、沉降缝的

处理。

其工程量计算同屋面变形缝项目。

注意：

（1）刷基础处理剂、刷胶黏剂、胶粘卷材防水、特殊处理部位的嵌缝材料、附加卷材垫衬的费用应包含在楼（地）面卷材防水、涂膜防水项目内。

（2）楼（地）面防水搭接及附加层用量不另行计算，在综合单价中考虑。

（3）楼（地）面防水找平层、垫层按相关项目编码列项。

（4）楼（地）面防水反边高度≤300mm算做地面防水，反边高度＞300mm按墙面防水计算。

【例 5.22】 某房屋平面形状为矩形，外墙外边线长 50m，地下室墙身外侧做防水层，如图 5.62 所示。其工程做法为：①20 厚 1：2.5 水泥砂浆找平层；②冷黏结剂一道；③4mm 改性沥青卷材防水层；④20 厚 1：2.5 水泥砂浆保护层；⑤砌砖保护墙（厚度 115mm）。

计算墙身防水工程清单工程量，并编制其工程量清单。

解：1. 列项

按"GB 50854—2013"的有关规定及工程做法，本例墙身防水工程可列"墙面卷材防水、墙面找平层、实心砖墙"三个清单项目。

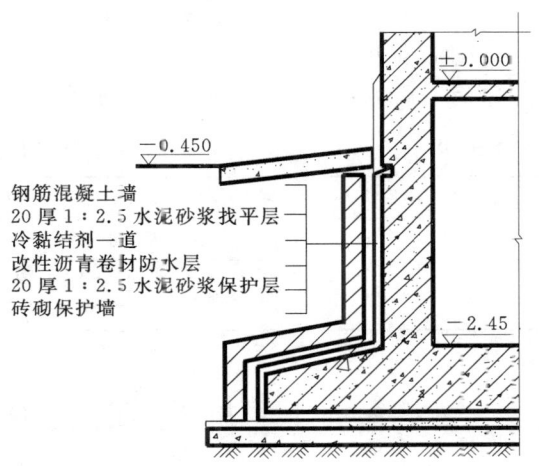

图 5.62 地下室墙身外侧防水层

2. 计算清单工程量

（1）墙面卷材防水层工程量。

墙面卷材防水层工程量＝防水层长×防水层高＝50×(2.45－0.45)＝100.00(m²)

（2）墙面找平层工程量，同墙面卷材防水层工程量。具体计算方法见墙、柱面装饰与隔断、幕墙工程。

（3）实心砖墙工程量。

实心砖墙工程量＝墙长×墙高×墙厚＝(50＋0.115/2×8)×2.0×0.115
＝50.29×2.0×0.115＝11.57(m³)

3. 编制工程量清单

墙基防水工程工程量清单，具体内容见表 5.71 "分部分项工程工程量清单"。

表 5.71 分部分项工程工程量清单

序号	项目编码	项目名称	项 目 特 征	计量单位	工程量
1	010903001001	卷材防水	4mm厚高聚物改性沥青卷材防水层冷黏结剂一道	m²	100.00
2	011201004001	墙面砂浆找平	厚1：2.5水泥砂浆找平层（双层）	m²	100.00
3	010401003001	实心砖墙	M5.0 水泥砂浆砌厚黏土砖保护墙	m³	11.57

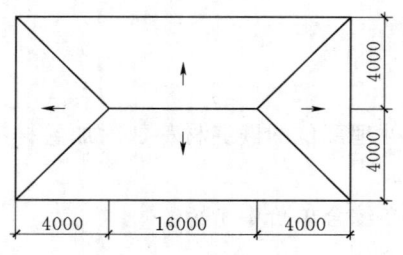

图 5.63 某房屋屋顶平面图

【例 5.23】 如图 5.63 所示四坡琉璃瓦屋面,已知坡度 $\alpha=45°$,基层为混凝土板,黏结层砂浆为 1:2 水泥砂浆。计算瓦屋面工程清单工程量,并编制其工程量清单。

解:1. 列项

按"GB 50854—2013"的有关规定,本例屋面工程清单项目为"琉璃瓦屋面(010901001001)"。

2. 计算清单工程量

查表 5.66 屋面坡度系数表得:屋面坡度 $\alpha=45°$,屋面坡度延尺系数为 1.4142。则

$$S = 24 \times 8 \times 1.4142 = 271.53 (m^2)$$

3. 编制工程量清单

屋面工程工程量清单,具体内容见表 5.72 "分部分项工程工程量清单"。

表 5.72　　　　　　　　　分部分项工程工程量清单

序号	项目编码	项目名称	项目特征	计量单位	工程量
			J 屋面及防水工程		
1	010901001001	琉璃瓦屋面	1. 屋面琉璃瓦 2. 黏结层1:2水泥砂浆	m²	271.53

5.8　保温、隔热、防腐工程

在"GB 50854—2013"中,保温、隔热、防腐工程位于附录 K,包括三个分部工程,分别是:K.1 保温、隔热;K.2 防腐面层;K.3 其他防腐。

5.8.1　保温、隔热

5.8.1.1　清单项目划分及工程量计算规则

保温、隔热工程量清单项目设置、项目特征描述的内容、计量单位及工程量计算规则,应按"GB 50854—2013"中表 K.1 的规定执行,见表 5.73。

5.8.1.2　清单工程量计算

1. 保温、隔热屋面

"保温、隔热屋面"适用于各种保温隔热材料屋面。

工程量计算:设计图示尺寸面积。

扣——面积>0.3m² 的孔洞及占位面积。

注意:

(1) 屋面保温隔热层上的防水层应按屋面的防水项目单独编码列项。

(2) 预制隔热板屋面的隔热板与砖墩分别按混凝土及钢筋混凝土工程和砌筑工程相关项目编码列项。

(3) 屋面保温隔热的找坡、找平层应包括在保温隔热项目的报价内(应在项目特征中描述其找坡、找平材料品种、厚度),如果屋面防水层项目包括找坡、找平,屋面保温隔热不再计算,以免重复。

5.8 保温、隔热、防腐工程

表 5.73　　　　　　　　　　　保温、隔热（编码：011001）

项目编码	项目名称	项目特征	计量单位	工程量计算规则	工程内容
011001001	保温隔热屋面	1. 保温隔热材料品种、规格、厚度 2. 隔气层材料品种、厚度 3. 黏结材料种类、做法 4. 防护材料种类、做法	m²	按设计图示尺寸以面积计算。扣除面积>0.3m²孔洞及占位面积	1. 基层清理 2. 刷黏结材料 3. 铺粘保温层 4. 铺、刷（喷）防护材料
011001002	保温隔热天棚	1. 保温隔热面层材料品种、规格、性能 2. 保温隔热材料品种、规格及厚度 3. 黏结材料种类、做法 4. 防护材料种类、做法	m²	按设计图示尺寸以面积计算。扣除面积>0.3m²上柱、垛、孔洞所占面积	1. 基层清理 2. 刷界面剂 3. 安装龙骨 4. 填贴保温材料 5. 保温板安装 6. 粘贴面层 7. 铺设增强格网、抹抗裂、防水砂浆面层 8. 嵌缝 9. 铺、刷（喷）防护材料
011001003	保温隔热墙面	1. 保温隔热部位 2. 保温隔热方式 3. 踢脚线、勒脚线保温做法	m²	按设计图示尺寸以面积计算。扣除门窗洞口以及面积>0.3m²梁、孔洞所占面积；门窗洞口侧壁需做保温时，并入保温墙体工程量内	
011001004	保温柱、梁	4. 龙骨材料品种、规格 5. 保温隔热面层材料品种、规格、性能 6. 保温隔热材料品种、规格、厚度 7. 增强网及抗裂防水砂浆种类 8. 黏结材料种类、做法 9. 防护材料种类、做法	m²	按设计图示尺寸以面积计算。 1. 柱按设计图示柱断面保温层中心线展开长度乘保温层高度以面积计算，扣除面积>0.3m²梁所占面积 2. 梁按设计图示梁断面保温层中心线展开长度乘保温层长度以面积计算	
011001005	保温隔热楼地面	1. 保温隔热部位 2. 保温隔热材料品种、规格、厚度 3. 隔气层材料品种、厚度 4. 黏结材料种类、做法 5. 防护材料种类、做法	m²	按设计图示尺寸以面积计算。扣除面积>0.3m²柱、垛、孔洞所占面积	1. 基层清理 2. 刷黏结材料 3. 铺粘保温层 4. 铺、刷（喷）防护材料
011001006	其他保温隔热	1. 保温隔热部位 2. 保温隔热方式 3. 隔气层材料品种、厚度 4. 保温隔热面层材料品种、规格、性能 5. 保温隔热材料品种、规格及厚度 6. 黏结材料种类、做法 7. 增强网及抗裂防水砂浆种类 8. 防护材料种类及做法	m²	按设计图示尺寸以展开面积计算。扣除面积>0.3m²孔洞及占位面积	1. 基层清理 2. 刷界面剂 3. 安装龙骨 4. 填贴保温材料 5. 保温板安装 6. 粘贴面层 7. 铺设增强格网、抹抗裂防水砂浆面层 8. 嵌缝 9. 铺、刷（喷）防护材料

注　1. 保温隔热装饰面层，按"GB 50854—2013"中附录L、M、N、P、Q中相关项目编码列项；仅做找平层按"GB 50854—2013"中附录L中"平面砂浆找平层"或附录M墙、柱面装饰与隔断、幕墙工程"立面砂浆找平层"项目编码列项。
　　2. 柱帽保温隔热应并入天棚保温隔热工程量内。
　　3. 池槽保温隔热应按其他保温隔热项目编码列项。
　　4. 保温隔热方式：指内保温、外保温和夹心保温。
　　5. 保温柱、梁适用于不与墙、天棚相连的独立柱、梁。

2. 保温隔热天棚

"保温隔热天棚"项目适用于各种材料的下贴式或吊顶上搁置式的保温隔热天棚。

工程量计算：按设计图示尺寸以面积计算。

扣——面积>0.3m² 的上柱、垛、孔洞所占面积。

并入——与天棚相连的梁按展开面积计算并入天棚工程量内。

柱帽保温隔热应并入天棚保温隔热工程量内。

注意：

（1）下贴式如需底层抹灰时，应在项目特征中描述抹灰材料种类、厚度，其费用包括在保温隔热天棚项目内。

（2）保温隔热材料需加药物防虫剂时，业主应在清单中进行描述。

（3）保温面层外的装饰面层按天棚工程相关项目编码列项。

3. 保温隔热墙、柱、梁

"保温隔热墙面"项目适用于工业与民用建筑物外墙、内墙保温隔热工程。

"保温柱、梁"项目适用于不与墙、天棚相连的各种材料的柱、梁保温。其项目特征及工程内容同保温隔热墙面。

墙体保温构造层如图5.64所示。

工程量计算：

（1）"保温隔热墙面"工程量计算：按设计图示尺寸以面积计算。

扣——门窗洞口及面积>0.3m² 的梁、孔洞所占面积；

并入——门窗洞口侧壁以及与墙相连的柱需做保温，并入保温墙体工程量内。

（2）"保温柱、梁"工程量计算：按设计图示尺寸以面积计算。

其中，柱按设计图示柱断面保温层中心线展开长度乘以保温层高度以面积计算，扣除面积>0.3m² 的梁所占面积；梁按设计图示梁断面保温层中心线展开长度乘以保温层长度以面积计算。

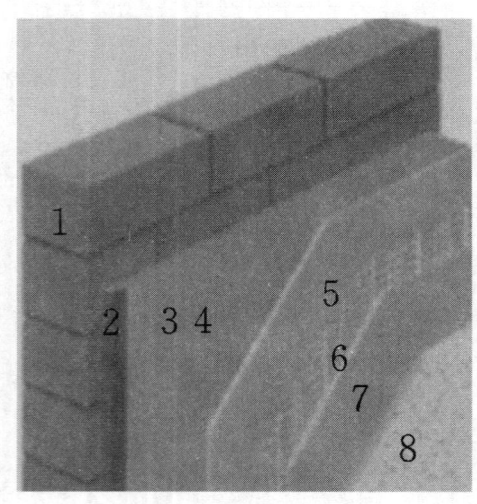

图 5.64 墙体保温构造层示意图
1—墙体；2—聚苯板黏结层；3—聚苯乙烯泡沫板（XPS，EPS）保温层；4—保温板紧固件；5—满抹灰（抗裂砂浆）保护层；6—耐碱玻纤网布；7—黏性底涂性腻子；8—外墙涂料

注意：

（1）外墙外保温和内保温的面层应包括在保温隔热墙面项目报价内，其装饰层应按墙、柱面装饰与隔断、幕墙工程有关项目编码列项。

（2）内保温的内墙保温踢脚线应按楼地面装饰相关项目编码列项。

（3）外保温、内保温、内墙保温的基层抹灰或刮腻子应按墙、柱面装饰与隔断、幕墙工程相关项目编码列项。

（4）保温隔热墙面的嵌缝按墙面变形缝项目编码列项。

（5）增强网及抗裂防水砂浆包括在保温隔热墙面项目内。

5.8 保温、隔热、防腐工程

4. 保温隔热楼地面

"保温隔热楼地面"项目适用于各种材料（沥青贴软木、聚苯乙烯泡沫塑料板等）的楼地面隔热保温。

工程量计算：按设计图示尺寸以面积计算。

扣——门窗洞口及面积>0.3m² 的柱、梁、孔洞等所占面积。

不增加——门洞、空圈、暖气包槽和壁龛的开口部分。

注意：池槽保温隔热应按其他保温隔热项目编码列项。

【例 5.24】 某冷藏室，室内净高 3.6m，墙体轴线长度为 6000mm，墙厚均为 240mm，柱外围尺寸为 600mm×600mm，保温门为 800mm×2000mm。室内（包括柱子）均用石油沥青粘贴 100mm 厚的聚苯乙烯泡沫塑料板，先铺顶棚、地面，后铺墙、柱面，保温门居内安装，洞口周围不另铺保温材料。计算保温隔热顶棚、墙面、柱面、地面的清单工程量，并编制其工程量清单。

解： 1. 列项

按"GB 50854—2013"的有关规定及工程做法，本例可列"保温隔热天棚、保温隔热墙面、保温隔热柱、保温隔热楼地面"四个清单项目。

2. 计算清单工程量

(1) 保温隔热天棚工程量：$S=(6.00-0.24)\times(6.00-0.24)=33.18(m^2)$

(2) 保温隔热墙面工程量：$S=(6.00-0.24-0.10+6.00-0.24-0.10)\times 2$
$\times(3.6-0.10\times 2)-0.80\times 2=75.38(m^2)$

(3) 保温隔热柱工程量：$S=(0.60\times 4-4\times 0.10)\times(3.6-0.10\times 2)=6.80(m^2)$

(4) 地面保温隔热楼地面工程量：$S=(6.00-0.24)\times(6.00-0.24)=33.18(m^2)$

3. 编制工程量清单

保温、隔热工程工程量清单，具体内容见表 5.74 "分部分项工程工程量清单"。

表 5.74　　　　　　　　　　分部分项工程工程量清单

序号	项目编码	项目名称	项目特征	计量单位	工程量
			K 保温、隔热、防腐工程		
1	011001002001	保温隔热天棚	1. 保温、隔热部位：混凝土板上铺贴 2. 材料品种、规格：100mm 厚的聚苯乙烯泡沫塑料板	m²	33.18
2	011001003001	保温隔热墙面	1. 保温、隔热部位：混凝土板上铺贴 2. 材料品种、规格：100mm 厚的聚苯乙烯泡沫塑料板	m²	75.38
3	011001004001	保温隔热柱	1. 保温、隔热部位：混凝土板上铺贴 2. 材料品种、规格：100mm 厚的聚苯乙烯泡沫塑料板	m²	6.80
4	011001005001	保温隔热楼地面	1. 保温、隔热部位：混凝土板上铺贴 2. 材料品种、规格：100mm 厚的聚苯乙烯泡沫塑料板	m²	33.18

5.8.2 防腐面层

5.8.2.1 工程量清单项目

防腐面层工程量清单项目设置、项目特征描述的内容、计量单位及工程量计算规则，应按"GB 50854—2013"中表K.2防腐面层（编码：011002）规定执行。

设置了防腐混凝土面层（011002001）、防腐砂浆面层（011002002）、防腐胶泥面层（011002003）、玻璃钢防腐面层（011002004）、聚氯乙烯板面层（011002005）、块料防腐面层（011002006）、池、槽块料防腐面层（011002007）等共7个工程量清单项目。

5.8.2.2 清单工程量计算

1. "防腐混凝土（砂浆、胶泥）面层"项目适用范围

项目适用于平面或立面的水玻璃混凝土（砂浆、胶泥）、沥青混凝土（砂浆、胶泥）、树脂混凝土（砂浆、胶泥）以及聚合物水泥砂浆等防腐工程。

注意：

（1）因防腐材料不同，带来的价格差异就会很大，因而清单项目中必须列出混凝土、砂浆、胶泥的材料种类，如水玻璃混凝土、沥青混凝土等。

（2）防腐工程中需酸化处理、养护的费用应包含在该项目中。

2. 工程量计算：按设计图示尺寸以面积计算

平面防腐时，应扣除凸出地面的构筑物、设备基础等以及面积>0.3m^{2}的孔洞、柱、垛等所占面积，门洞、空圈、暖气包槽和壁龛的开口部分不增加面积。

立面防腐时，扣除门、窗、洞口以及面积>0.3m^{2}的孔洞、梁所占面积，门、窗、洞口侧壁和垛突出部分按展开面积并入墙面积内。

5.9 楼地面装饰工程

在"GB 50854—2013"中，楼地面工程位于附录L，包括八个分部工程，分别是：L.1整体面层及找平层；L.2块料面层；L.3橡塑面层；L.4其他材料面层；L.5踢脚线；L.6楼梯面层；L.7台阶装饰；L.8零星装饰项目。

5.9.1 整体面层及找平层

5.9.1.1 清单项目划分及工程量计算规则

整体面层及找平层工程量清单项目设置、项目特征描述的内容、计量单位及工程量计算规则，应按"GB 50854—2013"中表L.1的规定执行，见表5.75。

"整体面层"适用于楼面、地面所做的整体面层工程。

"平面砂浆找平层"项目适用于仅做找平层的平面抹灰。

注意：

从工作内容中可以看出，整体面层项目中包含面层、找平层，但未包含垫层、防水层。计价时，垫层应按砌筑工程或混凝土及钢筋混凝土中相关项目编码列项，防水层应按屋面及防水工程中相关项目编码列项。块料面层同垫层。

5.9.1.2 清单工程量计算

（1）整体面层工程量：按设计图示尺寸以面积计算。

扣——凸出地面构筑物、设备基础、室内铁道、地沟等所占面积。

5.9 楼地面装饰工程

表 5.75 　　　　　　　整体面层及找平层（编码：011101）

项目编码	项目名称	项目特征	计量单位	工程量计算规则	工程内容
011101001	水泥砂浆楼地面	1. 找平层厚度、砂浆配合比 2. 素水泥浆遍数 3. 面层厚度、砂浆配合比 4. 面层做法要求	m^2	按设计图示尺寸以面积计算。扣除凸出地面构筑物、设备基础、室内铁道、地沟等所占面积，不扣除间壁墙及≤0.3m^2的柱、垛、附墙烟囱及孔洞所占面积。门洞、空圈、暖气包槽、壁龛的开口部分不增加面积	1. 基层清理 2. 抹找平层 3. 抹面层 4. 材料运输
011101002	现浇水磨石楼地面	1. 找平层厚度、砂浆配合比 2. 面层厚度、水泥石子浆配合比 3. 嵌条材料种类、规格 4. 石子种类、规格、颜色 5. 颜料种类、颜色 6. 图案要求 7. 磨光、酸洗、打蜡要求	m^2		1. 基层清理 2. 抹找平层 3. 面层铺设 4. 嵌缝条安装 5. 磨光、酸洗打蜡 6. 材料运输
011101003	细石混凝土楼地面	1. 找平层厚度、砂浆配合比 2. 面层厚度、混凝土强度等级			1. 基层清理 2. 抹找平层 3. 面层铺设 4. 材料运输
011101004	菱苦土楼地面	1. 找平层厚度、砂浆配合比 2. 面层厚度 3. 打蜡要求		按设计图示尺寸以面积计算。扣除凸出地面构筑物、设备基础、室内铁道、地沟等所占面积，不扣除间壁墙及≤0.3m^2的柱、垛、附墙烟囱及孔洞所占面积。门洞、空圈、暖气包槽、壁龛的开口部分不增加面积	1. 清理基层 2. 抹找平层 3. 面层铺设 4. 打蜡 5. 材料运输
011101005	自流坪楼地面	1. 找平层厚度、砂浆配合比 2. 界面剂材料种类 3. 中层漆材料种类、厚度 4. 面漆材料种类、厚度 5. 面层材料种类	m^2		1. 基层处理 2. 抹找平层 3. 涂界面剂 4. 涂刷中层漆 5. 打磨、吸尘 6. 镘自流平面漆（浆） 7. 拌和自流平浆料 8. 铺面层
011101006	平面砂浆找平层	找平层厚度、砂浆配合比		按设计图示尺寸以面积计算	1. 清理基层 2. 抹找平层 3. 材料运输

注 1. 水泥砂浆面层处理是拉毛还是提浆压光应在面层做法要求中描述。
　　2. 平面砂浆找平层只适用于仅做找平层的平面抹灰。
　　3. 间壁墙指墙厚≤120mm的墙。
　　4. 楼地面混凝土垫层另按"GB 50854—2013"中附录 E.1 垫层项目编码列项，除混凝土外的其他材料垫层按附录表 D.4 垫层项目编码列项。

不扣——间壁墙及≤0.3m^2的柱、垛、附墙烟囱及孔洞所占面积。

不增加——门洞、空圈、暖气包槽、壁龛的开口部分不增加面积。

（2）平面砂浆找平层工程量：按设计图示尺寸以面积计算。

【例 5.25】 如图 5.65 所示的某建筑平面图，地面构造做法如下：

20 厚 1：2 水泥砂浆抹面压实抹光；

刷素水泥浆结合层一道；
60厚C20细石混凝土找坡层最薄处30厚；
聚氨酯涂膜防水层1.5~1.8，防水层周边卷起150；
40厚C20细石混凝土随打随抹平；
150厚3∶7灰土垫层；
素土夯实。
计算水泥砂浆地面清单工程量，并编制其工程量清单。

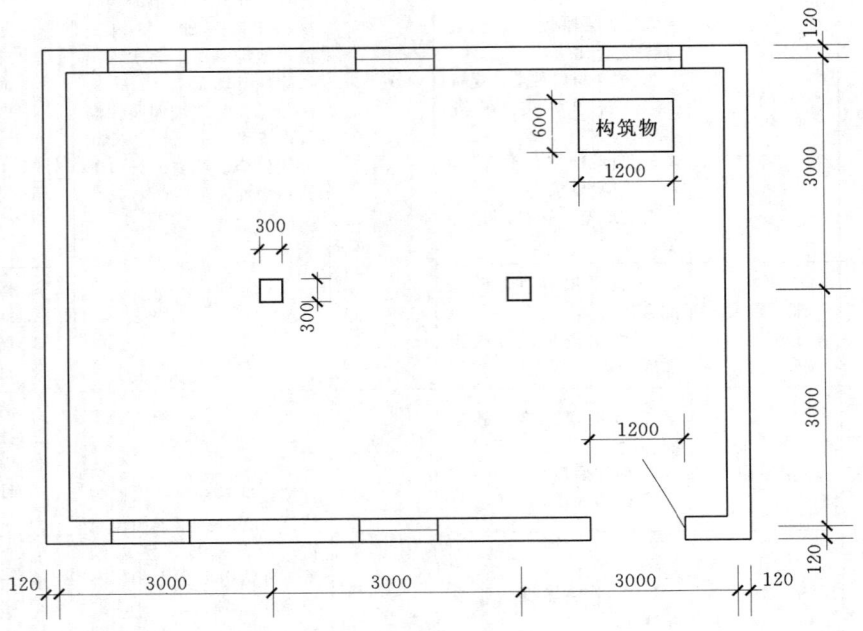

图5.65 某建筑平面图

解：1. 计算清单工程量

水泥砂浆地面工程量：$S = (3\times3-0.12\times2)\times(3\times2-0.12\times2)-1.2\times0.6$
$= 49.74(m^2)$

2. 编制工程量清单

水泥砂浆地面工程量清单，具体内容见表5.76"分部分项工程工程量清单"。

表5.76 分部分项工程工程量清单

序号	项目编码	项目名称	项目特征	计量单位	工程量
1	011101001001	水泥砂浆楼地面	1. 厚1∶2水泥砂浆抹面压实抹光（面层） 2. 刷素水泥浆结合层一道（结合层）3.60厚C20细石混凝土找坡层最薄处30厚	m²	49.74

5.9.2 块料面层、橡塑面层、其他材料面层

5.9.2.1 清单项目划分及工程量计算规则

块料面层、橡塑面层、其他材料面层工程量清单项目设置、项目特征描述的内容、计量单位及工程量计算规则，应按"GB 50854—2013"中表L.2、表L.3、表L.4的规定执行，

5.9 楼地面装饰工程

见表 5.77～表 5.79。

表 5.77　　　　块料面层（编码：011102）

项目编码	项目名称	项目特征	计量单位	工程量计算规则	工程内容
011102001	石材楼地面	1. 找平层厚度、砂浆配合比 2. 结合层厚度、砂浆配合比 3. 面层材料品种、规格、颜色 4. 嵌缝材料种类 5. 防护层材料种类 6. 酸洗、打蜡要求	m^2	按设计图示尺寸以面积计算。门洞、空圈、暖气包槽、壁龛的开口部分并入相应的工程量内	1. 基层清理 2. 抹找平层 3. 面层铺设、磨边 4. 嵌缝 5. 刷防护材料 6. 酸洗、打蜡 7. 材料运输
011102002	碎石材楼地面				
011102003	块料楼地面				

注　1. 在描述碎石材项目的面层材料特征时可不用描述规格、品牌、颜色。
　　2. 石材、块料与黏接材料的结合面层防渗材料的种类在防护层材料种类中描述。
　　3. 上表工作内容中的磨边指施工现场磨边，后面章节工作内容中涉及的磨边含义同。

说明：

"块料面层"项目适用楼面、地面所做的块料面层工程。

"防护材料"是耐酸、耐碱、耐臭氧、耐老化、防火、防油渗等材料。

"酸洗、打蜡要求"指水磨石、菱苦土、陶瓷块料等，均可用酸洗（草酸）清洗油渍、污渍，然后打蜡（蜡脂、松香水、鱼油、煤油等按设计要求配合）和磨光。

表 5.78　　　　橡塑面层（编码：011103）

项目编码	项目名称	项目特征	计量单位	工程量计算规则	工程内容
011103001	橡胶板楼地面	1. 黏结层厚度、材料种类 2. 面层材料品种、规格、颜色 3. 压线条种类	m^2	按设计图示尺寸以面积计算。门洞、空圈、暖气包槽、壁龛的开口部分并入相应的工程量内	1. 基层清理 2. 面层铺贴 3. 压缝条装钉 4. 材料运输
011103002	橡胶板卷材楼地面				
011103003	塑料板楼地面				
011103004	塑料卷材楼地面				

注　本表项目中如涉及找平层，另按"GB 50854—2013"中表 L.1 找平层项目编码列项。

表 5.79　　　　其他材料面层（编码：011104）

项目编码	项目名称	项目特征	计量单位	工程量计算规则	工程内容
011104001	地毯楼地面	1. 面层材料品种、规格、颜色 2. 防护材料种类 3. 黏结材料种类 4. 压线条种类	m^2	按设计图示尺寸以面积计算。门洞、空圈、暖气包槽、壁龛的开口部分并入相应的工程量内	1. 基层清理 2. 铺贴面层 3. 刷防护材料 4. 装钉压条 5. 材料运输
011104002	竹、木（复合）地板	1. 龙骨材料种类、规格、铺设间距 2. 基层材料种类、规格 3. 面层材料品种、规格、颜色 4. 防护材料种类			1. 基层清理 2. 龙骨铺设 3. 基层铺设 4. 面层铺贴 5. 刷防护材料 6. 材料运输
011104003	金属复合地板				
011104004	防静电活动地板	1. 支架高度、材料种类 2. 面层材料品种、规格、颜色 3. 防护材料种类			1. 清理基层 2. 固定支架安装 3. 活动面层安装 4. 刷防护材料 5. 材料运输

"橡塑面层"适用于用黏结剂（如 CX401 胶等）粘贴橡塑楼面、地面面层工程。

"压线条"是指地毯、橡胶板、橡胶卷材铺设的压线条，如铝合金、不锈钢、铜压线条等。

从工作内容中可以看出，橡塑面层项目中未包含找平层。计价时，找平层应按楼地面装饰工程中相关项目编码列项。

5.9.2.2 清单工程量计算

工程量计算：按设计图示尺寸以面积计算。

并入——门洞、空圈、暖气包槽、壁龛的开口部分并入相应的工程量内。

5.9.3 踢脚线

5.9.3.1 清单项目划分及工程量计算规则

踢脚线工程量清单项目设置、项目特征描述的内容、计量单位及工程量计算规则，应按"GB 50854—2013"中表 L.5 的规定执行，见表 5.80。

表 5.80　　　　　　　　　踢脚线（编码：011105）

项目编码	项目名称	项目特征	计量单位	工程量计算规则	工程内容
011105001	水泥砂浆踢脚线	1. 踢脚线高度 2. 底层厚度、砂浆配合比 3. 面层厚度、砂浆配合比	1. m² 2. m	1. 以平方米计量，按设计图示长度乘高度以面积计算 2. 以米计量，按延长米计算	1. 基层清理 2. 底层和面层抹灰 3. 材料运输
011105002	石材踢脚线	1. 踢脚线高度 2. 黏贴层厚度、材料种类 3. 面层材料品种、规格、颜色 4. 防护材料种类			1. 基层清理 2. 底层抹灰 3. 面层铺贴、磨边 4. 擦缝 5. 磨光、酸洗、打蜡 6. 刷防护材料 7. 材料运输
011105003	块料踢脚线				
011105004	塑料板踢脚线	1. 踢脚线高度 2. 粘结层厚度、材料种类 3. 面层材料种类、规格、颜色			1. 基层清理 2. 基层铺贴 3. 面层铺贴 4. 材料运输
011105005	木质踢脚线	1. 踢脚线高度 2. 基层材料种类、规格 3. 面层材料品种、规格、颜色			
011105006	金属踢脚线				
011105007	防静电踢脚线				

注　石材、块料与粘接材料的结合面刷防渗材料的种类在防护层材料种类中描述。

5.9.3.2 清单工程量计算

以平方米计量，按设计图示长度乘以高度以面积计算；以米计量，按延长米计算。

扣——门洞、空圈等开口部分长度或所占面积。

增加——门洞、空圈等开口部分侧壁长度或面积,以及突出楼地面构件的踢脚线长度或面积。

【例 5.26】 某建筑平面图如[例 5.25]中图 5.65 所示,室内为水泥砂浆地面,踢脚线做法:高度为 150mm,1:2 水泥砂浆踢脚线,厚度为 20mm。计算水泥砂浆踢脚线清单工程量,并编制其工程量清单。

解: 1. 计算清单工程量

$$L=(3\times3-0.12\times2)\times2+(3\times2-0.12\times2)\times2-1.2(门宽)+[0.24-0.08(门框边)]$$
$$\times1/2\times2(门侧边)+0.3\times4\times2(柱侧边)=30.40(m)$$
$$S=30.40\times0.15=4.56(m^2)$$

2. 编制工程量清单

水泥砂浆踢脚线工程量清单,具体内容见表 5.81 "分部分项工程工程量清单"。

表 5.81　　　　　　　　　　分部分项工程工程量清单

序号	项目编码	项目名称	项目特征	计量单位	工程量
1	011105001001	水泥砂浆踢脚线	1. 20mm 厚 1:2 水泥砂浆 2. 踢脚线高 150mm	m^2	4.56

5.9.4 楼梯面层

5.9.4.1 清单项目划分及工程量计算规则

楼梯面层工程量清单项目设置、项目特征描述的内容、计量单位及工程量计算规则,应按"GB 50854—2013"中表 L.6 的规定执行,见表 5.82。

表 5.82　　　　　　　　　　楼梯面层（编码：011106）

项目编码	项目名称	项目特征	计量单位	工程量计算规则	工程内容
011106001	石材楼梯面层	1. 找平层厚度、砂浆配合比 2. 黏结层厚度、材料种类 3. 面层材料品种、规格、颜色 4. 防滑条材料种类、规格 5. 勾缝材料种类 6. 防护层材料种类 7. 酸洗、打蜡要求	m^2	按设计图示尺寸以楼梯（包括踏步、休息平台及≤500mm 的楼梯井）水平投影面积计算。楼梯与楼地面相连时,算至梯口梁内侧边沿;无梯口梁者,算至最上一层踏步边沿加 300mm	1. 基层清理 2. 抹找平层 3. 面层铺贴、磨边 4. 贴嵌防滑条 5. 勾缝 6. 刷防护材料 7. 酸洗、打蜡 8. 材料运输
011106002	块料楼梯面层				
011106003	拼碎块料面层				
011106004	水泥砂浆楼梯面层	1. 找平层厚度、砂浆配合比 2. 面层厚度、砂浆配合比 3. 防滑条材料种类、规格			1. 基层清理 2. 抹找平层 3. 抹面层 4. 抹防滑条 5. 材料运输

续表

项目编码	项目名称	项目特征	计量单位	工程量计算规则	工程内容
011106005	现浇水磨石楼梯面层	1. 找平层厚度、砂浆配合比 2. 面层厚度、水泥石子浆配合比 3. 防滑条材料种类、规格 4. 石子种类、规格、颜色 5. 颜料种类、颜色 6. 磨光、酸洗、打蜡要求	m²	按设计图示尺寸以楼梯（包括踏步、休息平台及≤500mm的楼梯井）水平投影面积计算。楼梯与楼地面相连时，算至梯口梁内侧边沿；无梯口梁者，算至最上一层踏步边沿加300mm	1. 基层清理 2. 抹找平层 3. 抹面层 4. 贴嵌防滑条 5. 磨光、酸洗、打蜡 6. 材料运输
011106006	地毯楼梯面层	1. 基层种类 2. 面层材料品种、规格、颜色 3. 防护材料种类 4. 黏结材料种类 5. 固定配件材料种类、规格			1. 基层清理 2. 铺贴面层 3. 固定配件安装 4. 刷防护材料 5. 材料运输
011106007	木板楼梯面层	1. 基层材料种类、规格 2. 面层材料品种、规格、颜色 3. 黏结材料种类 4. 防护材料种类			1. 基层清理 2. 基层铺贴 3. 面层铺贴 4. 刷防护材料 5. 材料运输
011106008	橡胶板楼梯面层	1. 黏结层厚度、材料种类 2. 面层材料品种、规格、颜色 3. 压线条种类			1. 基层清理 2. 面层铺贴 3. 压缝条装钉 4. 材料运输
011106009	塑料板楼梯面层				

注 1. 在描述碎石材项目的面层材料特征时可不用描述规格、品牌、颜色。
　　2. 石材、块料与黏接材料的结合面刷防渗材料的种类在防护层材料种类中描述。

说明：楼梯牵边和侧面镶贴块料面层，不大于 0.5m² 的少量分散的楼地面块料面层修应按楼地面装饰工程中"零星装饰项目"编码列项。楼梯底面抹灰按天棚工程相应项目执行。

5.9.4.2 清单工程量计算

按设计图示尺寸以楼梯（包括踏步、休息平台及≤500mm的楼梯井）水平投影面积计算。楼梯示意图如图 5.66 所示。

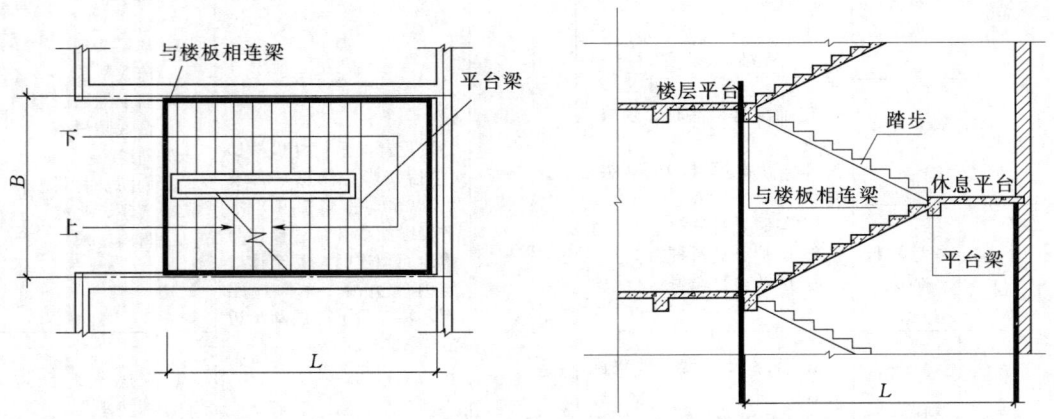

图 5.66 楼梯示意图

（1）楼梯与楼地面相连时，算至梯口梁内侧边沿。

（2）无梯口梁者，算至最上一层踏步边沿加 300mm。

【例 5.27】 某楼梯贴花岗岩面层如图 5.67 所示。其工程做法为 20mm 厚芝麻白磨光花岗岩（600mm×600mm）铺面，撒素水泥面（洒适量水），30mm 厚 1∶4 干硬性水泥砂浆结合层，刷素水泥浆一道。计算楼梯面层的清单工程量，并编制其工程量清单。

解：1. 计算清单工程量

楼梯井宽度为 250mm，小于 500mm，所以楼梯贴花岗岩面层的工程量为

$$S=(1.4\times2+0.25)\times(0.2+9\times0.23+1.37)=12.47(m^2)$$

2. 编制工程量清单

楼梯面层工程量清单，具体内容见表 5.83"分部分项工程工程量清单"。

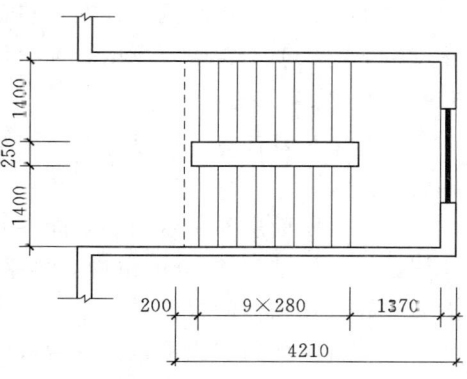

图 5.67 楼梯平面示意图

表 5.83 分部分项工程工程量清单

序号	项目编码	项目名称	项目特征	计量单位	工程量
1	011106001001	花岗岩楼梯面层	1. 芝麻白磨光花岗岩（600mm×600mm 铺面，20mm 厚 2. 撒素水泥面（洒适量水） 3. 1∶4 干硬性水泥砂浆结合层，30mm 厚 4. 刷素水泥浆一遍	m²	12.47

5.9.5 台阶装饰

5.9.5.1 清单项目划分及工程量计算规则

台阶装饰工程量清单项目设置、项目特征描述的内容、计量单位及工程量计算规则，应按"GB 50854—2013"中表 L.7 的规定执行，见表 5.84。

表 5.84 台阶装饰（编码：011107）

项目编码	项目名称	项目特征	计量单位	工程量计算规则	工程内容
011107001	石材台阶面	1. 找平层厚度、砂浆配合比 2. 黏结层材料种类 3. 面层材料品种、规格、颜色 4. 勾缝材料种类 5. 防滑条材料种类、规格 6. 防护材料种类	m²	按设计图示尺寸以台阶（包括最上层踏步边沿加 300mm）水平投影面积计算	1. 基层清理 2. 抹找平层 3. 面层铺贴 4. 贴嵌防滑条 5. 勾缝 6. 刷防护材料 7. 材料运输
011107002	块料台阶面				
011107003	拼碎块料台阶面				
011107004	水泥砂浆台阶面	1. 找平层厚度、砂浆配合比 2. 面层厚度、砂浆配合比 3. 防滑条材料种类			1. 清理基层 2. 抹找平层 3. 抹面层 4. 抹防滑条 5. 材料运输
011107005	现浇水磨石台阶面	1. 找平层厚度、砂浆配合比 2. 面层厚度、水泥石子浆配合比 3. 防滑条材料种类、规格 4. 石子种类、规格、颜色 5. 颜料种类、颜色 6. 磨光、酸洗、打蜡要求			1. 清理基层 2. 抹找平层 3. 抹面层 4. 贴嵌防滑条 5. 打磨、酸洗、打蜡 6. 材料运输
011107006	剁假石台阶面	1. 找平层厚度、砂浆配合比 2. 面层厚度、砂浆配合比 3. 剁假石要求			1. 清理基层 2. 抹找平层 3. 抹面层 4. 剁假石 5. 材料运输

注 1. 在描述碎石材项目的面层材料特征时可不用描述规格、颜色。
2. 石材、块料与黏结材料的结合面刷防渗材料的种类在防护层材料种类中描述。

说明：台阶牵边和侧面镶贴块料面层，不大于 0.5m² 的少量分散的楼地面块料面层修应按楼地面装饰工程中"零星装饰项目"编码列项。

5.9.5.2 清单工程量计算

台阶工程量计算：按设计图示尺寸以台阶（包括最上一层踏步边沿加 300mm）水平投影面积计算。

(1) 台阶面层与平台面层是同一种材料时，平台面层与台阶面层不可重复计算。当台阶计算最上一层踏步加 300mm 时，则平台面层中必须扣除该面积。如果平台与台阶以平台外沿为分界线，在台阶报价时，最上一步台阶的踢面应考虑在台阶的报价内。

(2) 台阶侧面装饰不包括在台阶面层项目内，应按"零星装饰项目"编码列项。

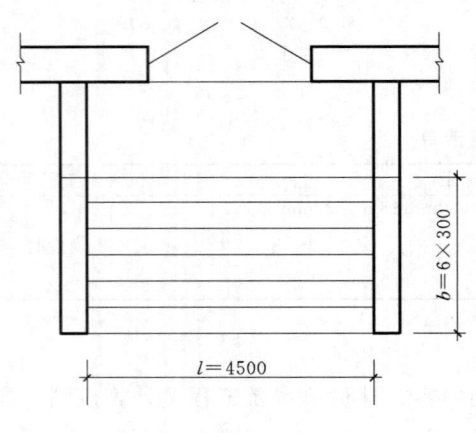

图 5.68 台阶平面示意图

【例 5.28】 台阶贴花岗岩面层如图 5.68 所示，其工程做法为 30mm 厚芝麻白机刨花岗岩（600mm×600mm）铺面，稀水泥浆擦缝；撒素水泥面（洒适量水）；30mm 厚 1∶4 干硬性水泥砂浆结合层，向外坡 1%；刷素水泥浆结合层一道；60mm 厚 C15 混凝土；150mm 厚 3∶7 灰土垫层；素土夯实。

计算花岗岩台阶的清单工程量，并编制其工程量清单。

解：1. 计算清单工程量

$$S = 4.5 \times (0.3 \times 6 + 0.3) = 9.45 (m^2)$$

2. 编制工程量清单

花岗岩台阶面层工程量清单，具体内容见表 5.85 "分部分项工程工程量清单"。

表 5.85 分部分项工程工程量清单

序号	项目编码	项目名称	项 目 特 征	计量单位	工程量
1	011107001001	花岗岩台阶	1. 30mm 厚芝麻白机刨花岗岩铺面 2. 稀水泥擦缝 3. 撒素水泥面（洒适量水） 4. 30mm 厚 1∶4 干硬性水泥砂浆结合层，向外玻 1% 5. 刷素水泥浆结合层一道 6. 60mm 厚 C15 混凝土 7. 150mm 厚 3∶7 灰土垫层	m²	9.45

台阶 (010507004001)、3∶7 灰土垫层 (010404001001) 略。

5.9.6 零星装饰项目

5.9.6.1 清单项目划分及工程量计算规则

零星装饰项目工程量清单项目设置、项目特征描述的内容、计量单位及工程量计算规则，应按 "GB 50854—2013" 中表 L.8 的规定执行，见表 5.86。

5.10 墙、柱面装饰与隔断、幕墙工程

表 5.86　　　　　　　　　　零星装饰项目（编码：011108）

项目编码	项目名称	项目特征	计量单位	工程量计算规则	工程内容
011108001	石材零星项目	1. 工程部位 2. 找平层厚度、砂浆配合比 3. 贴结合层厚度、材料种类 4. 面层材料品种、规格、颜色 5. 勾缝材料种类 6. 防护材料种类 7. 酸洗、打蜡要求	m²	按设计图示尺寸以面积计算	1. 清理基层 2. 抹找平层 3. 面层铺贴、磨边 4. 勾缝 5. 刷防护材料 6. 酸洗、打蜡 7. 材料运输
011108002	碎拼石材零星项目				
011108003	块料零星项目				
011108004	水泥砂浆零星项目	1. 工程部位 2. 找平层厚度、砂浆配合比 3. 面层厚度、砂浆厚度			1. 清理基层 2. 抹找平层 3. 抹面层 4. 材料运输

注　1. 楼梯、台阶牵边和侧面镶贴块料面层，不大于 0.5m² 的少量分散的楼地面镶贴块料面层，应按本表执行。
　　2. 石材、块料与黏结材料的结合面刷防渗材料的种类在防护层材料种类中描述。

说明："零星装饰"项目适用于小面积（0.5m² 以内）少量分散的楼地面装饰项目。

5.9.6.2　清单工程量计算

各零星装饰项目均按设计图示尺寸以面积计算。

5.9.6.3　本节归纳

（1）楼地面工程的列项及工程量计算与楼地面的构造做法息息相关，列项时应详细了解各不同用途的房间的楼面、地面的构造层次、装饰做法及材料选择，以便准确列项。

（2）特别应注意在同一房间内，地面（或楼面）出现不同做法时（如地面的构造层次不同或面层材料的种类、规格不同时），一定要分别列项。

（3）楼地面的项目特征描述一定要完整、准确，并与工程实际做法相结合。

（4）注意楼梯面层与楼面面层的划分界限，台阶面层与平台面层的划分界限。

（5）楼梯踢脚线应单独列项。

5.10　墙、柱面装饰与隔断、幕墙工程

在"GB 50854—2013"中，墙、柱面装饰与隔断、幕墙工程位于附录 M，包括十个分部工程，分别是：M.1 墙面抹灰；M.2 柱（梁）面抹灰；M.3 零星抹灰；M.4 墙面块料面层；M.5 柱（梁）面镶贴块料；M.6 镶贴零星块料；M.7 墙饰面；M.8 柱（梁）饰面；M.9 幕墙工程；M.10 隔断。

5.10.1　墙面抹灰、柱（梁）面抹灰、零星抹灰

5.10.1.1　清单项目划分及工程量计算规则

墙面抹灰、柱（梁）面抹灰、零星抹灰工程量清单项目设置、项目特征描述的内容、计量单位及工程量计算规则，应按"GB 50854—2013"中表 M.1～表 M.3 的规定执行，见表 5.87～表 5.89。

表 5.87　　　　　　　　　　　墙面抹灰（编码：011201）

项目编码	项目名称	项目特征	计量单位	工程量计算规则	工程内容
011201001	墙面一般抹灰	1. 墙体类型 2. 底层厚度、砂浆配合比 3. 面层厚度、砂浆配合比 4. 装饰面材料种类 5. 分格缝宽度、材料种类	m^2	按设计图示尺寸以面积计算。扣除墙裙、门窗洞口及单个>0.3m^2的孔洞面积，不扣除踢脚线、挂镜线和墙与构件交接处的面积，门窗洞口和孔洞的侧壁及顶面不增加面积。附墙柱、梁、垛、烟囱侧壁并入相应的墙面面积内。 1. 外墙抹灰面积按外墙垂直投影面积计算 2. 外墙裙抹灰面积按其长度乘以高度计算 3. 内墙抹灰面积按主墙间的净长乘以高度计算 （1）无墙裙的，高度按室内楼地面至天棚底面计算 （2）有墙裙的，高度按墙裙顶至天棚底面计算 （3）有吊顶天棚抹灰，高度至天棚底 4. 内墙裙抹灰面按内墙净长乘以高度计算	1. 基层清理 2. 砂浆制作、运输 3. 底层抹灰 4. 抹面层 5. 抹装饰面 6. 勾分格缝
011201002	墙面装饰抹灰				
011201003	墙面勾缝	1. 勾缝类型 2. 勾缝材料种类			1. 基层清理 2. 砂浆制作、运输 3. 勾缝
011201004	立面砂浆找平层	1. 基层类型 2. 找平层砂浆厚度、配合比			1. 基层清理 2. 砂浆制作、运输 3. 抹灰找平

注　1. 立面砂浆找平项目适用于仅做找平层的立面抹灰。
　　2. 墙面抹石灰砂浆、水泥砂浆、混合砂浆、聚合物水泥砂浆、麻刀石灰浆、石膏灰浆等按本表中墙面一般抹灰列项，墙面水刷石、斩假石、干黏石、假面砖等按本表中墙面装饰抹灰列项。
　　3. 飘窗凸出外墙面增加的抹灰并入外墙工程量内。
　　4. 有吊顶天棚的内墙面抹灰，抹至吊顶以上部分在综合单价中考虑。

说明："墙面抹灰"项目适用于一般抹灰、装饰抹灰和墙面勾缝工程。

一般抹灰包括石灰砂浆、水泥混合砂浆、水泥砂浆、聚合物水砂浆、膨胀珍珠岩水泥砂浆和麻刀灰、纸筋石灰、石膏灰等。

装饰抹灰包括水刷石、水磨石、斩假石（剁斧石）、干黏石、假面砖、拉条灰、拉毛灰、甩毛灰、扒拉石、喷毛灰、喷涂、喷砂、滚涂、弹涂等。

立面砂浆找平层：项目适用于仅做找平层的立面抹灰。

表 5.88　　　　　　　　　　　柱（梁）面抹灰（编码：011202）

项目编码	项目名称	项目特征	计量单位	工程量计算规则	工程内容
011202001	柱、梁面一般抹灰	1. 柱（梁）体类型 2. 底层厚度、砂浆配合比 3. 面层厚度、砂浆配合比 4. 装饰面材料种类 5. 分格缝宽度、材料种类	m^2	1. 柱面抹灰：按设计图示柱断面周长乘高度以面积计算 2. 梁面抹灰：按设计图示梁断面周长乘长度以面积计算	1. 基层清理 2. 砂浆制作、运输 3. 底层抹灰 4. 抹面层 5. 勾分格缝
011202002	柱、梁面装饰抹灰				
011202003	柱、梁面砂浆找平	1. 柱（梁）体类型 2. 找平的砂浆厚度、配合比			1. 基层清理 2. 砂浆制作、运输 3. 抹灰找平
011202004	柱面勾缝	1. 勾缝类型 2. 勾缝材料种类		按设计图示柱断面周长乘高度以面积计算	1. 基层清理 2. 砂浆制作、运输 3. 勾缝

注　1. 砂浆找平项目适用于仅做找平层的柱（梁）面抹灰。
　　2. 柱（梁）面抹石灰砂浆、水泥砂浆、混合砂浆、聚合物水泥砂浆、麻刀石灰浆、石膏灰浆等按本表中柱（梁）面一般抹灰编码列项；柱（梁）面水刷石、斩假石、干黏石、假面砖等按本表中柱（梁）面装饰抹灰编码列项。

说明:"柱、梁面砂浆找平"项目适用于仅做找平层的柱(梁)面抹灰。

表 5.89　　　　　　　　　零星抹灰(编码:011203)

项目编码	项目名称	项目特征	计量单位	工程量计算规则	工程内容
011203001	零星项目一般抹灰	1. 基层类型、部位 2. 底层厚度、砂浆配合比 3. 面层厚度、砂浆配合比	m²	按设计图示尺寸以面积计算	1. 基层清理 2. 砂浆制作、运输 3. 底层抹灰 4. 抹面层 5. 抹装饰面 6. 勾分格缝
011203002	零星项目装饰抹灰	4. 装饰面材料种类 5. 分格缝宽度、材料种类			
011203003	零星项目砂浆找平	1. 基层类型、部位 2. 找平的砂浆厚度、配合比			1. 基层清理 2. 砂浆制作、运输 3. 抹灰找平

注 1. 零星项目抹石灰砂浆、水泥砂浆、混合砂浆、聚合物水泥砂浆、麻刀石灰浆、石膏灰浆等按本表中零星项目一般抹灰编码列项,水刷石、斩假石、干黏石、假面砖等按本表中零星项目装饰抹灰编码列项。
　　2. 墙、柱(梁)面≤0.5m²的少量分散的抹灰按本表中零星抹灰项目编码列项。

5.10.1.2 清单工程量计算

1. **墙面抹灰**

按设计图示尺寸以面积计算。

(1) $\quad S_{外墙} = 外墙(墙裙)垂直投影面积 = 外墙外边线长度 \times 抹灰高度 \quad$ (5.43)

(2) $\quad S_{内墙、裙} = 内墙净长 \times 墙高(净高、墙裙高) \quad$ (5.44)

扣——墙裙(指墙面抹灰)、门窗洞口及单个>0.3m²的孔洞面积;

不扣——踢脚线、挂镜线和墙与构件交接处(指墙与梁的交接处所占面积,不包括墙与楼板的交接)的面积;

不增加——门窗洞口和孔洞的侧壁及顶面不增加面积;

并入——附墙柱、梁、垛、烟囱侧壁并入相应的墙面面积内。

2. **柱、梁面抹灰**

(1) $\quad S_{柱} = 设计柱断面周长 \times 柱高(抹灰高度) \quad$ (5.45)

"柱断面周长"指结构断面周长。

(2) $\quad S_{梁} = 设计梁断面周长 \times 梁长(抹灰长度) \quad$ (5.46)

"梁断面周长"指结构断面周长。

3. **零星项目抹灰**

按设计图示尺寸展开面积计算。

【例 5.29】 建筑平面图如[例 5.25]中图 5.65 所示,窗洞口尺寸均为 1500mm×1800mm,门洞口尺寸为 120mm×2400mm,室内地面至天棚底面净高为 3.2m,内墙采用水泥砂浆抹灰(无墙裙),具体工程做法为:喷乳胶漆两遍;5mm 厚 1:0.3:2.5 水泥石膏砂浆抹面压实抹光;13mm 厚 1:1:6 水泥石膏砂浆打底扫毛;砖墙。

计算内墙面抹灰工程的清单工程量,并编制其工程量清单。

解: 1. 计算清单工程量

$$S = (9-0.24+6-0.24) \times 2 \times 3.2 - 1.5 \times 1.8 \times 5 - 1.2 \times 2.4$$
$$= 76.55(m^2)$$

2. 编制工程量清单

墙面抹灰工程工程量清单,具体内容见表 5.90 "分部分项工程工程量清单"。

表 5.90　　　　　　　　　　　分部分项工程工程量清单

序号	项目编码	项目名称	项 目 特 征	计量单位	工程量
1	011201001001	墙面一般抹灰（内墙）	1. 喷乳胶漆两遍 2. 厚5mm 水泥石膏砂浆 1:0.3:2.5 抹面压实抹光 3. 厚13mm 水泥石膏砂浆 1:1:6 打底扫毛	m^2	76.55

【例 5.30】 某工程有现浇钢筋混凝土矩形柱 8 根,柱结构断面尺寸为 500mm×500mm,柱高为 2.8m,柱面采用水泥砂浆抹灰（无墙裙）。具体工程做法如下:

喷乳胶漆两遍;

5 厚 1:0.3:2.5 水泥石膏砂浆抹面压实抹光;

13 厚 1:1:6 水泥石膏砂浆打底扫毛;

刷素水泥浆一道（内掺水重 3%～5% 的 107 胶）;

混凝土基层。

计算柱面抹灰工程的清单工程量,并编制其工程量清单。

解: 1. 计算清单工程量

$$S = 0.5 \times 4 \times 2.8 \times 8 = 44.80(m^2)$$

2. 编制工程量清单

柱面抹灰工程工程量清单,具体内容见表 5.91 "分部分项工程工程量清单"。

表 5.91　　　　　　　　　　　分部分项工程工程量清单

序号	项目编码	项目名称	项 目 特 征	计量单位	工程量
1	011202001001	柱面一般抹灰	1. 5mm 厚 1:0.3:2.5 水泥石膏砂浆抹面压实抹光 2. 13mm 厚 1:1:6 水泥石膏砂浆打底扫毛 3. 刷素水泥浆一道（内掺水重 3%～5% 的 107 胶）	m^2	44.80

5.10.2　墙面块料面层、柱（梁）面镶贴块料、镶贴零星块料

1. 清单项目划分及工程量计算规则

墙面块料面层、柱（梁）面镶贴块料、镶贴零星块料工程量清单项目设置、项目特征描述的内容、计量单位及工程量计算规则,应按 "GB 50854—2013" 中表 M.4～表 M.6 的规定执行,见表 5.92～表 5.94。

5.10 墙、柱面装饰与隔断、幕墙工程

表5.92　　　　　　　　　　　墙面块料面层（编码：011204）

项目编码	项目名称	项目特征	计量单位	工程量计算规则	工程内容
011204001	石材墙面	1. 墙体类型 2. 安装方式 3. 面层材料品种、规格、颜色 4. 缝宽、嵌缝材料种类 5. 防护材料种类 6. 磨光、酸洗、打蜡要求	m²	按镶贴表面积计算	1. 基层清理 2. 砂浆制作、运输 3. 黏结层铺贴 4. 面层安装 5. 嵌缝 6. 刷防护材料 7. 磨光、酸洗、打蜡
011204002	拼碎石材墙面				
011204003	块料墙面				
011204004	干挂石材钢骨架	1. 骨架种类、规格 2. 防锈漆品种、遍数	t	按设计图示尺寸以质量计算	1. 骨架制作、运输、安装 2. 刷漆

注　1. 在描述碎块项目的面层材料特征时可不用描述规格、颜色。
　　2. 石材、块料与黏结材料的结合面刷防渗材料的种类在防护层材料种类中描述。
　　3. 安装方式可描述为砂浆或黏结剂粘贴、挂贴、干挂等，不论哪种安装方式，都要详细描述与组价相关的内容。

说明：
　　挂贴方式：是对大规格的石材（大理石、花岗石、青石等）使用先挂后灌浆的方式固定于墙、柱面。
　　干挂方式：是指直接干挂法，是通过不锈钢膨胀螺栓、不锈钢挂件、不锈钢连接件、不锈钢钢针等，将外墙饰面板连接在外墙墙面；间接干挂法，是通过固定在墙、柱、梁上的龙骨，再通过各种挂件固定外墙饰面板。

表5.93　　　　　　　　　　　柱（梁）面镶贴块料（编码：011205）

项目编码	项目名称	项目特征	计量单位	工程量计算规则	工程内容
011205001	石材柱面	1. 柱截面类型、尺寸 2. 安装方式 3. 面层材料品种、规格、颜色 4. 缝宽、嵌缝材料种类 5. 防护材料种类 6. 磨光、酸洗、打蜡要求	m²	按镶贴表面积计算	1. 基层清理 2. 砂浆制作、运输 3. 黏结层铺贴 4. 面层安装 5. 嵌缝 6. 刷防护材料 7. 磨光、酸洗、打蜡
011205002	块料柱面				
011205003	拼碎块柱面				
011205004	石材梁面	1. 安装方式 2. 面层材料品种、规格、颜色 3. 缝宽、嵌缝材料种类 4. 防护材料种类 5. 磨光、酸洗、打蜡要求			
011205005	块料梁面				

注　1. 在描述碎块项目的面层材料特征时可不用描述规格、颜色。
　　2. 石材、块料与黏结材料的结合面刷防渗材料的种类在防护层材料种类中描述。
　　3. 柱梁面干挂石材的钢骨架按表M.4相应项目编码列项。

表 5.94　　　　　　　　　　镶贴零星块料（编码：011206）

项目编码	项目名称	项目特征	计量单位	工程量计算规则	工程内容
011206001	石材零星项目	1. 基层类型、部位 2. 安装方式 3. 面层材料品种、规格、颜色 4. 缝宽、嵌缝材料种类 5. 防护材料种类 6. 磨光、酸洗、打蜡要求	m²	按镶贴表面积计算	1. 基层清理 2. 砂浆制作、运输 3. 面层安装 4. 嵌缝 5. 刷防护材料 6. 磨光、酸洗、打蜡
011206002	块料零星项目				
011206003	拼碎块零星项目				

注　1. 在描述碎块项目的面层材料特征时可不用描述规格、颜色。
　　2. 石材、块料与黏结材料的结合面刷防渗材料的种类在防护层材料种类中描述。
　　3. 零星项目干挂石材的钢骨架按表 M.4 相应项目编码列项。
　　4. 墙柱面≤0.5m² 的少量分散的镶贴块料面层应按本表中零星项目执行。

2. 清单工程量计算

（1）墙、柱面及零星项目：按设计块料镶贴表面积计算。

（2）干挂石材钢骨架：按设计图示质量计算。

5.10.3　墙饰面、柱（梁）饰面

5.10.3.1　工程量清单项目

墙饰面、柱（梁）饰面工程量清单项目设置、项目特征描述的内容、计量单位及工程量计算规则，应按"GB 50854—2013"中表 M.7 墙饰面（编码：011207）、表 M.8 柱（梁）饰面（编码：011208）的规定执行。

1. 墙饰面

墙饰面工程量清单设置了墙面装饰板（011207001）、墙面装饰浮雕（011207002）等共 2 个工程量清单项目。

墙面装饰板适用于金属饰面板、塑料饰面板、木质饰面板、软包带衬板饰面等装饰板墙面；墙面装饰浮雕项目适用于不属于仿古建筑工程的项目。

2. 柱（梁）饰面

柱（梁）饰面工程量清单设置了柱（梁）面装饰（011208001）、成品装饰柱（011208002）等共 2 个工程量清单项目。

5.10.3.2　清单工程量计算

1. 墙饰面工程量计算

按设计图示墙净长乘净高以面积计算。扣除门窗洞口及单个＞0.3m² 的孔洞所占面积。

2. 柱（梁）饰面工程量计算

（1）柱（梁）面装饰：按设计图示饰面外围尺寸（指饰面的表面尺寸）以面积计算，柱帽、柱墩并入相应柱饰面工程量内。

（2）成品装饰柱：按设计数量（根）或设计长度（米）计算。

【例 5.31】　某工程有独立柱 4 根，柱高为 6m，柱结构断面为 400mm×400mm，饰面厚度为 51mm。具体工程做法如下：

30mm×40mm 单向木龙骨，间距 400mm。

18mm 厚细木工板基层。

3mm 厚红胡桃面板。

醇酸清漆五遍成活。

计算柱饰面工程的清单工程量,并编制其工程量清单。

解: 1. 计算清单工程量

$$S = (0.4 + 0.051 \text{饰面厚度} \times 2)\text{m} \times 4 \times 6\text{m} \times 4 \text{ 根}$$
$$= 12.048\text{m}^2 \times 4(\text{根}) = 48.19\text{m}^2$$

2. 编制工程量清单

柱饰面工程工程量清单,具体内容见表 5.95 "分部分项工程工程量清单"。

表 5.95   分部分项工程工程量清单

序号	项目编码	项目名称	项 目 特 征	计量单位	工程量
1	011208001001	柱饰面	1. 30mm×40mm 单向木龙骨,间距 400mm 2. 18mm 厚细木工板基层 3. 3mm 厚红胡桃面板 4. 醇酸清漆五遍成活	m²	48.19

5.10.4 幕墙工程

5.10.4.1 清单项目划分及工程量计算规则

幕墙工程工程量清单项目设置、项目特征描述的内容、计量单位及工程量计算规则,应按 "GB 50854—2013" 中表 M.9 的规定执行,见表 5.96。

表 5.96   幕墙工程(编码:011209)

项目编码	项目名称	项目特征	计量单位	工程量计算规则	工程内容
011209001	带骨架幕墙	1. 骨架材料种类、规格、中距 2. 面层材料品种、规格、颜色 3. 面层固定方式 4. 隔离带、框边封闭材料品种、规格 5. 嵌缝、塞口材料种类	m²	按设计图示框外围尺寸以面积计算。与幕墙同种材质的窗所占面积不扣除	1. 骨架制作、运输、安装 2. 面层安装 3. 隔离带、框边封闭 4. 嵌缝、塞口 5. 清洗
011209002	全玻(无框玻璃)幕墙	1. 玻璃品种、规格、颜色 2. 黏结塞口材料种类 3. 固定方式		按设计图示尺寸以面积计算。带肋全玻幕墙按展开面积计算	1. 幕墙安装 2. 嵌缝、塞口 3. 清洗

注 幕墙钢骨架按 M.4 干挂石材钢骨架项目编码列项。

5.10.4.2 清单工程量计算

1. 带骨架幕墙

按设计图示框外围尺寸以面积计算。与幕墙同种材质的窗所占面积不扣除。

2. 全玻幕墙

按设计图示尺寸以面积计算。

3. 带肋全玻幕墙

按展开面积计算。

5.10.5 隔断

5.10.5.1 工程量清单项目

隔断工程量清单项目设置、项目特征描述的内容、计量单位及工程量计算规则，应按"GB 50854—2013"中表 M.10 隔断（编码：011210）的规定执行。

隔断工程量清单设置了木隔断（011210001）、金属隔断（011210002）、玻璃隔断（011210003）、塑料隔断（011210004）、成品隔断（011210005）、其他隔断（011210006）等共 6 个工程量清单项目。

5.10.5.2 清单工程量计算

1. 木隔断

按设计图示框外围尺寸以面积计算。不扣除单个 $\leqslant 0.3 m^2$ 的孔洞所占面积；浴厕门的材质与隔断相同时，门的面积并入隔断面积内。

2. 金属隔断

按设计图示框外围尺寸以面积计算。不扣除单个 $\leqslant 0.3 m^2$ 的孔洞所占面积；浴厕门的材质与隔断相同时，门的面积并入隔断面积内。

3. 玻璃隔断、塑料隔断

按设计图示框外围尺寸以面积计算。不扣除单个 $\leqslant 0.3 m^2$ 的孔洞所占面积。

4. 成品隔断

(1) 以平方米计量，按设计图示框外围尺寸以面积计算。

(2) 以间计量，按设计间的数量以间计算。

5. 其他隔断

按设计图示框外围尺寸以面积计算。不扣除单个 $\leqslant 0.3 m^2$ 的孔洞所占面积

5.10.6 注意事项归纳

(1) 墙柱面抹灰工程项目特征的描述要特别注意抹灰的层数、每层的厚度及各层砂浆的强度等级，要在设计工程做法的基础上密切与工程实际相结合。

(2) 零星项目的适用范围及计算规则，千万不要漏项。同时应注意清单计算规则与《全国统一装饰装修工程消耗量定额》中相关项目计算规则的差别。

(3) 柱抹灰工程量与柱饰面、镶贴块料面层工程量的区别。

(4) 计算有墙裙的墙面抹灰和墙裙工程量时，扣减门窗洞口面积时要注意墙裙高度与门窗洞口的高度关系，分段扣减。

5.11 天 棚 工 程

在"GB 50854—2013"中，天棚工程位于附录 N，包括四个分部工程，分别是：N.1 天棚抹灰；N.2 天棚吊顶；N.3 采光天棚；N.4 天棚其他装饰。

5.11.1 天棚抹灰

5.11.1.1 清单项目划分及工程量计算规则

天棚抹灰工程量清单项目设置、项目特征描述的内容、计量单位及工程量计算规则，应按"GB 50854—2013"中表 N.1 的规定执行，见表 5.97。

5.11 天棚工程

表 5.97　　　　　　　　　　天棚抹灰（编码：011301）

项目编码	项目名称	项目特征	计量单位	工程量计算规则	工程内容
011301001	天棚抹灰	1. 基层类型 2. 抹灰厚度、材料种类 3. 砂浆配合比	m²	按设计图示尺寸以水平投影面积计算。不扣除间壁墙、垛、柱、附墙烟囱、检查口和管道所占的面积，带梁天棚的梁两侧抹灰面积并入天棚面积内，板式楼梯底面抹灰按斜面积计算，锯齿形楼梯底板抹灰按展开面积计算	1. 基层清理 2. 底层抹灰 3. 抹面层

"天棚抹灰"项目适用于在各种基层（混凝土现浇板、预制板、木板条等）上的抹灰工程。

注意：

（1）天棚抹灰一般指石灰砂浆、水泥砂浆、混合砂浆、石膏灰砂浆等天棚抹灰面。

（2）天棚抹灰应按部位、基层、做法不同分别列项计算。

5.11.1.2　清单工程量计算

按设计图示尺寸以水平投影面积计算。

不扣——间壁墙、垛、柱、附墙烟囱、检查口和管道所占的面积。

并入——带梁天棚的梁两侧抹灰面积。

板式楼梯底面抹灰按斜面积计算，锯齿形楼梯底板抹灰按展开面积计算。

【例 5.32】某天棚抹灰工程，天棚净长 8.76m，净宽 5.76m，楼板为钢筋混凝土现浇楼板，板厚为 120mm，在宽度方向有现浇钢筋混凝土单梁 2 根，梁截面尺寸为 250mm×600mm，梁顶与板顶在同一标高。天棚抹灰的工程做法如下：

喷乳胶漆；

6 厚 1:2.5 水泥砂浆抹面；

8 厚 1:3 水泥砂浆打底；

刷素水泥浆一道（内掺 107 胶）；

现浇混凝土板。

计算天棚抹灰工程的清单工程量，并编制其工程量清单。

解：1. 计算清单工程量

$$S = 8.76 \times 5.76 + \underset{\text{梁净高}}{(0.6-0.12)} \times \underset{\text{梁两侧}}{2} \times \underset{\text{根数}}{5.76} \times 2 = 61.52 (\text{m}^2)$$

2. 编制工程量清单

天棚抹灰工程工程量清单，具体内容见表 5.98 "分部分项工程工程量清单"。

表 5.98　　　　　　　　　分部分项工程工程量清单

序号	项目编码	项目名称	项目特征	计量单位	工程量
1	011301001001	天棚抹灰	1. 6mm 厚 1:2.5 水泥砂浆抹面 2. 8mm 厚 1:3 水泥砂浆打底 3. 刷素水泥浆一道（内掺 107 胶）	m²	61.52

【例 5.33】某房屋平面图如[例 5.20]中图 5.59 所示。已知：天棚采用 7 厚 1:1:4 水泥石灰砂浆，5 厚 1:0.5:3 水泥石灰砂浆抹灰。屋面板为现浇、板厚为 100，且③轴二

有一根与天棚相连的单梁（断面为 300×600、梁顶标高与板顶标高一致）。

计算天棚抹灰工程的清单工程量，并编制其工程量清单。

解：1. 计算清单工程量

$$S_{室内天棚} = 3.36 \times 5.76 + 6.96 \times 5.76 = 59.44 (m^2)$$

$$S_{单梁侧面} = (6 - 0.24) \times (0.6 - 0.1) \times 2 = 5.76 (m^2)$$

$$清单工程量 = S_{室内天棚} + S_{单梁侧面} = 59.44 + 5.76 = 65.20 (m^2)$$

2. 编制工程量清单

天棚抹灰工程工程量清单，具体内容见表 5.99 "分部分项工程工程量清单"。

表 5.99　　　　　　　　　　　分部分项工程工程量清单

序号	项目编码	项目名称	项 目 特 征	计量单位	工程量
1	011301001001	天棚抹灰	1. 基层类型：现浇混凝土板； 2. 抹灰砂浆：7厚1:1:4水泥石灰砂浆； 3. 5厚1:0.5:3水泥石灰砂浆抹灰。	m²	65.20

5.11.2　天棚吊顶、采光天棚、天棚其他装饰

5.11.2.1　工程量清单项目

天棚吊顶、采光天棚、天棚其他装饰工程量清单项目设置、项目特征描述的内容、计量单位及工程量计算规则，应按"GB 50854—2013"中表 N.2 天棚吊顶（编号：011302）、N.3 采光天棚（编码：011303）、天棚其他装饰 N.4（编码：011304）的规定执行。

1. 天棚吊顶

天棚吊顶工程量清单设置了吊顶天棚（011302001）、格栅吊顶（011302002）、吊筒吊顶（011302003）、藤条造型悬挂吊顶（011302004）、织物软雕吊顶（011302005）、装饰网架吊顶（011302006）等共 6 个工程量清单项目。

"天棚吊顶"项目适用于形式上非漏空式的天棚吊顶。

吊顶形式是指平面、跌级、锯齿形、阶梯形、吊挂式、藻井式以及矩形、弧形、拱形等形式，如图 5.69 所示，应在清单项目中进行描述。

平面：指吊顶面层在同一平面上的天棚。

跌级：指形状比较简单，不带灯槽、一个空间只有一个"凸"或"凹"形状的天棚。

基层材料：是指底板或面层背后的加强材料。

面层材料的品种：石膏板、埃特板、装饰吸声罩面板、塑料装饰罩面板、纤维水泥加压板、金属装饰板、木质饰板、玻璃饰面。

2. 采光天棚

采光天棚骨架应单独按金属结构工程相关项目编码列项。

5.11.2.2　清单工程量计算

1. 天棚吊顶

（1）吊顶天棚：按设计图示尺寸以水平投影面积计算。

不扣除——间壁墙、检查口、附墙烟囱、柱垛和管道所占面积。

扣除——单个>0.3m² 的孔洞、独立柱及与天棚相连的窗帘盒所占的面积。

注意：天棚面中的灯槽及跌级、锯齿形、吊挂式、藻井式天棚面积不展开计算。

5.11 天棚工程

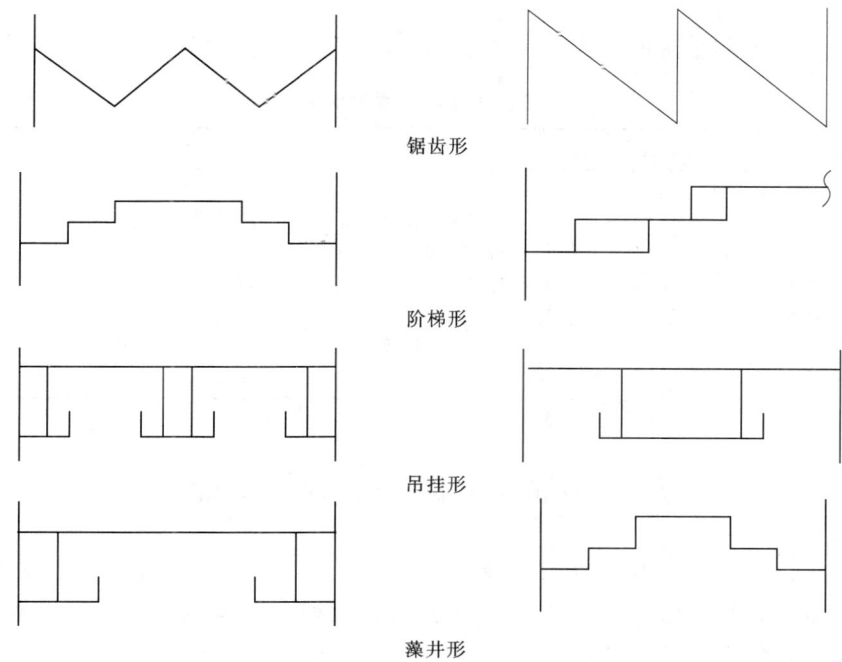

锯齿形

阶梯形

吊挂形

藻井形

图 5.69 吊顶形式示意图

需要说明的是：天棚吊顶与天棚抹灰工程量计算规则有所不同：天棚抹灰不扣除柱和垛所占面积；天棚吊顶也不除柱垛所占面积，但应扣除独立柱所占面积。柱垛是指与墙体相连的柱而突出墙体部分。

(2) 格栅吊顶、吊筒吊顶、藤条造型悬挂吊顶、织物软雕吊顶、装饰网架吊顶。

工程量计算：按设计图示尺寸以水平投影面积计算。

2. 采光天棚

按框外围展开面积计算。

3. 天棚其他装饰

(1) 灯带（槽）工程量：按设计图示尺寸以框外围面积计算。

(2) 送风口、回风口工程量：按设计图示数量计算。

5.11.2.3 本节归纳

(1) 在计算天棚抹灰工程量时，不要只套用地面面积而忽略梁侧抹灰面积。

(2) 楼梯底面抹灰应按斜面积计算。

(3) 计算天棚吊顶工程量时应扣除独立柱、$0.3m^2$ 以上孔洞及与天棚相连的窗帘盒所占的面积。

【例 5.34】 某建筑物平面如 [例 5.25] 中图 5.65 所示，设计采用纸面石膏板吊顶天棚，具体工程做法为刮腻子喷乳胶漆两遍，纸面石膏板规格为 1200mm×800mm×6mm，U形轻钢龙骨，钢筋吊杆，钢筋混凝土楼板。

计算纸面石膏板天棚工程的清单工程量，并编制其工程量清单。

解：1. 计算清单工程量

$$S=(3\times3-0.12\times2)\times(3\times2-0.12\times2)-0.3\times0.3\times2=50.28(m^2)$$

2. 编制工程量清单

天棚抹灰工程工程量清单,具体内容见表5.100"分部分项工程工程量清单"。

表 5.100　　　　　　　　　　分部分项工程工程量清单

序号	项目编码	项目名称	项目特征	计量单位	工程量
1	011302001001	天棚吊顶	1. 刮腻子喷乳胶漆两遍 2. 纸面石膏板规格 1200mm×800mm×6mm U形轻钢龙骨 3. 钢筋吊杆 4. 钢筋混凝土楼板	m²	50.28

5.12　油漆、涂料、裱糊工程

在"GB 50854—2013"中,油漆、涂料、裱糊工程位于附录P,包括八个分部工程,分别是:P.1 门油漆;P.2 窗油漆;P.3 木扶手及其他板条、线条油漆;P.4 木材面油漆;P.5 金属面油漆;P.6 抹灰面油漆;P.7 喷刷涂料;P.8 裱糊。

5.12.1　油漆

油漆包括门油漆,窗油漆,木扶手及其他板条、线条油漆,木材面油漆,金属面油漆,抹灰面油漆等。

油漆工程量清单项目设置、项目特征描述的内容、计量单位及工程量计算规则,应按"GB 50854—2013"中表P.1~表P.6的规定执行,见表5.101~表5.106。

表 5.101　　　　　　　　　　门油漆(编码:011401)

项目编码	项目名称	项目特征	计量单位	工程量计算规则	工程内容
011401001	木门油漆	1. 门类型 2. 门代号及洞口尺寸 3. 腻子种类 4. 刮腻子遍数 5. 防护材料种类 6. 油漆品种、刷漆遍数	1. 樘 2. m²	1. 以樘计量,按设计图示数量计量 2. 以平方米计量,按设计图示洞口尺寸以面积计算	1. 基层清理 2. 刮腻子 3. 刷防护材料、油漆
011401002	金属门油漆				1. 除锈、基层清理 2. 刮腻子 3. 刷防护材料、油漆

注　1. 木门油漆应区分木大门、单层木门、双层(一玻一纱)木门、双层(单裁口)木门、全玻自由门、半玻自由门、装饰门及有框门或无框门等项目,分别编码列项。
　　2. 金属门油漆应区分平开门、推拉门、钢制防火门等项目,分别编码列项。
　　3. 以平方米计量,项目特征可不必描述洞口尺寸。

说明:"腻子种类"分石膏油腻子(熟桐油、石膏粉、适量水)、胶腻子(大白、色粉、羧甲基纤维素)、漆片腻子(漆片、酒精、石膏粉、适量色粉)、油腻子(矾石粉、桐油、脂肪酸、松香)等。

"刮腻子要求"指刮腻子遍数(道数)或满刮腻子或找补腻子等。

5.12 油漆、涂料、裱糊工程

表 5.102　　　　　　　　　　窗油漆（编码：011402）

项目编码	项目名称	项目特征	计量单位	工程量计算规则	工程内容
011402001	木窗油漆	1. 窗类型 2. 窗代号及洞口尺寸 3. 腻子种类 4. 刮腻子遍数 5. 防护材料种类 6. 油漆品种、刷漆遍数	1. 樘 2. m²	1. 以樘计量，按设计图示数量计量 2. 以平方米计量，按设计图示洞口尺寸以面积计算	1. 基层清理 2. 刮腻子 3. 刷防护材料、油漆
011402002	金属窗油漆				1. 除锈、基层清理 2. 刮腻子 3. 刷防护材料、油漆

注　1. 木窗油漆应区分单层木门、双层（一玻一纱）木窗、双层框扇（单裁口）木窗、双层框三层（二玻一纱）木窗、单层组合窗、双层组合窗、木百叶窗、木推拉窗等项目，分别编码列项。
　　2. 金属窗油漆应区分平开窗、推拉窗、固定窗、组合窗、金属隔栅窗分别列项。
　　3. 以平方米计量，项目特征可不必描述洞口尺寸。

表 5.103　　　　　　　木扶手及其他板条、线条油漆（编码：011403）

项目编码	项目名称	项目特征	计量单位	工程量计算规则	工程内容
011403001	木扶手油漆	1. 断面尺寸 2. 腻子种类 3. 刮腻子遍数 4. 防护材料种类 5. 油漆品种、刷漆遍数	m	按设计图示尺寸以长度计算	1. 基层清理 2. 刮腻子 3. 刷防护材料、油漆
011403002	窗帘盒油漆				
011403003	封檐板、顺水板油漆				
011403004	挂衣板、黑板框油漆				
011403005	挂镜线、窗帘棍、单独木线油漆				

注　木扶手应区分带托板与不带托板，分别编码列项，若是木栏杆代扶手，木扶手不应单独列项，应包含在木栏杆油漆中。

表 5.104　　　　　　　　　木材面油漆（编码：011404）

项目编码	项目名称	项目特征	计量单位	工程量计算规则	工程内容
011404001	木护墙、木墙裙油漆	1. 腻子种类 2. 刮腻子遍数 3. 防护材料种类 4. 油漆品种、刷漆遍数	m²	按设计图示尺寸以面积计算	1. 基层清理 2. 刮腻子 3. 刷防护材料、油漆
011404002	窗台板、筒子板、盖板、门窗套、踢脚线油漆				
011404003	清水板条天棚、檐口油漆				
011404004	木方格吊顶天棚油漆				
011404005	吸音板墙面、天棚面油漆				
011404006	暖气罩油漆				
011404007	其他木材面				
011404008	木间壁、木隔断油漆			按设计图示尺寸以单面外围面积计算	
011404009	玻璃间壁露明墙筋油漆				
011404010	木栅栏、木栏杆（带扶手）油漆				
011404011	衣柜、壁柜油漆			按设计图示尺寸以油漆部分展开面积计算	
011404012	梁柱饰面油漆				
011404013	零星木装修油漆				
011404014	木地板油漆			按设计图示尺寸以面积计算。空洞、空圈、暖气包槽、壁龛的开口部分并入相应的工程量内	
011404015	木地板烫硬蜡面				1. 基层清理 2. 烫蜡

表 5.105　　　　　　　　金属面油漆（编码：011405）

项目编码	项目名称	项目特征	计量单位	工程量计算规则	工程内容
011405001	金属面油漆	1. 构件名称 2. 腻子种类 3. 刮腻子要求 4. 防护材料种类 5. 油漆品种、刷漆遍数	1. t 2. m²	1. 以吨计量，按设计图示尺寸以质量计算 2. 以平方米计量，按设计展开面积计算	1. 基层清理 2. 刮腻子 3. 刷防护材料、油漆

表 5.106　　　　　　　　抹灰面油漆（编码：011406）

项目编码	项目名称	项目特征	计量单位	工程量计算规则	工程内容
011406001	抹灰面油漆	1. 基层类型 2. 腻子种类 3. 刮腻子遍数 4. 防护材料种类 5. 油漆品种、刷漆遍数 6. 部位	m²	按设计图示尺寸以面积计算	1. 基层清理 2. 刮腻子 3. 刷防护材料、油漆
011406002	抹灰线条油漆	1. 线条宽度、道数 2. 腻子种类 3. 刮腻子遍数 4. 防护材料种类 5. 油漆品种、刷漆遍数	m	按设计图示尺寸以长度计算	
011406003	满刮腻子	1. 基层类型 2. 腻子种类 3. 刮腻子遍数	m²	按设计图示尺寸以面积计算	1. 基层清理 2. 刮腻子

5.12.2 喷刷涂料

5.12.2.1 工程量清单项目

喷刷涂料（编码：011407）工程量清单设置了墙面喷刷涂料（011407001）、天棚喷刷涂料（011407002）、空花格、栏杆刷涂料（011407003）、线条刷涂料（011407004）、金属构件刷防火涂料（011407005）、木材构件喷刷防火涂料（011407006）等共 6 个工程量清单项目。

5.12.2.2 工程量清单计算

1. 墙面、天棚喷刷涂料

按设计图示尺寸以面积计算。

2. 空花格、栏杆刷涂料

按设计图示尺寸以单面外围面积计算。

3. 线条刷涂料

按设计图示尺寸以长度计算。

4. 金属构件刷防火涂料

（1）以吨计量，按设计图示尺寸以质量计算；

（2）以平方米计量，按设计展开面积计算。

5. 木构件刷防火涂料

以平方米计量，按设计图示尺寸以面积计算。

注意：
(1) 工程量以面积计算的油漆、涂料项目，线脚、线条、压条等不展开。
(2) 喷刷墙面涂料部位要注明内墙或外墙。

5.12.3 裱糊

5.12.3.1 工程量清单项目

裱糊（编码：011408）工程量清单设置了墙纸裱糊（011408001）、织锦缎裱糊（011408002）等共2个工程量清单项目。

5.12.3.2 工程量清单计算

裱糊清单工程量计算：按设计图示尺寸以面积计算。

【例 5.35】 某房屋平面及屋面如图 5.70 所示。已知：建筑层高 3.6m，室内外高差 0.450m。屋面板为现浇、板厚为 100，且有一根与天棚相连的单梁（断面为 240×600、梁顶标高与板顶标高均 3.600m）。本工程门窗表见表 5.107，油漆、涂料做法见表 5.108。

计算油漆、涂料工程清单工程量，并编制其工程量清单。

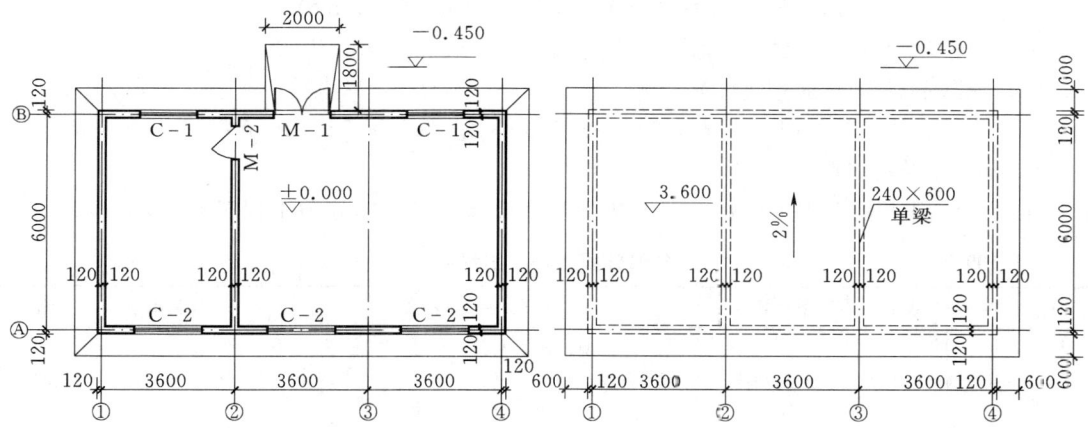

图 5.70 某房屋底层及屋顶平面示意图

表 5.107　　　　　　　　　　门　窗　表

类型	设计编号	洞口尺寸/(mm×mm)	数量	备　注
窗	C-1	1500×2100	2	90系列铝合金推拉窗
	C-2	1300×2100	3	90系列铝合金推拉窗
门	M-1	1500×3000	1	100系列铝合金平开门
	M-2	900×2400	1	无玻胶合板门

表 5.108　　　　　　　　　　油漆、涂料做法

部　位	做　法
木门油漆	内外分色，底油一遍，调和漆两遍
内墙、天棚	抹灰面外满刮白水泥腻子，刷乳胶漆两遍
挑檐底面	抹灰面外刮成品腻子，一底两面乳胶漆

解： 1. 列项

按"GB 50854—2013"的有关规定，本例中油漆、涂料工程可列"木门油漆、抹灰面油漆（内墙面）、抹灰面油漆（天棚面）、抹灰面油漆（挑檐底面）"四个清单项目。

2. 清单工程量计算

（1）木门油漆。
$$S = 0.9 \times 2.4 = 2.16(m^2)$$

（2）抹灰面油漆（内墙面）。
$$S_{内墙} = [(3.6-0.24+6-0.24) \times 2 + (7.2-0.24+6-0.24) \times 2] \times 3.5$$
$$= 152.88(m^2)$$
$$S_{扣门窗} = 1.5 \times 3 + 1.5 \times 2.1 \times 2 + 1.8 \times 2.1 \times 3 + 0.9 \times 2.4 \times 2 = 26.46(m^2)$$
$$内墙面油漆清单工程量 = S_{内墙} - S_{扣门窗} = 152.88 - 26.46 = 126.42(m^2)$$

（3）抹灰面油漆（天棚面）。
$$S_{室内天棚} = 3.36 \times 5.76 + 6.96 \times 5.76 = 59.44(m^2)$$
$$S_{单梁侧面} = (6-0.24) \times 0.5 \times 2 = 5.76(m^2)$$
天棚面油漆清单工程量 $= S_{室内天棚} + S_{单梁侧面} = 59.44 + 5.76 = 65.20(m^2)$

（4）抹灰面油漆（挑檐底面）。
$$S = [(11.04+6.24) \times 2 + 0.6 \times 4] \times 0.6 = 22.18(m^2)$$

3. 编制工程量清单

油漆、涂料工程工程量清单，具体内容见表 5.109 "分部分项工程工程量清单"。

表 5.109　　　　　　　　　分部分项工程工程量清单

序号	项目编码	项目名称	项目特征	计量单位	工程量
1	011401001001	木门油漆	1. 门类型：普通木门 2. 底漆：底油一遍 3. 面漆：调和漆两遍，内外分色	m^2	2.16
2	011406001001	抹灰面油漆 （内墙面）	1. 基层类型：墙体抹灰面 2. 满刮白水泥腻子 3. 面漆：乳胶漆两遍	m^2	126.42
3	011406001002	抹灰面油漆 （天棚面）	1. 基层类型：天棚抹灰面 2. 满刮白水泥腻子 3. 面漆：乳胶漆两遍	m^2	65.20
4	011406001003	抹灰面油漆	1. 基层类型：挑檐抹灰面 2. 满成品腻子 3. 油漆：一底两面乳胶漆	m^2	22.18

5.13　措　施　项　目

按照"GB 50854—2013"规定，结合房屋建筑装饰工程实际情况，本节主要学习技术措施项目［脚手架工程、混凝土模板及支架（撑）、垂直运输、超高施工增加、大型机械设备进出场及安拆、施工排水与降水］；组织措施项目（安全文明施工、夜间施工、二次搬运和冬雨季施工）等内容的工程量清单计量。

5.13 措施项目

5.13.1 施工技术措施项目

5.13.1.1 脚手架工程

1. 清单项目划分及工程量计算规则

脚手架工程工程量清单项目设置、项目特征描述的内容、计量单位及工程量计算规则，应按"GB 50854—2013"中表 S.1 的规定执行，见表 5.110。

表 5.110　　　　　　　　脚手架工程（编码：011701）

项目编码	项目名称	项目特征	计量单位	工程量计算规则	工程内容
011701001	综合脚手架	1. 建筑结构形式 2. 檐口高度	m²	按建筑面积计算	1. 场内、场外材料搬运 2. 搭、拆脚手架、斜道、上料平台 3. 安全网的铺设 4. 择附墙点与主体连接 5. 测试电动装置、安全锁等 6. 拆除脚手架后材料的堆放
011701002	外脚手架	1. 搭设方式 2. 搭设高度 3. 脚手架材质		按所服务对象的垂直投影面积计算	1. 场内、场外材料搬运 2. 搭、拆脚手架、斜道、上料平台 3. 安全网的铺设 4. 拆除脚手架后材料的堆放
011701003	里脚手架				
011701004	悬空脚手架	1. 搭设方式 2. 悬挑宽度 3. 脚手架材质		按搭设的水平投影面积计算	
011701005	挑脚手架		m	按搭设长度乘以搭设层数以延长米计算	
011701006	满堂脚手架	1. 搭设方式 2. 搭设高度 3. 脚手架材质		按搭设的水平投影面积计算	
011701007	整体提升架	1. 搭设方式及启动装置 2. 搭设高度	m²	按所服务对象的垂直投影面积计算	1. 场内、场外材料搬运 2. 择附墙点与主体连接 3. 搭、拆脚手架、斜道、上料平台 4. 安全网的铺设 5. 测试电动装置、安全锁等 6. 拆除脚手架后材料的堆放
011701008	外装饰吊篮	1. 升降方式及启动装置 2. 搭设高度及吊篮型号	m²	按所服务对象的垂直投影面积计算	1. 场内、场外材料搬运 2. 吊篮的安装 3. 测试电动装置、安全锁、平衡控制器等 4. 吊篮的拆卸

注　1. 使用综合脚手架时，不再使用外脚手架、里脚手架等单项脚手架；综合脚手架适用于能够按"建筑面积计算规则"计算建筑面积的建筑工程脚手架，不适用于房屋加层、构筑物及附属工程脚手架。
　　2. 同一建筑物有不同檐高时，按建筑物竖向切面分别按不同檐高编列清单项目。
　　3. 整体提升架已包括 2m 高的防护架体设施。
　　4. 脚手架材质可以不描述，但应注明由投标人根据工程实际情况按照国家现行标准《建筑施工扣件式钢管脚手架安全技术规范》《建筑施工附着升降脚手架管理规定》(JGJ 130) 等规范自行确定。

2. 相关说明

（1）综合脚手架。

1)"建筑结构形式"是指单层、全现浇结构、混合结构、框架结构等。

2)"檐口高度"是指设计室外地坪至檐口滴水的高度(平屋顶是指屋面板底高度),突出主体建筑屋顶的电梯机房、楼梯出口间、水箱间、瞭望塔、排烟机房等不计入檐口高度。

注意:

同一建筑物有不同檐高时,按建筑物塑竖向切面分别按不同檐高编列清单项目。

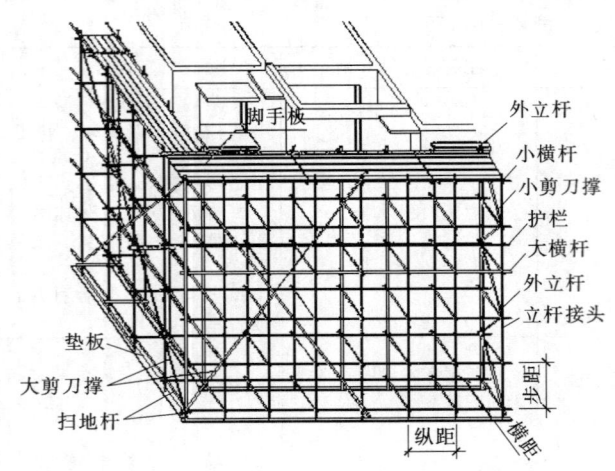

图 5.71 双排外脚手架

(2)外脚手架、里脚手架。沿建筑物外围搭设的脚手架称为外脚手架。它可用于砌筑和装修,砌筑时逐层搭设,外装修工程完毕后逐层拆除,基本上服务于施工全过程。根据搭设方式有单排和双排两种。双排外脚手架,如图5.71所示。

里脚手架搭设与建筑物内部,每砌完一层墙后,即将转移到上一层楼面,进行新一层砌体砌筑,它可用于内外墙的砌筑和室内装饰工程。

(3)悬空脚手架、挑脚手架。挑脚手架搭设方式有多种,其中悬挑梁式脚手架搭设方式是在建筑物内预留洞口,用型钢制成悬挑梁作为搭设双排外脚手架的平台,使脚手架上的荷重直接由建筑物承载,起到了卸载作用。

(4)满堂脚手架。满堂脚手架是指在施工作业面上满铺设的,纵、横向各超过3排立杆的整块形落地式多立杆脚手架,主要用于室内装修及其他单面积的高空作业。

(5)整体提升架。整体提升架也称为导轨式爬架、导轨附着式提升架。其主要特征是脚手架沿固定在建筑物导轨升降,而且提升设备也固定在导轨上。它是一种用于高层建筑外脚手架工程施工的成套施工设备,包括支架(底部桥架)、爬升机构、动力及控制系统和安全防坠装置四大部分,如图5.72所示。

(6)外装饰吊篮。外装饰吊篮脚手架又称吊脚手架,它是利用吊索悬吊吊篮进行操作的一种脚手架,常用于外装饰工程。

【例 5.36】 某建筑物入口大厅室内净高度为 8.9m,净长度为 16m,净宽度为 9.5m。计算满堂脚手架工程清单工程量,并编制其工程量清单。

图 5.72 整体提升架

解: 1. 计算清单工程量

满堂脚手架工程量=室内搭设的水平投影面积=室内净长度×室内净宽度
$$=16 \times 9.5 = 152.00 (m^2)$$

2. 编制工程量清单

满堂脚手架工程工程量清单,具体内容见表 5.111 "分部分项工程工程量清单"。

表 5.111 分部分项工程工程量清单

序号	项目编码	项目名称	项目特征	计量单位	工程量
1	011701006001	满堂脚手架	1. 钢管扣件式脚手架 2. 搭设高度 8.9m	m^2	152.00

【例 5.37】 某建筑物外墙外边线总长为 96.6m,檐高 19.6m,外墙抹灰需搭设手动吊篮脚手架。计算外装饰吊篮工程清单工程量,并编制其工程量清单。

解: 1. 计算清单工程量

外装饰吊篮脚手架工程量=所服务对象的垂直投影面积(外墙面垂直投影面积)
$$= L_{外} \times 外墙面高度 = 96.60 \times 19.60 = 1893.36 (m^2)$$

2. 编制工程量清单

外装饰吊篮脚手架工程工程量清单,具体内容见表 5.112 "分部分项工程工程量清单"。

表 5.112 分部分项工程工程量清单

序号	项目编码	项目名称	项目特征	计量单位	工程量
1	011701008001	外装饰吊篮脚手架	1. 手动 2. 搭设高度 19.6m	m^2	1893.36

5.13.1.2 混凝土模板及支架(撑)

1. 清单项目划分及工程量计算规则

混凝土模板及支架(撑)工程工程量清单项目设置、项目特征描述的内容、计量单位及工程量计算规则,应按"GB 50854—2013"中表 S.2 的规定执行,见表 5.113。

表 5.113 混凝土模板及支架(撑)(编码:011702)

项目编码	项目名称	项目特征	计量单位	工程量计算规则	工程内容
011702001	基础	基础类型	m^2	按模板与现浇混凝土构件的接触面积计算。 1. 现浇钢筋混凝土墙、板单孔面积 ≤0.3m² 的孔洞不予扣除,洞侧壁模板也不增加;单孔面积>0.3m² 时应予扣除,洞侧壁模板面积并入墙、板工程量内计算 2. 现浇框架分别按梁、板、柱有关规定计算;附墙柱、暗梁、暗柱并入墙内工程量内计算 3. 柱、梁、墙、板相互连接的重叠部分,均不计算模板面积 4. 构造柱按图示外露部分计算模板面积	1. 模板制作 2. 模板安装、拆除、整理堆放及场内外运输 3. 清理模板黏结物及模内杂物、刷隔离剂等
011702002	矩形柱				
011702003	构造柱				
011702004	异形柱	柱截面形状			
011702005	基础梁	梁截面形状			

183

续表

项目编码	项目名称	项目特征	计量单位	工程量计算规则	工程内容
011702006	矩形梁	支撑高度			
011702007	异形梁	1. 梁截面形状 2. 支撑高度			
011702008	圈梁			按模板与现浇混凝土构件的接触面积计算。 1. 现浇钢筋混凝土墙、板单孔面积≤0.3m² 的孔洞不予扣除，洞侧壁模板也不增加；单孔面积＞0.3m² 时应予扣除，洞侧壁模板面积并入墙、板工程量内计算。 2. 现浇框架分别按梁、板、柱有关规定计算；附墙柱、暗梁、暗柱并入墙内工程量内计算。 3. 柱、梁、墙、板相互连接的重叠部分，均不计算模板面积 4. 构造柱按图示外露部分计算模板面积	
011702009	过梁				
011702010	弧形、拱形梁	1. 梁截面形状 2. 支撑高度			
011702011	直形墙				
011702012	弧形墙				
011702013	短肢剪力墙、电梯井壁				
011702014	有梁板		支撑高度		
011702015	无梁板				
011702016	平板				
011702017	拱板				
011702018	薄壳板				
011702019	空心板				
011702020	其他板				
011702021	栏板				1. 模板制作 2. 模板安装、拆除、整理堆放及场内外运输 3. 清理模板黏结物及模内杂物、刷隔离剂等
011702022	天沟、檐沟	构件类型	m²	按模板与现浇混凝土构件的接触面积计算	
011702023	雨篷、悬挑板、阳台板	1. 构件类型 2. 板厚度		按图示外挑部分尺寸的水平投影面积计算，挑出墙外的悬臂梁及板边不另计算	
011702024	楼梯	类型		按楼梯（包括休息平台、平台梁、斜梁和楼层板的连接梁）的水平投影面积计算，不扣除宽度≤500mm 的楼梯井所占面积，楼梯踏步、踏步板、平台梁等侧面模板不另计算，伸入墙内部分也不增加	
011702025	其他现浇构件	构件类型		按模板与现浇混凝土构件的接触面积计算	
011702026	电缆沟、地沟	1. 沟类型 2. 沟截面		按模板与电缆沟、地沟接触的面积计算	
011702027	台阶	台阶踏步宽		按图示台阶水平投影面积计算，台阶端头两侧不另计算模板面积。架空式混凝土台阶，按现浇楼梯计算	
011702028	扶手	扶手断面尺寸		按模板与扶手的接触面积计算	
011702029	散水			按模板与散水的接触面积计算	
011702030	后浇带	后浇带部位		按模板与后浇带的接触面积计算	
011702031	化粪池	1. 化粪池部位 2. 化粪池规格		按模板与混凝土接触面积计算	
011702032	检查井	1. 检查井部位 2. 检查井规格			

注 1. 原槽浇灌的混凝土基础，不计算模板。
2. 混凝土模板及支撑（架）项目，只适用于以平方米计量，按模板与混凝土构件的接触面积计算。以"立方米"计量的模板及支撑（支架），按混凝土及钢筋混凝土实体项目执行，综合单价中应包含模板及支撑（支架）。
3. 采用清水模板时，应在特征中注明。
4. 若现浇混凝土梁、板支撑高度超过 3.6m 时，项目特征应描述支撑高度。

2. 相关说明

(1) 柱。

1) 柱与梁、柱与墙等连接的重叠部分，均不计算模板面积，附墙柱、暗柱并入墙内工程量内计算。

2) 构造柱按图示外露部分计算模板面积。留马牙槎的按最宽面计算模板宽度，构造柱与墙接触面不计算模板面积。

(2) 梁。梁与柱、梁与梁等连接的重叠部分以及伸入墙内的梁头不计算模板面积。

1) 边跨梁和中间梁模板高度计算的不同。

2) 当圈梁与过梁连接时，圈梁模板中应扣除过梁模板，过梁长度按图纸设计长度；图纸无规定时，取门窗洞口宽+0.5m。

(3) 墙。墙上单孔面积在 $0.3m^2$ 以内的孔洞，不予扣除，洞侧壁模板亦不增加；单孔面积在 $0.3m^2$ 以外时，应予扣除，洞侧壁模板面积并入墙模板工程量之内计算；附墙柱、暗柱、暗梁模板并入墙模板工程量内计算。

(4) 板。板上单孔面积在 $0.3m^2$ 以内的孔洞，不予扣除，洞侧壁模板也不增加；单孔面积在 $0.3m^2$ 以外时，应予扣除，洞侧壁模板面积并入板模板工程量之内计算。

(5) 雨篷、悬挑板、阳台板。挑出墙外的悬臂梁及板边不另计算。

(6) 天沟、挑檐。檐的支模位置有三处：挑檐板底、挑檐立板两侧。

(7) 楼梯。

1) 楼梯的踏步、踏步板、平台梁等侧面模板不另作计算。

2) 水平投影面积包括休息平台、平台梁、斜梁及连接楼梯与楼板的梁。在此范围内的构件，不再单独计算；此范围以外的，应另列项目单独计算。

(8) 台阶。

1) 台阶端头两侧不另计算模板面积。

2) 不包括梯带，但台阶与平台连接时，其分界线以最上层踏步外沿加 300mm 计算。

3) 架空式混凝土台阶按现浇楼梯计算。

【例 5.38】 某混凝土台阶平面图如图 5.73 所示。计算台阶模板工程清单工程量，并编制其工程量清单。

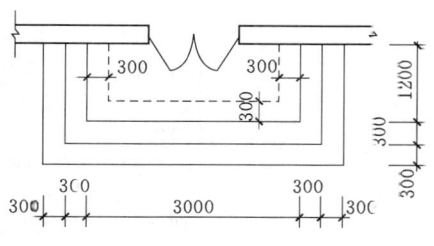

图 5.73 某混凝土台阶平面图

解： 1. 计算清单工程量

台阶与平台相连，则台阶应算至最上一层踏步外沿加 300mm，如图中虚线所示。

故：台阶模板工程量＝台阶水平投影面积

$$=(3.0+0.3\times4)\times(0.9+0.3\times2)-(3.0-0.3\times2)\times(0.9-0.3)$$

$$=6.30-1.44=4.86(m^2)$$

2. 编制工程量清单

台阶模板工程工程量清单，具体内容见表 5.114 "分部分项工程工程量清单"。

表 5.114　　　　　　　　　　　分部分项工程工程量清单

序号	项目编码	项目名称	项目特征	计量单位	工程量
1	011702027	台阶模板	台阶踏步宽300	m²	4.86

5.13.1.3　垂直运输、超高施工增加

1. 清单项目划分及工程量计算规则

垂直运输工程量清单项目设置、项目特征描述的内容、计量单位及工程量计算规则，应按"GB 50854—2013"中表 S.3、表 S.4 的规定执行，见表 5.115 和表 5.116。

表 5.115　　　　　　　　　　　垂直运输（编码：011703）

项目编码	项目名称	项目特征	计量单位	工程量计算规则	工程内容
011703001	垂直运输	1. 建筑物建筑类型及结构形式 2. 地下室建筑面积 3. 建筑物檐口高度、层数	1. m² 2. 天	1. 按建筑面积计算 2. 按施工工期日历天数计算	1. 垂直运输机械的固定装置、基础制作、安装 2. 行走式垂直运输机械轨道的铺设、拆除、摊销

注　1. 建筑物的檐口高度是指设计室外地坪至檐口滴水的高度（平屋顶系指屋面板底高度），突出主体建筑物屋顶的电梯机房、楼梯出入间、水箱间、瞭望塔、排烟机房等不计入檐口高度。
　　2. 垂直运输指施工工程在合理工期内所需垂直运输机械。
　　3. 同一建筑物有不同檐高时，按建筑物的不同檐高做纵向分割，分别计算建筑面积，以不同檐高分别编码列项。

表 5.116　　　　　　　　　　　超高施工增加（编码：011704）

项目编码	项目名称	项目特征	计量单位	工程量计算规则	工程内容
011704001	超高施工增加	1. 建筑物建筑类型及结构形式 2. 建筑物檐口高度、层数 3. 单层建筑物檐口高度超过20m，多层建筑物超过6层部分的建筑面积	m²	按建筑物超高部分的建筑面积计算	1. 建筑物超高引起的人工工效降低以及由于人工工效降低引起的机械降效 2. 高层施工用水加压水泵的安装、拆除及工作台班 3. 通信联络设备的使用及摊销

注　1. 单层建筑物檐口高度超过20m，多层建筑物超过6层时，可按超高部分的建筑面积计算超高施工增加。计算层数时，地下室不计入层数。
　　2. 同一建筑物有不同檐高时，可按不同高度的建筑面积分别计算建筑面积，以不同檐高分别编码列项。

2. 相关说明

（1）垂直运输是指施工工程在合理工期内所需垂直运输机械，常见垂直运输设备有龙门架、塔吊、施工电梯。

（2）建筑结构形式是指单层、全现浇结构、混合结构、框架结构等。

（3）按施工工期日历天数计算。

【例 5.39】某高层建筑平面图和立面图如图 5.74 所示，框剪结构，女儿墙高度为 1.8m。施工组织设计中，垂直运输，采用自升式塔式起重机及单笼施工电梯。根据此背景资料，计算该高层建筑物的垂直运输及超高施工增加的分部分项工程量，并编制其工程量清单。

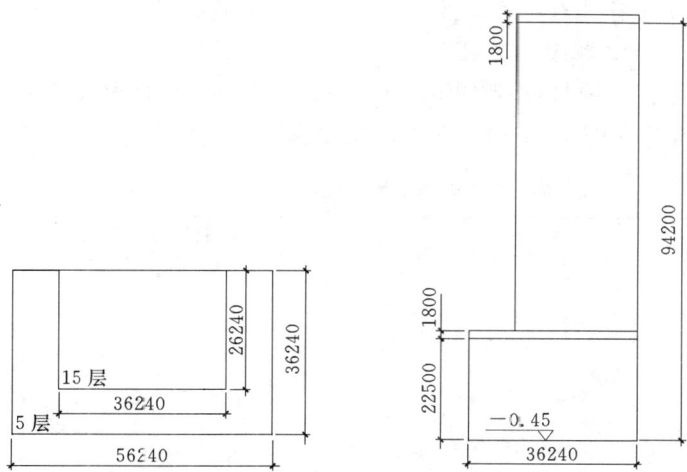

图 5.74 某建筑物平面图和立面图

解：1. 列项

按"GB 50854—2013"的有关规定，同一建筑物有不同檐高时，按建筑物的不同檐高做纵向分割，分别计算建筑面积，以不同檐高分别编码列项。本例中需列"檐高 22.5m 以内垂直运输"和"檐高 94.2m 以内垂直运输"两项。因该高层建筑物超过 6 层，故需列"超高施工增加"，共三个清单项目。

2. 计算清单工程量

（1）檐高 22.5m 以内垂直运输：

建筑面积＝(56.24×36.24－36.24×26.24)×5＝5463.00(m²)

（2）檐高 94.2m 以内垂直运输：

建筑面积＝26.244×36.24×5＋36.24×26.24×15＝19018.75(m²)

（3）超高施工增加：

超过 6 层的建筑面积＝36.24×26.24×14＝13313.13(m²)

3. 编制工程量清单

某高层建筑工程的垂直运输、超高施工增加工程量清单，具体内容见表 5.117"分部分项工程工程量清单"。

表 5.117　　　　　　　　分部分项工程工程量清单

序号	项目编码	项目名称	项目特征	计量单位	工程量
1	011703001001	檐高 22.5m 以内垂直运输	1. 框剪结构 2. 檐高以内 3. 5 层	m²	5463.00
2	011703001002	檐高 94.2m 以内垂直运输	1. 框剪结构 2. 檐高以内 3. 20 层	m²	19018.75
3	011704001001	超高施工增加	1. 框剪结构 2. 檐高以内 3. 20 层	m²	13313.13

5.13.1.4 大型机械设备进出场及安拆、施工排水、降水

1. 清单项目划分及工程量计算规则

垂直运输工程量清单项目设置、项目特征描述的内容、计量单位及工程量计算规则,应按"GB 50854—2013"中表 S.5 和表 S.6 的规定执行,见表 5.118 和表 5.119。

表 5.118 　　　　大型机械设备进出场及安拆(编码:011705)

项目编码	项目名称	项目特征	计量单位	工程量计算规则	工程内容
011705001	大型机械设备进出场及安拆	1. 机械设备名称 2. 机械设备规格型号	台次	按使用机械设备的数量计算	1. 安拆费包括施工机械、设备在现场进行安装拆卸所需人工、材料、机械和试运转费用以及机械辅助设施的折旧、搭设、拆除等费用 2. 进出场费包括施工机械、设备整体或分体自停放地点运至施工现场或由一施工地点运至另一施工地点所发生的运输、装卸、辅助材料等费用

表 5.119 　　　　　　施工排水、降水(编码:011706)

项目编码	项目名称	项目特征	计量单位	工程量计算规则	工程内容
011706001	成井	1. 成井方式 2. 地层情况 3. 成井直径 4. 井(滤)管类型、直径	m	按设计图示尺寸以钻孔深度计算	1. 准备钻孔机械、埋设护筒、钻机就位;泥浆制作、固壁;成孔、出渣、清孔等 2. 对接上、下井管(滤管),焊接、安放,下滤料,洗井,连接试抽等
011706002	排水、降水	1. 机械规格型号 2. 降排水管规格	昼夜	按排水、降水日历天数计算	1. 管道安装、拆除,场内搬运等 2. 抽水、值班、降水设备维修等

注　相应专项设计不具备时,可按暂估量计算。

2. 相关说明

(1) 大型机械设备进出场清单项目应按不同机械分别编码列项。

(2) 大型机械设备安拆清单项目应按不同机械分别编码列项。

5.13.2 施工组织措施项目

1. 清单项目划分及设置

组织措施项目工程量清单项目设置、工作内容及包含范围应按"GB 50854—2013"中表 S.7 的规定执行,见表 5.120。

5.13 措 施 项 目

表 5.120 安全文明施工及其他措施项目（编码：011707）

项目编码	项目名称	工程内容及包含范围
011707001	安全文明施工	1. 环境保护：现场施工机械设备降低噪声、防扰民措施；水泥和其他易飞扬细颗粒建筑材料密闭存放或采取覆盖措施等；工程防扬尘洒水；土石方、建渣外运车辆防护措施等；现场污染源的控制、生活垃圾清理外运、场地排水排污措施；其他环境保护措施 2. 文明施工："五牌一图"；现场围挡的墙面美化（包括内外粉刷、刷白、标语等）、压顶装饰；现场厕所便槽刷白、贴面砖，水泥砂浆地面或地砖，建筑物内临时便溺设施；其他施工现场临时设施的装饰装修、美化措施；现场生活卫生设施；符合卫生要求的饮水设备、淋浴、消毒等设施；生活用洁净燃料；防煤气中毒、防蚊虫叮咬等措施；施工现场操作场地的硬化；现场绿化、治安综合治理；现场配备医药保健器材、物品和急救人员培训；现场工人的防暑降温、电风扇、空调等设备及用电；其他文明施工措施 3. 安全施工：安全资料、特殊作业专项方案的编制，安全施工标志的购置及安全宣传；"三宝"（安全帽、安全带、安全网）、"四口"（楼梯口、电梯井口、通道口、预留洞口）、"五临边"（阳台围边、楼板围边、屋面围边、槽坑围边、卸料平台两侧），水平防护架、垂直防护架、外架封闭等防护；施工安全用电，包括配电箱三级配电、两级保护装置要求、外电防护措施；起重机、塔吊等起重设备（含井架、门架）及外用电梯的安全防护措施（含警示标志）及卸料平台的临边防护、层间安全门、防护棚等设施；建筑工地起重机械的检验检测；施工机具防护棚及其围栏的安全保护设施；施工安全防护通道；工人的安全防护用品、用具购置；消防设施与消防器材的配置；电气保护、安全照明设施；其他安全防护措施 4. 临时设施：施工现场采用彩色、定型钢板，砖、混凝土砌块等围挡的安砌、维修、拆除；施工现场临时建筑物、构筑物的搭设、维修、拆除，如临时宿舍、办公室、食堂、厨房、厕所、诊疗所、临时文化福利用房、临时仓库、加工厂、搅拌台、临时简易水塔、水池等；施工现场临时设施的搭设、维修、拆除，如临时供水管道、临时供电管线、小型临时设施等；施工现场规定范围内临时简易道路铺设，临时排水沟、排水设施安砌、维修、拆除；其他临时设施搭设、维修、拆除
011707002	夜间施工	1. 夜间固定照明灯具和临时可移动照明灯具的设置、拆除 2. 夜间施工时，施工现场交通标志、安全标牌、警示灯等的设置、移动、拆除 3. 包括夜间照明设备及照明用电、施工人员夜班补助、夜间施工劳动效率降低等
011707003	非夜间施工照明	为保证工程施工正常进行，在地下室等特殊施工部位施工时所采用的照明设备的安拆、维护及照明用电等
011707004	二次搬运	由于施工场地条件限制而发生的材料、成品、半成品等一次运输不能到达堆放地点，必须进行的二次或多次搬运
011707005	冬雨季施工	1. 冬雨（风）季施工时增加的临时设施（防寒保温、防雨、防风设施）的搭设、拆除 2. 冬雨（风）季施工时，对砌体、混凝土等采用的特殊加温、保温和养护措施 3. 冬雨（风）季施工时，施工现场的防滑处理、对影响施工的雨雪的清除 4. 包括冬雨（风）季施工时增加的临时设施、施工人员的劳动保护用品、冬雨（风）季施工劳动效率降低等
011707006	地上、地下设施、建筑物的临时保护设施	在工程施工过程中，对已建成的地上、地下设施和建筑物进行的遮盖、封闭、隔离等必要保护措施
011707007	已完工程及设备保护	对已完工程及设备采取的覆盖、包裹、封闭、隔离等必要保护措施

注 本表所列项目应根据工程实际情况计算措施项目费用，需分摊的应合理计算摊销费用。

2. 相关说明

(1) 组织措施项目除安全文明施工费外，其他项目应根据工程实际情况按本表编码列项。

(2) 组织措施清单项目一般按"总价措施项目"列项，其费用计算方法按照国家或省级、行业建设主管部门颁发的计价文件规定执行。

第6章 建筑工程工程量清单计价

教学重点:
(1) 工程量清单计价的基本概念、工程量清单计价的编制依据、编制过程。
(2) 招标控制价的编制依据和编制内容。
(3) 工程量清单计价的方法,综合单价的确定和计算。
(4) 工程量清单计价的编制资料和编制过程。

教学要求:
(1) 掌握工程量清单计价的基本概念、工程量清单计价的编制依据。
(2) 熟悉工程量清单计价编制过程。
(3) 掌握招标控制价的编制内容。
(4) 掌握综合单价的确定和计算。

6.1 工程量清单计价概述

在我国计划经济时期,建设工程计价主要采用定额计价方法。定额计价法是以政府有关部门颁布的各种工程定额为依据确定工程造价,完全以定额规定的量、价进行计价,是量价合一的静态管理模式。

20世纪90年代国家提出了"控制量、指导价、竞争费"的改革措施,将工程定额中的人工、材料、机械消耗量和相应的单价分离。这一措施在我国实行市场经济初期起到了积极的作用,但仍然难以改变工程定额中国家指令性内容较多的状况,不能全面体现企业的技术装备水平、管理水平和劳动生产率,不能体现公平竞争的招投标原则。

为了适应我国建设工程管理体制改革以及建设市场发展的需要,规范建设工程各方的计价行为,进一步深化工程造价管理模式的改革,2003年2月17日,原建设部发布了《建设工程工程量清单计价规范》(GB 50500—2003),以下简称"03计价规范",自2003年7月1日起实施。该规范的颁布实施为推行工程量清单计价,建立市场形成工程造价的机制奠定了基础。

为加强对工程实施阶段的工程计价行为管理,在"03计价规范"的基础上对正文部分进行了修订。2008年7月9日,住房和城乡建设部发布了《建设工程工程量清单计价规范》(GB 50500—2008),以下简称"08计价规范"。

为了进一步适应建设市场和国家相关法律、法规和政策性的变化,对"08计价规范"的正文和附录进行了全面修订。2012年12月25日,住房和城乡建设部发布了《建设工程工程量清单计价规范》(GB 50500—2013),以下简称"GB 50500—2013",并从2013年7月1日起实施,进一步建立健全了我国统一的建设工程计价、计量规范标准体系。与此同时发布、实施了《房屋建筑与装饰工程工程量计算规范》(GB 50854—2013)(以下简称13计量规范）等 9 本专业计量规范。

6.1.1　计价规范简介

"GB 50500—2013"共设置 16 章 54 节 329 条（其中强制性条文 15 条）；附录 A～附录 L 等 11 个附录；本规范用词说明；条文说明。

16 章分别是：总则、术语、一般规定、工程量清单编制、招标控制价、投标报价、合同价款约定、工程计量、合同价款调整、合同价款期中支付、竣工结算与支付、合同解除的价款支付、合同价款争议的解决、工程造价鉴定、工程计价资料与档案和工程计价表格。

1. 总则

（1）为规范工程造价计价行为，统一建设工程计价文件的编制原则和计价方法，根据《中华人民共和国建筑法》《中华人民共和国合同法》《中华人民共和国招标投标法》，制定"GB 50500—2013"。

（2）"GB 50500—2013"适用于建设工程发承包及其实施阶段的计价活动。

（3）建设工程发承包及其实施阶段的工程造价由分部分项工程费、措施项目费、其他项目费、规费和税金组成。

（4）招标工程量清单、招标控制价、投标报价、工程计量、合同价款调整、合同价款结算与支付以及工程造价鉴定等工程造价文件的编制与核对应由具有专业资格的工程造价人员承担。

（5）承担工程造价文件的编制与核对的工程造价人员及其所在单位，应对工程造价文件的质量负责。

（6）建设工程发承包及其实施阶段的计价活动应遵循客观、公正、公平的原则。

（7）建设工程发承包及其实施阶段的计价活动，除应遵守本规范外，尚应符合国家现行有关标准的规定。

2. 术语

（1）工程量清单。载明建设工程分部分项工程项目、措施项目、其他项目的名称和相应数量以及规费、税金项目等内容的明细清单。

（2）招标工程量清单。招标人依据国家标准、招标文件、设计文件以及施工现场实际情况编制的，随招标文件发布供投标报价的工程量清单，包括其说明和表格。

（3）已标价工程量清单。构成合同文件组成部分的投标文件中已标明价格，经算术性错误修正（如有）且承包人已确认的工程量清单，包括其说明和表格。

（4）分部分项工程。分部工程是单项或单位工程的组成部分，是按结构部位、路段长度及施工特点或施工任务将单项或单位工程划分为若干分部的工程；分项工程是分部工程的组成部分，是按不同施工方法、材料、工序及路段长度等将分部工程划分为若干个分项或项目的工程。

（5）措施项目。为完成工程项目施工，发生于该工程施工准备和施工过程中的技术、生活、安全、环境保护等方面的项目。

（6）项目编码。分部分项工程和措施项目清单名称的阿拉伯数字标志。

（7）项目特征。构成分部分项工程项目、措施项目自身价值的本质特征。

（8）综合单价。完成一个规定清单项目所需的人工费、材料和工程设备费、施工机具使用费和企业管理费、利润以及一定范围内的风险费用。

(9) 风险费用。隐含于已标价工程量清单综合单价中，用于化解发承包双方在工程合同中约定内容和范围内的市场价格波动风险的费用。

(10) 工程成本。承包人为实施合同工程并达到质量标准，在确保安全施工的前提下，必须消耗或使用的人工、材料、工程设备、施工机械台班及其管理等方面发生的费用和按规定缴纳的规费和税金。

(11) 单价合同。发承包双方约定以工程量清单及其综合单价进行合同价款计算、调整和确认的建设工程施工合同。

(12) 总价合同。发承包双方约定以施工图及其预算和有关条件进行合同价款计算、调整和确认的建设工程施工合同。

(13) 成本加酬金合同。发承包双方约定以施工工程成本再加合同约定酬金进行合同价款计算、调整和确认的建设工程施工合同。

(14) 工程造价信息。工程造价管理机构根据调查和测算发布的建设工程人工、材料、工程设备、施工机械台班的价格信息，以及各类工程的造价指数、指标。

(15) 工程造价指数。反映一定时期的工程造价相对于某一固定时期的工程造价变化程度的比值或比率。包括按单位或单项工程划分的造价指数，按工程造价构成要素划分的人工、材料、机械等价格指数。

(16) 工程变更。合同工程实施过程中由发包人提出或由承包人提出经发包人批准的合同工程任何一项工作的增、减、取消或施工工艺、顺序、时间的改变；设计图纸的修改；施工条件的改变；招标工程量清单的错、漏从而引起合同条件的改变或工程量的增减变化。

(17) 工程量偏差。承包人按照合同工程的图纸（含经发包人批准由承包人提供的图纸）实施，按照现行国家计量规范规定的工程量计算规则计算得到的完成合同工程项目应予计量的工程量与相应的招标工程量清单项目列出的工程量之间出现的量差。

(18) 暂列金额。招标人在工程量清单中暂定并包括在合同价款中的一笔款项。用于工程合同签订时尚未确定或者不可预见的所需材料、工程设备、服务的采购，施工中可能发生的工程变更、合同约定调整因素出现时的合同价款调整以及发生的索赔、现场签证确认等的费用。

(19) 暂估价。招标人在工程量清单中提供的用于支付必然发生但暂时不能确定价格的材料、工程设备的单价以及专业工程的金额。

(20) 计日工。在施工过程中，承包人完成发包人提出的工程合同范围以外的零星项目或工作，按合同中约定的单价计价的一种方式。

(21) 总承包服务费。总承包人为配合协调发包人进行的专业工程发包，对发包人自行采购的材料、工程设备等进行保管以及施工现场管理、竣工资料汇总整理等服务所需的费用。

(22) 安全文明施工费。在合同履行过程中，承包人按照国家法律、法规、标准等规定，为保证安全施工、文明施工，保护现场内外环境和搭拆临时设施等所采用的措施而发生的费用。

(23) 索赔。在工程合同履行过程中，合同当事人一方因非己方的原因而遭受损失，按合同约定或法律法规规定应由对方承担责任，从而向对方提出补偿的要求。

(24) 现场签证。发包人现场代表（或其授权的监理人、工程造价咨询人）与承包人现场代表就施工过程中涉及的责任事件所做的签认证明。

(25) 提前竣工(赶工)费。承包人应发包人的要求而采取加快工程进度措施,使合同工程工期缩短,由此产生的应由发包人支付的费用。

(26) 误期赔偿费。承包人未按照合同工程的计划进度施工,导致实际工期超过合同工期(包括经发包人批准的延长工期),承包人应向发包人赔偿损失的费用。

(27) 不可抗力。发承包双方在工程合同签订时不能预见的,对其发生的后果不能避免,并且不能克服的自然灾害和社会性突发事件。

(28) 工程设备。指构成或计划构成永久工程一部分的机电设备、金属结构设备、仪器装置及其他类似的设备和装置。

(29) 缺陷责任期。指承包人对已交付使用的合同工程承担合同约定的缺陷修复责任的期限。

(30) 质量保证金。发承包双方在工程合同中约定,从应付合同价款中预留,用以保证承包人在缺陷责任期内履行缺陷修复义务的金额。

(31) 费用。承包人为履行合同所发生或将要发生的所有合理开支,包括管理费和应分摊的其他费用,但不包括利润。

(32) 利润。承包人完成合同工程获得的盈利。

(33) 企业定额。施工企业根据本企业的施工技术、机械装备和管理水平而编制的人工、材料和施工机械台班等的消耗标准。

(34) 规费。根据国家法律、法规规定,由省级政府或省级有关权力部门规定施工企业必须缴纳的,应计入建筑安装工程造价的费用。

(35) 税金。国家税法规定的应计入建筑安装工程造价内的营业税、城市维护建设税、教育费附加和地方教育费附加。

(36) 发包人。具有工程发包主体资格和支付工程价款能力的当事人以及取得该当事人资格的合法继承人,有时又称招标人。

(37) 承包人。被发包人接受的具有工程施工承包主体资格的当事人以及取得该当事人资格的合法继承人,有时又称投标人。

(38) 工程造价咨询人。取得工程造价咨询资质等级证书,接受委托从事建设工程造价咨询活动的当事人以及取得该当事人资格的合法继承人。

(39) 造价工程师。取得造价工程师注册证书,在一个单位注册、从事建设工程造价活动的专业人员。

(40) 造价员。取得全国建设工程造价员资格证书,在一个单位注册、从事建设工程造价活动的专业人员。

(41) 单价项目。工程量清单中以单价计价的项目,即根据合同工程图纸(含设计变更)和相关工程现行国家计量规范规定的工程量计算规则进行计量,与已标价工程量清单相应综合单价进行价款计算的项目。

(42) 总价项目。工程量清单中以总价计价的项目,即此类项目在相关工程现行国家计量规范中无工程量计算规则,以总价(或计算基础乘费率)计算的项目。

(43) 工程计量。发承包双方根据合同约定,对承包人完成合同工程的数量进行的计算和确认。

(44) 工程结算。发承包双方根据合同约定，对合同工程在实施中、终止时、已完工后进行的合同价款计算、调整和确认。包括期中结算、终止结算和竣工结算。

(45) 招标控制价。招标人根据国家或省级、行业建设主管部门颁发的有关计价依据和办法，以及拟定的招标文件和招标工程量清单，结合工程具体情况编制的招标工程的最高投标限价。

(46) 投标价。投标人投标时响应招标文件要求所报出的对已标价工程量清单标明的总价。

(47) 签约合同价（合同价款）。发承包双方在工程合同中约定的工程造价，即包括了分部分项工程费、措施项目费、其他项目费、规费和税金的合同总金额。

(48) 预付款。在开工前，发包人按照合同约定，预先支付给承包人用于购买合同工程施工所需的材料、工程设备，以及组织施工机械和人员进场等的款项。

(49) 进度款。在合同工程施工过程中，发包人按照合同约定对付款周期内承包人完成的合同价款给予支付的款项，也是合同价款期中结算支付。

(50) 合同价款调整。在合同价款调整因素出现后，发承包双方根据合同约定，对合同价款进行变动的提出、计算和确认。

(51) 竣工结算价。发承包双方依据国家有关法律、法规和标准规定，按照合同约定确定的，包括在履行合同过程中按合同约定进行的合同价款调整，是承包人按合同约定完成了全部承包工作后，发包人应付给承包人的合同总金额。

(52) 工程造价鉴定。工程造价咨询人接受人民法院、仲裁机构委托，对施工合同纠纷案件中的工程造价争议，运用专门知识进行鉴别、判断和评定，并提供鉴定意见的活动，也称为工程造价司法鉴定。

上述"GB 50500—2013"计价规范 52 条术语中，应掌握的主要术语为：工程量清单、招标工程量清单、已标价工程量清单、综合单价、措施项目、风险费用、工程成本、工程造价信息、暂列金额、暂估价、计日工、总承包服务费、安全文明施工费、不可抗力、招标控制价、投标价、签约合同价（合同价款）和工程造价鉴定。

3. 一般规定中的强制性规定

"GB 50500—2013"的一般规定，针对计价方式的共六条，其中强制性规定有以下四条。

第一条：国有资金投资的建设工程发承包，必须采用工程量清单计价。

第二条：工程量清单应采用综合单价计价。

第三条：措施项目中的安全文明施工费必须按国家或省级、行业建设主管部门的规定计算，不得作为竞争性费用。

第四条：规费和税金必须按国家或省级、行业建设主管部门的规定计算，不得作为竞争性费。

(1) 国有资金投资的工程建设项目包括：

1) 使用各级财政预算资金的项目。

2) 使用纳入财政管理的各种政府性专项建设资金的项目。

3) 使用国有企事业单位自有资金，并且国有资产投资者实际拥有控制权的项目。

国有投资的资金包括国家融资资金、国有资金为主的投资资金。

(2) 国家融资资金投资的工程建设项目包括：

1) 使用国家发行债券所筹资金的项目。

2) 使用国家对外借款或者担保所筹资金的项目。
3) 使用国家政策性贷款的项目。
4) 国家授权投资主体融资的项目。
5) 国家特许的融资项目。

(3) 国有资金为主的工程建设项目。指国有资金占投资总额50%以上，或虽不足50%但国有投资者实质上拥有控股权的工程建设项目。

6.1.2　工程量清单计价的编制依据

(1) "GB 50500—2013"及相关专业工程的工程量计算规范。
(2) 国家或省级、行业建设主管部门颁发的计价依据和办法。
(3) 建设工程项目设计文件及图集、图纸会审纪要等相关资料。
(4) 与建设工程项目有关的标准、规范和技术资料。
(5) 建设工程项目招标文件及其补充通知、答疑纪要。
(6) 施工现场情况及施工组织设计或施工方案。
(7) 地区人工、材料、机械设备等信息价或市场价。
(8) 施工合同及补充协议。
(9) 建筑工程计价实用手册。

6.1.3　工程量清单计价的基本过程

工程量清单计价工作分为招标阶段和施工与竣工结算阶段。

工程量清单计价的基本过程包括：工程量清单编制、招标控制价和投标报价编制、工程合同价款约定、工程量计量与工程进度款支付、索赔与现场签证、工程价款调整、竣工结算等过程。

在招标阶段，招标单位按照统一的工程量计算规则，以单位工程为对象，计算并列出各分部分项工程的工程量清单，作为招标文件的组成部分发放给各投标单位。对国有投资项目，招标单位应按照国家、地区或行业消耗量定额及信息价编制招标控制价。

投标单位接到招标文件后，应对招标文件进行分析研究，同时要对招标文件中所列的工程量清单及工程量进行详细审核，对有较大误差的，通过招标单位答疑会提出调整意见，取得招标单位同意后进行调整。按照企业自身所掌握的各种信息、资料，结合企业定额编制出投标报价。

招标单位在评标时可以对投标单位的最终总报价以及分项工程的综合单价的合理性进行评分，评标时不仅考虑报价因素，而且还对投标单位的施工组织设计、企业业绩和信誉等按一定的权重分值分别进行计分，按总评分的高低确定中标单位。

在施工与竣工结算阶段，主要依据价款合同、计价规范和有关政策，结合工程实际进展和完成情况，进行计量支付、价款调整，及时进行签证和提出索赔要求，竣工后，严格按照政策、规范规定，完成工程项目的竣工结算。

6.2　招标控制价的编制

建设工程招标控制价作为工程招投标活动中的最高投标限价，是招标人控制建设工程投资和招投标工程造价的重要手段。招标控制价编制时应严格按照国家的有关政策、规定，结合工程实际情况做到科学合理、准确、全面和客观、公正。

6.2.1 招标控制价的一般规定

编制招标控制价的一般规定：

(1) 国有资金投资的建设工程招标，招标人必须编制招标控制价。

(2) 招标控制价应由具有编制能力的招标人或受其委托具有相应资质的工程造价咨询人编制和复核。

(3) 当招标控制价超过批准的概算时，招标人应将其报原概算审批部门审核。

(4) 招标人应在发布招标文件时公布招标控制价，不应上调或下浮。同时，应将招标控制价及有关资料报送工程所在地或有该工程管辖权的行业管理部门工程造价管理机构备查。

(5) 投标人经复核认为招标人公布的招标控制价未按照规范的规定进行编制的，应在招标控制价公布后 5 天内向招投标监督机构和工程造价管理机构投诉。

(6) 招标人根据招标控制价复查结论需要重新公布招标控制价的，其最终公布的时间至招标文件要求提交投标文件截止时间不足 15 天的，应相应延长投标文件的截止时间。

6.2.2 招标控制价的编制依据

编制招标控制价主要依据：

(1) 现行《建设工程工程量清单计价规范》(GB 50500—2013)。

(2) 现行国家或省级、行业建设主管部门颁发的计价定额和计价办法。

(3) 建设工程设计文件及相关资料。

(4) 拟定的招标文件及招标工程量清单。

(5) 与建设项目相关的标准、规范、技术资料。

(6) 拟建工程项目的施工现场情况、工程特点及常规施工方案。

(7) 工程造价管理机构发布的《工程造价信息》(当时当地的)；当工程造价信息没有发布时，参照市场价。

(8) 其他的相关资料。

6.2.3 招标控制价的编制内容

6.2.3.1 招标控制价的费用组成

按工程造价的组成形式，一个建设工程项目招标控制价，由若干个相应的单项工程造价组成；一个单项工程造价由若干个相应的单位工程造价组成；一个单位工程招标控制价由分部分项工程项目费用、措施项目费用、其他项目费用、规费和税金项目费用组成。

如安徽水电学院传达室工程项目，是一个单项工程。传达室工程项目的造价由建筑装饰工程造价、安装工程造价等单位工程造价组成；传达室工程的建筑装饰造价由分部分项工程项目费用、措施项目费用、其他项目费用、规费和税金项目费用组成（详见第 7 章的综合实例中的安徽水电学院传达室工程招标控制价编制）。

1. 单位工程控制价

单位工程控制价＝分部分项工程费＋措施项目费＋其他项目费＋规费＋税金 　　(6.1)

"单位工程招标控制价（投标报价）汇总表"均采用"GB 50500—2013"中表-04，见表 6.1。

单位工程招标控制价（投标报价）汇总表中的金额，应分别按照分部分项工程量清单计价表、措施项目清单计价表、其他项目清单计价汇总表、规费和税金项目清单计价表的合计金额填写。

表 6.1　　　　　　　　　单位工程招标控制价（投标报价）汇总表

工程名称：　　　　　　　　　　　标段：　　　　　　　　　　　第　页　共　页

序号	汇总内容	金额/元	其中：暂估价/元
1	分部分项工程		
1.1			
1.2			
1.3			
1.4			
1.5			
⋮			
2	措施项目		
2.1	其中：安全文明施工费		
3	其他项目		
3.1	其中：暂列金额		
3.2	其中：专业工程暂估价		
3.3	其中：计日工		
3.4	其中：总承包服务费		
4	规费		
5	税金		
招标控制价合计＝1＋2＋3＋4＋5			

注　本表适用于单位工程招标控制价或投标报价的汇总，如无单位工程划分，单项工程也使用本表汇总。

2. 单项工程控制价

$$单项工程控制价 = \sum 单位工程控制价 \qquad (6.2)$$

"单项工程招标控制价汇总表"均采用"GB 50500—2013"中表-03，见表6.2。

（1）表中单位工程名称应按单位工程招标控制价（投标报价）汇总表的工程名称填写。

（2）表中金额应按单位工程招标控制价汇总表的合计金额填写。

表 6.2　　　　　　　　　单项工程招标控制价（投标报价）汇总表

工程名称：　　　　　　　　　　　　　　　　　　　　　　第　页　共　页

序号	单位工程名称	金额/元	其中/元		
			暂估价	安全文明施工费	规费
	合　计				

注　本表适用于单项工程招标控制价或投标报价的汇总。暂估价包括分部分项工程中的暂估价和专业工程暂估价。

3. 建设项目控制价

$$建设项目控制价 = \sum 单项工程控制价 \qquad (6.3)$$

"建设项目招标控制价汇总表"均采用"GB 50500—2013"中表-02,见表6.3。

表 6.3 建设项目招标控制价(投标报价)汇总表

工程名称：　　　　　　　　　　　　　　　　　　　　　　　　　　第 页 共 页

序号	单项工程名称	金额/元	其中/元		
			暂估价	安全文明施工费	规费
合 计					

注　本表适用于建设项目招标控制价或投标报价的汇总。

6.2.3.2 分部分项工程项目费用

分部分项工程项目,应根据招标文件和招标工程量清单中的分部分项工程量清单项目的特征描述及有关要求,按现行计价定额和计价办法规定计算各分部分项工程项目的综合单价。

分部分项工程项目费用按招标文件中"分部分项工程和单价措施项目清单与计价表"的内容填写计算,采用"GB 50500—2013"中表-08,见表6.4。

表 6.4 分部分项工程和单价措施项目清单与计价表

工程名称：　　　　　　　　　　　标段：　　　　　　　　　　第 页 共 页

序号	项目编码	项目名称	项目特征描述	计量单位	工程量	金额/元		
						综合单价	合价	其中
								暂估价
本页小计								
合 计								

注　为计取规费等的使用,可在表中增设"其中:'定额人工费'"。

综合单价,应包括招标文件中要求投标人承担的"一定范围内的风险费用"。如果招标文件提供了某种材料的暂估单价,暂估单价计入"工程量清单综合单价报价中"。

各分部分项工程清单工程量乘以其综合单价得到相应的分部分项工程费用,汇总得到单位工程的分部分项工程费用,即

$$分部分项工程费 = \Sigma(分部分项工程清单工程量 \times 综合单价) \tag{6.4}$$

式中　　综合单价=人工费+材料费+施工机具使用费+企业管理费
$$+利润+风险范围费用 \tag{6.5}$$

"综合单价分析表"采用"GB 50500—2013"中表-09,见表6.5。

表 6.5 综合单价分析表

工程名称： 标段： 第 页 共 页

项目编码		项目名称			计量单位		工程量	
清单综合单价组成明细								
定额编号	定额名称	定额单位	数量	单价/元				
				人工费	材料费	机械费	管理费和利润	
				合价/元				
				人工费	材料费	机械费	管理费和利润	
人工单价		小　　计						
元/工日		未计价材料费						
清单项目综合单价								
材料费明细	主要材料名称、规格、型号			单位	数量	单价/元	合价/元	暂估单价/元	暂估合价/元
	其他材料费					—		—
	材料费小计					—		—

注 1. 如不使用省级或行业建设主管部门发布的计价依据，可不填定额编号、名称等。
　　2. 招标文件提供了暂估单价的材料，按暂估的单价填入表内"暂估单价"栏及"暂估合价"栏。

综合单价分析表集中反映了构成每一个分部分项工程和单价措施项目清单综合单价的各个价格要素的价格及主要的"工、料、机"消耗量，是判别综合单价组成以及其价格完整性、合理性的主要基础。

编制招标控制价，使用本表应填写使用的省级或行业建设主管部门发布的计价定额名称。

6.2.3.3 措施项目费用

措施项目费用应根据招标文件中措施项目清单按规范规定计价。

1. "单价项目"措施项目费

"单价项目"措施项目费用的计算，同"分部分项工程项目计价方法"，按招标文件中"分部分项工程和单价措施项目清单与计价表"的内容填写计算，见表6.4。

2. "总价项目"措施项目费

"总价项目"的措施项目费用计算，按招标文件中"总价措施项目清单与计价表"的内容填写，采用"GB 50500—2013"中表-11，见表6.6。

编制人应规范和相关计价文件根据工程的具体情况确定措施项目计价。措施项目中的安全文明施工费必须按国家或省级、行业建设主管部门的规定计算，不得作为竞争性费用。

编制招标控制价时，表中措施项目内容应按招标工程量清单内容填写，计费基础、费率应按省级或行业建设主管部门的规定计取。

6.2 招标控制价的编制

表 6.6　　　　　　　　　　　总价措施项目清单与计价表

工程名称：　　　　　　　　　标段：　　　　　　　　　第　页　共　页

序号	项目编码	项目名称	计算基础	费率/%	金额/元	调整费率/%	调整后金额/元	备注
1		安全文明施工费						
2		夜间施工增加费						
3		二次搬运费						
4		冬雨季施工增加费						
5		已完工程及设备保护费						
		合计						

编制人（造价人员）：　　　　　　　　　　　　复核人（造价工程师）：

注　1."计算基础"中安全文明施工费可为"定额基价""定额人工费"或"定额人工费+定额机械费"，其他项目可为"定额人工费"或"定额人工费+定额机械费"。
　　2.按施工方案计算的措施费，若无"计算基础"和"费率"的数值，也可只填"金额"数值，应在备注栏说明施工方案出处或计算方法。

6.2.3.4　其他项目费用

招标控制价的其他项目清单计价，应根据招标文件中其他项目清单按规范规定计价。采用"GB 50500—2013"中表-12"其他项目清单与计价汇总表"，见表 6.7。

编制招标控制价时，"暂列金额"和"专业暂估价"按招标工程量清单内容填写，"计日工"和"总承包服务费"应按有关计价规定估算。如招标工程量清单中未列"暂列金额"，应按有关规定编列。

表 6.7　　　　　　　　　　其他项目清单与计价汇总表

工程名称：　　　　　　　　　标段：　　　　　　　　　第　页　共　页

序号	项目名称	金额/元	结算金额/元	备注
1	暂列金额			明细详见"GB 50500—2013"中的表-12-1
2	暂估价			
2.1	材料（工程设备）暂估价/结算价	—		明细详见"GB 50500—2013"中的表-12-2
2.2	专业工程暂估价/结算价			明细详见"GB 50500—2013"中的表-12-3
3	计日工			明细详见"GB 50500—2013"中的表-12-4
4	总承包服务费			明细详见"GB 50500—2013"中的表-12-5
5	索赔与现场签证			明细详见"GB 50500—2013"中的表-12-6
	合计		—	

注　材料（工程设备）暂估单价进入清单项目综合单价，此处不汇总。

1. 暂列金额

暂列金额应按招标工程量清单中"暂列金额明细表"列出的金额填写，采用"GB 50500—2013"中表-12-1"暂列金额明细表"，见表 6.8。

表 6.8　　　　　　　　　　　　　暂列金额明细表

工程名称：　　　　　　　　　　　　　　标段：　　　　　　　　　　　　第　页 共　页

序号	项 目 名 称	计量单位	暂定金额/元	备注
1				
2				
3				
	合计			—

注　此表由招标人填写，如不能详列，也可只列暂定金额总额，投标人应将上述暂列金额计入投标总价中。

2. 暂估价

暂估价中的材料（工程设备）暂估单价，应根据招标文件中工程量清单所列的"材料（工程设备）暂估单价"直接填入"GB 50500—2013"的表-12-2"材料（工程设备）暂估单价及调整表"中，见表 6.9。

表 6.9　　　　　　　　　　　材料（工程设备）暂估单价及调整表

工程名称：　　　　　　　　　　　　　　标段：　　　　　　　　　　　　第　页 共　页

序号	材料（工程设备）名称、规格、型号	计量单位	数量		暂估/元		确认/元		差额/(±元)		备注
			暂估	确认	单价	合价	单价	合价	单价	合价	
	合计										

注　此表由招标人填写"暂估单价"，并在备注栏说明暂估价的材料、工程设备拟用在哪些清单项目上，投标人应将上述材料、工程设备暂估单价计入工程量清单综合单价报价中。

暂估价中的专业工程金额，应按招标工程量清单中列出的金额"专业工程暂估价及结算价表"填入"GB 50500—2013"的表-12-3中，见表 6.10。

表 6.10　　　　　　　　　　　专业工程暂估价及结算价表

工程名称：　　　　　　　　　　　　　　标段：　　　　　　　　　　　　第　页 共　页

序号	工程名称	工程内容	暂估金额/元	结算金额/元	差额/(±元)	备注
	合计					

注　此表"暂估金额"由招标人填写，投标人应将"暂估金额"计入投标总价中。结算时按合同约定结算金额填写。

3. 计日工

计日工应按招标工程量清单中"计日工表"列出的项目数量，根据工程特点和有关计价依据确定综合单价计算和汇总。采用"GB 50500—2013"中表-12-4"计日工表",见表 6.11。

编制招标控制价时,表中的人工、材料、机械台班单价由招标人按有关计价规定填写并计算合价。

表 6.11　　　　　　　　　　　　计 日 工 表

工程名称：　　　　　　　　　　　标段：　　　　　　　　　　　第 页 共 页

编号	项目名称	单位	暂定数量	实际数量	综合单价/元	合价/元	
						暂定	实际
一	人工						
1							
2							
3							
	人工小计						
二	材料						
1							
2							
3							
	材料小计						
三	施工机械						
1							
2							
3							
	施工机械小计						
	四、企业管理费和利润						
	总计						

注　此表项目名称、暂定数量由招标人填写,编制招标控制价时,单价由招标人按有关计价规定确定；投标时,单价由投标人自主报价,按暂定数量计算合价计入投标总价中。结算时,按发承包双方确认的实际数量计算合价。

4. 总承包服务费

总承包服务费计价,应根据招标文件中总承包服务项目清单按规范规定计价。采用"GB 50500—2013"中表-12-5"总承包服务费计价表",见表 6.12。

编制招标控制价时,招标人按有关计价规定计价。

表 6.12　　　　　　　　　　　　　总承包服务费计价表

工程名称：　　　　　　　　　　标段：　　　　　　　　　　第　页　共　页

序号	项目名称	项目价值/元	服务内容	计算基础	费率/%	金额/元
1	发包人发包专业工程					
2	发包人供应材料					
⋮						
	合计		—	—	—	

注　此表项目名称、服务内容由招标人填写，编制招标控制价时，费率及金额由招标人按有关计价规定确定；投标时，费率及金额由投标人自主报价，计入投标总价中。

总承包服务费，应根据招标工程量清单中"总承包服务费计价表"列出的内容和要求估算。一般可参照以下标准计算：

（1）招标人仅要求对分包的专业工程进行总承包管理和协调时，按分包专业工程估算造价的1.5%计算。

（2）招标人要求对分包的专业工程进行总承包管理和协调并同时要求提供配合服务时，根据招标文件中的配合服务内容和提出的要求按分包专业工程估算造价的3%～5%计算。

（3）招标人自行供应材料的，按招标人供应材料价值的1%计算。

6.2.3.5　规费和税金项目费用

规费和税金应按招标工程量清单中"规费、税金计价表"的内容填写，必须按国家或省级、行业建设主管部门的规定计算，不得作为竞争性费用，采用"GB 50500—2013"中表-13"规费、税金项目计价表"，见表6.13。

表 6.13　　　　　　　　　　　　规费、税金项目清单与计价表

工程名称：　　　　　　　　　　标段：　　　　　　　　　　第　页　共　页

序号	项目名称	计 算 基 础	计算基数	费率/%	金额/元
1	规费	定额人工费			
1.1	社会保险费	定额人工费			
(1)	养老保险费	定额人工费			
(2)	失业保险费	定额人工费			
(3)	医疗保险费	定额人工费			
(4)	工伤保险费	定额人工费			
(5)	生育保险费	定额人工费			
1.2	住房公积金	定额人工费			
1.3	工程排污费	按工程所在地环境保护部门收取标准，按实计入			
⋮					
2	税金	分部分项工程费＋措施项目费＋其他项目费＋规费－按规定不计税的工程设备金额			
		合计			

编制人（造价人员）：　　　　　　　　　　　　　　复核人（造价工程师）：

6.3 工程量清单计价方法

6.3.1 工程量清单计价的基本方法

6.3.1.1 工程量清单计价的基本过程

工程量清单计价基本过程，以单位工程为研究对象，按以下步骤计算：

1. 计算清单工程量，并编制其工程量清单

根据具体工程的设计施工图，按"13 计量规范"（根据 9 个专业的工程量计算规范，选择对应的专业）规定的项目特征、工程内容、工程数量和工程量计量规则，计算相应的清单工程量，编制其对应的分部分项工程量清单、措施项目清单和其他项目清单、规费和税金项目清单。

2. 计算定额工程量

根据施工图和定额的工程量计算规则，结合施工组织设计，计算出实际施工的定额计价工程量。

（定额工程量是相对于清单工程量而言的。清单工程量是根据施工图和清单工程量计算规则计算的；定额工程量是根据施工图和定额的工程量计算规则计算的。）

3. 计算综合单价

参照企业定额（或当地的预算定额）、当时当地的市场价格，确定清单中各工程内容的综合单价。

4. 计算各部分费用

由综合单价乘以清单工程量即可得到分部分项工程费、措施项目费和其他项目费用；以相应的费用相加作为基数乘以对应费率可得到规费与税金。

5. 汇总

将分部分项工程费、措施项目费、其他项目费用、规费、税金相加汇总可得到单位工程的费用；由组成单项工程的各单位工程费用相加汇总后可得单项工程费用；最后将组成工程项目的各单项工程费用相加汇总起来即可形成工程项目总价格。

6.3.1.2 工程量清单计价程序

工程量清单计价过程可以分为两大阶段：

第一阶段：招标单位在统一的工程量计算规则基础上，制定工程量清单项目设置规则，根据具体工程的施工图纸统一计算出各个清单项目的工程量，列出工程量清单。

第二阶段：投标单位根据各种渠道所获得的工程造价信息和经验数据，依据工程量清单计算得到工程造价。

进行投标报价时，施工方在业主提供的工程计算结果基础上，根据企业自身所掌握的各种信息、资料，结合企业定额编制得出工程报价。其计算过程如下：

1. 计算综合单价
2. 计算分部分项工程费

$$分部分项工程费 = \sum 分部分项工程清单工程量 \times 分部分项工程综合单价 \quad (6.6)$$

3. 计算措施项目费

$$措施项目费 = \sum 措施项目工程量 \times 措施项目综合单价 \quad (6.7)$$

或
$$措施项目费 = \sum 分部分项工程直接费 \times 费率 \quad (6.8)$$

4. 计算其他项目费

其他项目费按业主的招标文件的要求计算。

5. 计算规费和税金

规费和税金按当地取费文件的要求计算。

6. 计算单位工程报价

$$单位工程报价 = 分部分项工程费 + 措施项目费 + 其他项目费 + 规费 + 税金 \quad (6.9)$$

7. 计算单项工程报价

$$单项工程报价 = \sum 单位工程报价 \quad (6.10)$$

8. 计算建设项目总报价

$$建设项目总报价 = \sum 单项工程报价 \quad (6.11)$$

6.3.1.3　工程量清单计价的格式

1. 计价表格组成

工程计价采用统一的表格格式，招标人与投标人均不得变动表格格式。

"GB 50500—2013"提供的计价表格由 10 类 36 张表格组成，详见"GB 50500—2013"第 16 章"工程计价表格"。

2. 招标控制价、投标报价、竣工结算编制填表要求

封面应按规定的内容填写、签字、盖章，除承包人自行编制的投标报价和竣工结算外，受委托编制的招标控制价、投标报价、竣工结算若为造价员编制的，应有负责审核的造价工程师签字、盖章以及工程造价咨询人盖章。

总说明应按下列内容填写：

（1）工程概况。包括建设规模、工程特征、计划工期、合同工期、实际工期、施工现场及变化情况、施工组织设计的特点、自然地理条件、环境保护要求等。

（2）编制依据等。

6.3.2　综合单价的概念

综合单价指完成一个规定清单项目或措施清单项目所需的人工费、材料费和工程设备费、施工机具使用费和企业管理费、利润以及一定范围内的风险费用。

6.3.2.1　人工费、材料费和工程设备费、施工机具使用费

招标控制价综合单价中的人工费、材料费和工程设备费、施工机具使用费，根据国家或省级、行业建设主管部门颁发的计价定额和计价办法、工程造价管理机构发布的工程造价信息等确定。

"人工费"是指直接从事建筑安装工程施工的生产工人开支的各项费用。

"材料费"是指施工过程中耗费的构成工程实体的原材料、辅助材料、构配件、零件、半成品的费用。

"施工机具使用费"指使用施工机械作业所发生的费用。

计算公式：

$$人工费 = \sum (人工工日数 \times 对应人工单价) \quad (6.12)$$

$$材料费 = \sum (材料定额含量 \times 对应材料综合材料预算单价) \quad (6.13)$$

$$机械费 = \sum (机械台班定额含量 \times 对应机械的台班单价) \quad (6.14)$$

人工工日数、材料定额含量、机械台班定额含量，即"工、料、机消耗量"，可查相应的消耗量定额，是确定的定额含量。

6.3.2.2 管理费

管理费是指建筑安装企业组织施工生产和经营管理所需费用。

管理费的计算可用下式表示：

$$管理费 = 取费基数 \times 管理费率(\%) \tag{6.15}$$

其中取费基数可按以下三种情况取定：

（1）人工费、材料费、机械费合计。

（2）人工费和机械费合计。

（3）人工费。

招标控制价"管理费费率"根据省级、行业建设主管部门颁发的管理费费率来确定。

6.3.2.3 利润

利润是指按施工企业经营管理水平和市场竞争能力，完成工程量清单中各个分项工程应获得并计入清单项目中的利润。即指施工企业完成所承包工程获得的盈利。

其计算式可表示为：

$$利润 = 取费基数 \times 利润率(\%) \tag{6.16}$$

取费基数同管理费，可以按"人工费"，或"人工费、机械费合计"，或"人工费、材料费、机械费合计"为基数来取定。

招标控制价"利润率"根据省级、行业建设主管部门颁发的利润率来确定。

6.3.2.4 承发包双方风险共担原则

"GB 50500—2013"中所指的风险是施工阶段、承包双方在招投标活动和合同履约及施工过程中涉及工程计价方面的风险。

分部分项工程费用中，还应考虑由施工方承担的风险因素，计算风险费用。风险费用是指投标企业在确定综合单价时，客观上可能产生的不可避免误差，以及在施工过程中遇到施工现场条件复杂、恶劣的自然条件、施工中意外事故、物价暴涨以及其他风险因素所发生的费用。

1. 发包人的风险

（1）主要由市场价格波动导致的价格风险，发包、承包双方应当在招标文件中或在合同中对此类风险进行合理分摊，明确约定风险的范围和幅度。

发包人应承担5%以外的材料价格风险，10%以外的施工机械使用费的风险。

（2）工程量增减在约定幅度之外的，风险由发包人承担。

（3）对法律法规、规章或有关政策出台导致工程税金、规费、人工发生变化，并由省级、行业建设行政主管部门或其授权的工程造价管理机构根据上述变化发布的政策性调整，此类风险由发包人承担。

（4）不可抗力导致的风险。

2. 承包人的风险

（1）主要由市场价格波动导致的价格风险，发包、承包双方应当在招标文件中或在合同中对此类风险进行合理分摊，明确约定风险的范围和幅度。

承包人可承担5%以内的材料价格风险，10%以内的施工机械使用费的风险。

（2）工程量增减在约定幅度之内的，风险由承包人承担。

（3）对承包人据自身技术水平、管理、经营状况能自主控制的风险，承包人应根据企业自身实际，结合市场情况合理确定、自主报价，该部分风险由承包人全部承担。

6.3.3 综合单价的确定

综合单价的确定是一项复杂的工作。需要在熟悉工程的具体情况、当地市场价格、工程的招标文件、合同条件、工程量清单、计价规范和消耗量定额等的情况下进行。由于"13 计量规范"与定额中的工程量计算规则、计价单位、项目内容不尽相同，所以综合单价的确定时，必须弄清以下问题：

1. 清单项目的工程内容

用"13 计量规范"规定的内容与相应定额项目的内容作比较，看清单项目应该用哪几个预算基价项目来组合单价。例："现浇构件钢筋"（010515001）清单项目，"GB 50854—2013"中规定的工程内容是钢筋制作、钢筋安装；焊接（绑扎），《安徽省建筑工程消耗量定额》中包括的工程内容与"GB 50854—2013"规定的工程内容一致。因此，现浇构件钢筋清单项目直接套定额组价。

2. 清单工程量与定额工程量计算规则是否相同

如果"13 计量规范"的清单工程量与定额的工程量计算规则不同，要重新计算计价工程量。例："平整场地"（010101001）清单项目，"GB 50854—2013"中工程量计算规则是"按设计图示尺寸以建筑物首层建筑面积计算"。而《安徽省建筑工程消耗量定额》中规定平整场地工程量按"建筑物外墙外边线每边各加 2m"。因此，平整场地需重新计算工程量复合组价。

综上所述，综合单价的组合方法通常有以下几种方法：直接套用预算基价组价、重新计算计价工程量组价、复合组价、重新计算工程量复合组价。

6.3.3.1 直接套用定额组价

当一个分项清单项目工程的单价，仅有一个定额计价项目组合而成。这种组价方法较简单，定额包括的工程内容与"13 计量规范"规定的工程内容一致，在一个单位工程中大多数的分项清单工程可利用这种方法。

【例 6.1】 安徽水电学院传达室工程的构造柱详图见第 7 章综合实例中所提供的施工图纸。构造柱工程量清单见表 6.14，按照安徽省建筑工程消耗量定额和相应的计价依据，本工程管理费费率和利润率分别按 27.5% 和 20% 计取。编制构造柱项目的综合单价，并计算此分部分项工程费用。

表 6.14　　　　　　　　　　分部分项工程工程量清单

序号	项目编码	项目名称	项目特征	计量单位	工程量
1	010502002001	构造柱	1. 混凝土种类：商品混凝土 2. 混凝土强度等级：C20	m^3	2.21

解： 1. 综合单价计算

结合工程量清单，参照安徽省建筑工程消耗量定额和相应的计价依据规定，构造柱定额工程量与清单工程量计算规则一致。则，直接套用预算基价组价。

综合单价分析与计算见表 6.15。

6.3 工程量清单计价方法

表 6.15　　　　　　　　　　　综 合 单 价 分 析 表

项目编码	010502002001	项目名称	构造柱	计量单位	m³	工程量	2.21
清单综合单价组成明细							

定额编号	定额名称	定额单位	数量	单价				合价			
				人工费	材料费	机械费	管理费和利润	人工费	材料费	机械费	管理费和利润
A4-152	构造柱	m³	1.00	29.88	339.05	1.31	14.82	29.88	339.05	1.31	14.82
人工单价			小计				29.88	339.05	1.31	14.82		
31元/工日			未计价材料费							
清单项目综合单价								385.06			

材料费明细	主要材料名称、规格、型号	单位	数量	单价/元	合价/元	暂估单价/元	暂估合价/元
	其他材料费					—	—	
	材料费小计					—	—	

2. 构造柱工程的分部分项工程费用

具体内容见表 6.16。

表 6.16　　　　　　　　　分部分项工程和单价措施清单与计价表

序号	项目编码	项目名称	项目特征描述	计量单位	工程量	金额/元		
						综合单价	合价	其中 暂估价
E 混凝土及钢筋混凝土工程								
1	010502002001	构造柱	1 混凝土种类：商品混凝土 2 混凝土强度等级：C20	m³	2.21	385.06	850.98	

6.3.3.2 重新计算工程量组价

重新计算工程量组价是指工程量清单给出的分项工程项目的单位，与所用的定额单位不同或工程量计算规则不同，需要按定额的计算规则重新计算工程量来组价综合单价。此种方法工程量清单项目和定额子目的工程内容一样，只是工程量不同。

【例 6.2】　安徽水电学院传达室工程的首层平面图见第 7 章综合实例中所提供的施工图纸。平整场地工程量清单见表 6.17，按照安徽省建筑工程消耗量定额和相应的计价依据，本工程管理费费率和利润率分别按 27.5% 和 20% 计取。编制平整场地项目的综合单价，并计算此分部分项工程费用。

表 6.17　　　　　　　　　　　分部分项工程工程量清单

序号	项目编码	项目名称	项目特征	计量单位	工程量
1	010101001001	平整场地	1. 土壤类别：二类 2. 弃土运距：不考虑 3. 取土运距：不考虑	m²	93.15

解：1. 综合单价计算

结合工程量清单，参照安徽省建筑工程消耗量定额和相应的计价依据规定，平整场地定额工程量与清单工程量计算规则不一致。则重新计算工程量组价。

$$平整场地定额工程量 = (12.24 + 2 \times 2) \times (8.64 + 2 \times 2) - 6 \times 4.2$$
$$= 16.24 \times 12.24 - 25.20 = 180.07 \text{m}^2$$

综合单价分析与计算，见表 6.18。

表 6.18　　　　　　　　　　　综 合 单 价 分 析 表

项目编码	010101001001	项目名称		平整场地		计量单位		m²	工程量		93.15
					清单综合单价组成明细						
定额编号	定额名称	定额单位	数量	单价				合价			
				人工费	材料费	机械费	管理费和利润	人工费	材料费	机械费	管理费和利润
A1-26	场地平整	m²	1.933	0.85			0.40	1.65			0.78
人工单价				小计				1.65			0.78
31 元/工日				未计价材料费							
				清单项目综合单价				2.43			
材料费明细		主要材料名称、规格、型号			单位	数量		单价/元	合价/元	暂估单价/元	暂估合价/元
		其他材料费						—		—	
		材料费小计						—		—	

2. 构造柱工程的分部分项工程费用

具体内容见表 6.19。

表 6.19　　　　　　　　　　分部分项工程和单价措施清单与计价表

序号	项目编码	项目名称	项目特征描述	计量单位	工程量	金额/元		
						综合单价	合价	其中
								暂估价
			A 土石方工程					
1	010101001001	平整场地	1. 土壤类别：二类 2. 弃土运距：不考虑 3. 取土运距：不考虑	m²	93.15	2.43	226.35	

6.3.3.3 复合组价

复合组价是指工程量清单项目的单位、工程量计算规则与定额子目相同，但两者工程内容不同。这是因为清单项目原则上按实体设置的，而实体是由多个单一项目综合而成，清单项目的工程内容是由主体项目和相关项目构成，清单项目的名称是主体项目，主体项目和若

6.3 工程量清单计价方法

干相关项目各为一个计价子目。复合组价是对清单项目的各组成子目分别计算，进行汇总，计算出该清单项目的综合单价。

【例 6.3】 安徽水电学院传达室工程的基础平面图及基础详图见第 7 章综合实例中提供的施工图纸。其砖基础工程量清单见表 6.20，按照安徽省建筑工程消耗量定额和相应的计价依据，本工程管理费费率和利润率分别按 27.5% 和 20% 计取。编制砖基础项目的综合单价，并计算此分部分项工程费用。

表 6.20 分部分项工程工程量清单

序号	项目编码	项目名称	项目特征	计量单位	工程量
1	010401001001	砖基础 (1—1 剖面)	1. 砖品种、规格、强度等级：MU10 煤矸石黏土实心砖 2. 基础类型：墙下条形基础 3. 砂浆强度等级：M5 水泥砂浆 4. 防潮层材料种类：1:2 水泥砂浆防潮层 20 厚，掺 5% 防水剂	m^3	8.81

解： 1. 综合单价计算

结合工程量清单，参照安徽省建筑工程消耗量定额和相应的计价依据规定，确定定额工程量：

1) 砖基础定额工程量和清单工程量相同，为 $8.81m^3$。
2) 防潮层定额工程量计算：

$$[6.0 \times 4 + 4.20 \times 4 + (4.2 - 0.24)] \times 0.24 = 10.74 m^2$$

综合单价分析与计算见表 6.21。

表 6.21 综合单价分析表

项目编码	0104010010011		项目名称	砖基础		计量单位	m^3	工程量	8.81
清单综合单价组成明细									
定额编号	定额名称	定额单位	数量	单价				合价	
				人工费	材料费	机械费	管理费和利润	人工费	材料费	机械费	管理费和利润
A3—1	砖基础	m^3	1.00	34.72	213.92	2.32	17.60	34.72	213.92	2.32	17.60
A3—34	防潮层	m^2	1.219	2.00	4.74	0.17	0.82	2.44	5.78	0.21	1.26
人工单价			小 计					37.16	219.70	2.53	18.36
31元/工日			未计价材料费								
清单项目综合单价								278.25			
材料费明细	主要材料名称、规格、型号			单位	数量	单价/元	合价/元	暂估单价/元	暂估合价/元
	其他材料费					—		—	
	材料费小计					—		—	

211

2. 砖基础工程的分部分项工程费用

具体内容见表 6.22。

表 6.22　　　　　　　　　分部分项工程和单价措施清单与计价表

序号	项目编码	项目名称	项目特征描述	计量单位	工程量	金额/元		
						综合单价	合价	其中 暂估价
D 砌筑工程								
1	010401001001	砖基础	1. 砖品种、规格、强度等级：MU10 煤矸石黏土实心砖 2. 基础类型：墙下条形基础 3. 砂浆强度等级：M5 水泥砂浆 4. 防潮层材料种类：1∶2 水泥砂浆防潮层 20 厚，掺 5% 防水剂	m^3	8.81	278.25	2451.38	

6.3.3.4 重新计算工程量复合组价

重新计算工程量复合组价是指工程量清单给出的分项工程项目的单位，与所用的定额子目的单位不同或工程量计算规则不同，并且两者工程内容也不同。需要根据清单项目的工程内容确定有哪些定额子目组成，按定额的计算规则重新计算主体项目的计价工程量，各定额子目分别计价，计算出合价，计算出该清单项目的综合单价。

【例 6.4】 安徽水电学院传达室工程的基础平面图及基础详图见第 7 章综合实例中所提供的施工图纸。其内墙面喷刷涂料工程量清单见表 6.23，按照安徽省建筑工程消耗量定额和相应的计价依据，本工程管理费费率和利润率分别按 27.5% 和 20% 计取。编制墙面喷刷涂料项目的综合单价，并计算此分部分项工程费用。

表 6.23　　　　　　　　　分部分项工程工程量清单

序号	项目编码	项目名称	项目特征	计量单位	工程量
1	011407001002	墙面喷刷涂料	1. 内墙白色乳胶漆两遍 2. 满刮腻子两遍	m^2	110.96

解： 1. 综合单价计算

结合工程量清单，参照安徽省装饰工程消耗量定额和相应的计价依据规定。由于所套用的墙面喷刷涂料定额子目的单位均是 $100m^2$，与工程量清单分项工程项目的单位（m^2）不同，需重新计算主体项目的计价工程量。

综合单价分析与计算见表 6.24。

2. 墙面喷刷涂料工程的分部分项工程费用

具体内容见表 6.25。

6.3 工程量清单计价方法

表 6.24　　　　　　　　　　　　综 合 单 价 分 析 表

项目编码	011407001002	项目名称		墙面喷刷涂料		计量单位		m^2		工程量		110.96
				清单综合单价组成明细								
定额编号	定额名称	定额单位	数量	单 价				合 价				
				人工费	材料费	机械费	管理费和利润	人工费	材料费	机械费	管理费和利润	
B5-281	砖墙面乳胶漆两遍	m^2	0.01	89.00	868.00		42.00	0.89	8.68		0.42	
B5-324	107胶白水泥满皮腻子两遍	m^2	0.01	175.00	94.00		83.00	1.75	0.94		0.83	
人工单价				小　　　计				2.64	9.62		1.25	
31元/工日				未计价材料费								
			清单项目综合单价					13.51				
材料费明细	主要材料名称、规格、型号			单位		数量		单价/元	合价/元	暂估单价/元	暂估合价/元	
	其他材料费								—		—	
	材料费小计								—		—	

表 6.25　　　　　　　　　分部分项工程和单价措施清单与计价表

序号	项目编码	项目名称	项目特征描述	计量单位	工程量	金额/元		
						综合单价	合价	其中暂估价
			P　油漆、涂料、裱糊工程					
1	011407001002	墙面喷刷涂料（内墙）	1. 内墙白色乳胶漆两遍 2. 满刮腻子两遍	m^2	110.96	13.51	1499.07	

6.3.4　计算综合单价时的注意事项

1. 以项目特征为依据

确定分部分项工程和措施项目中的综合单价的最重要的依据之一，是该清单项目的特征描述。编制招标控制价时应根据招标文件和招标工程量清单中的项目特征描述，计算确定综合单价。

当出现招标文件中分部分项清单项目特征描述与设计图纸不符时，投标人应以"招标工程量清单的项目特征描述"为准，确定综合单价。当施工图纸中或设计变更与招标工程量清单的项目特征描述不一致时，发承包双方应按"实际施工的项目特征"根据合同约定重新确定综合单价。

工程量清单项目特征及主要工作内容中未描述的次要工程内容，其费用应按招标范围内设计图纸所示的工作内容确定，并计入综合单价。

2. 材料、工程设备暂估价处理

招标工程量清单中，提供了暂估单价的材料、工程设备，按暂估的单价计入综合单价。

3. 清单规则与定额规则不一致

工程量计算规则，如遇清单规则与定额规则不一致时，需计算每一计量单位的清单项目所分摊的工作内容的工程数量，即"清单系数"（定额工程量÷清单工程量）。综合单价分析表（表 6.5）中的"数量"包含了这一系数。

4. 依据工程内容，仔细组价

分部分项工程清单项目是以按建筑物的实体量来划分的，一个清单项目包含若干个工作内容，要完成工作内容，有很多的施工工序，因此进行组价时，要注意工作内容和消耗量定额子目对应关系，有时是一对一的关系，但有时会一个工作内容要套用多个定额子目或一个定额子目完成多个工作内容。

如某建筑物，地面构造做法如下：

（1）20mm 厚 1∶2 水泥砂浆抹面压实抹光。

（2）刷素水泥浆结合层一道。

（3）60mm 厚 C20 细石混凝土找坡，最薄处 30mm 厚。

（4）聚氨酯涂膜防水层 1.5mm，周边卷起 150mm。

（5）40mm 厚 C20 细石混凝土抹平。

（6）150mm 厚 3∶7 灰土垫层。

（7）素土夯实（不计算此项费用）。

计算"水泥砂浆楼地面"综合单价时，就要复合组价。

第7章 综合实例

7.1 工程量清单编制

根据安徽水利水电职业技术学院（简称安徽水电学院）传达室工程的施工图及建筑、结构说明和《房屋建筑与装饰工程工程量计算规范》（GB 50854—2013）、《建设工程工程量清单计价规范》（GB 50500—2013），编制工程量清单。

7.1.1 传达室工程施工图资料

7.1.1.1 建筑说明

（1）本工程为安徽水电学院内部传达室，单层砖混结构；层高 3.0m。

（2）室内外高差 0.15m；设计标高±0.000 相当黄海高程系 16.88m。

（3）本工程建筑面积为 93.15m^2（有柱雨篷半面积计入）。

（4）黏土实心砖墙体厚度 240mm，墙身及墙基做法详见结构图。

（5）门窗工程详见门窗表。加工前应核对洞口尺寸。

（6）室内地坪做法为：1∶2 水泥砂浆贴 500mm×500mm 防滑地砖面层；80 厚 C15 混凝土；150 厚级配碎石垫层；素土夯实（入口雨篷处室外地坪做法同）。

（7）600mm 宽混凝土散水，油膏嵌缝。做法为：80mm 厚 C15 混凝土（随摸）；80mm 级配碎石垫层；素土夯实。

（8）外墙粉刷。

做法一：15mm 厚 1∶2.5 水泥砂浆底，8mm 厚 1∶2 水泥砂浆面，刷白色外墙乳胶漆两遍；做法设置位置及分隔条详见立面图。外门窗设门窗套线 80mm 宽，水泥砂浆粉出，凸出面层 8mm。

做法二：15mm 厚 1∶2.5 水泥砂浆底，水泥砂浆竖贴豆灰色外墙面砖，做法设置位置详见立面图。

（9）内墙粉刷做法为：18mm 厚混合砂浆底，8mm 厚混合砂浆面，满刮腻子两遍，内墙白色乳胶漆两遍；瓷砖踢脚线 150mm 高，沿内墙遍设。

（10）天棚粉刷（含檐口）做法为：10mm 厚混合砂浆底，满刮腻子两遍，白色乳胶漆两遍。

（11）屋面做法为：5mm 厚 SBS 卷材防水（自保护），20mm 厚 1∶3 水泥砂浆找平层，水泥膨胀珍珠岩建筑找坡最薄处 30mm，20 厚 1∶3 水泥砂浆找平层。

（12）门窗表（表 7.1）。

7.1.1.2 结构说明

（1）本工程为单层砖混结构；墙下条形基础加独立柱基。

（2）混凝土强度等级，垫层为 C15，构造柱为 C20，其余均为 C25。

（3）钢筋：Φ 为 HPB300，$f_y=270$；Φ 为 HRB400，$f_y=360$。

表 7.1　　　　　　　　　　　　　门　窗　表

类型	设计编号	洞口尺寸（mm×mm）	数量	备　注
普通门	M1521	1500×2100	1	无亮塑钢推拉门 5 厚单玻
	M1527	1500×2700	1	有亮塑钢平开门 5 厚单玻
普通窗	C1518	1500×1800	9	有亮塑钢推拉窗 5 厚单玻配纱扇

（4）砖砌体 MU10 煤矸石黏土实心标准砖；墙身 M5 混合砂浆砌筑，砖基础 M5 水泥砂浆砌筑。墙基水泥砂浆水平防潮层遍设。

（5）门窗预制过梁：截面 120mm×240mm；C20 混凝土梁长＝洞宽＋500，配筋：纵筋，2Φ10 梁上部，3Φ10 梁下部，箍筋Φ6@200。

（6）构造柱纵筋锚入墙基混凝土垫层，圈梁兼作过梁时，配筋见圈梁大样。

（7）图中 GZ1 -构造柱 1，WQL1 -屋顶圈梁 1。

7.1.1.3　施工图纸

施工图纸如图 7.1～图 7.7 所示。

7.1.2　传达室清单工程量计算

清单工程量计算见表 7.2。

表 7.2　　　　　　　　　　　　清单工程量计算表

工程名称：安徽水电学院传达室工程

序号	项目编码	项目名称	单位	计算说明 / 计算式	工程量
1	010101001001	平整场地	m²	首层建筑面积，有柱雨篷面积一半计入 12.24×8.64－6×4.2/2	93.154
2	010101003001	挖沟槽土方	m³	1-1 剖面：+2-2 剖面： 0.50×(6.0×4+4.20×4+3.70)×(1.0-0.15)+(6-0.25-0.6+4.2-0.25-0.6)×0.24×(0.3+0.02)	19.565
3	010101004001	挖基坑土方	m³	独立柱基垫层：长×宽×室外地坪下埋深 1.20×1.20×(1.0-0.15)	1.224
4	010501001001	垫层	m³	1-1 剖面：(外墙中心线长＋2 轴内墙净长)×垫层宽×垫层厚 (6.0×4+4.20×4+3.70)×0.50×0.20	4.450
5	010501001002	垫层	m³	独立柱基垫层：长×宽×垫层厚 1.20×1.20×0.10	0.144
6	010401001001	砖基础 1-1 剖面 基础与墙身材料相同以室内地坪分界	m³	370 段＋240 段 [6.0×4+4.20×4+(4.2-0.37)]×0.12×0.37+[6.0×4+4.20×4+(4.2-0.24)]×(0.53+0.15)×0.24 扣减基础内 8 个构造柱体积；马牙槎 －0.24×0.24×0.8×8+0.06×0.24×0.8×6+0.09×0.24×0.8×2	8.814

7.1 工程量清单编制

续表

序号	项目编码	项目名称	单位	计算说明	工程量
7	010401001002	砖基础 2-2剖面	m³	2-2基础：[(轴线净长度)×宽度—与圆柱重合面积]×高度 [(6+4.2-0.24)×0.24-0.07685]×0.30	0.694
8	010501003001	独立基础	m³	独立柱基：长×宽×高 1.0×1.0×0.25	0.250
9	010103001001	土方回填	m³	(沟槽土方+独基土方)－(条基垫层体积+独基垫层体积+室外地坪下墙基体积已含构造柱7.675+2-2剖面砖基础体积+独基体积)－圆柱室外地坪下体积 (19.565+1.224)－(4.45+0.144+7.675+0.694+0.250)－3.14×0.175×0.175×(1-0.15-0.1-0.25)	7.528
10	010103002001	余方弃置	m³	(沟槽土方+独基土方)－土方回填体积 本工程无需房心回填 (19.565+1.224)－7.528	13.261
11	010401003001	实心砖墙	m³	(圈梁下墙体侧面积－门窗洞口)×墙厚 {[(12+8.4)×2+(4.2-0.24)]×(3-0.3)-1.5×2.1-1.5×2.7-1.5×1.8×9}×0.24 －预制过梁体积－(构造柱体积圈梁下至室内地坪段) －1.44－(0.24×0.24×2.7×8+0.06×0.24×2.7×6+0.09×0.24×2.7×2)	18.410
12	010502002001	构造柱	m³	构造柱截面积×高度×数量+两边马牙槎增加量+三边马牙槎增加量 0.24×0.24×(0.80+3)×8+0.06×0.24×(0.8+3-0.3)×6+0.09×0.24×(0.8+3-0.3)×2	2.205
13	010502003001	异形柱	m³	圆柱体积：从基础扩大面上起至屋顶 3.14×0.175×0.175×(0.65+3.0)	0.351
14	010503002001	矩形梁	m³	有柱雨篷L1、L2体积（扣圆栏重复部分）+B轴L1体积 [(6+4.2-0.24)×0.24-0.07685]×0.4+(6-0.24)×0.24×0.4	1.478
15	010503004001	圈梁	m³	圈梁体积：(12+8.4)×2×0.3×0.24+(4.2-0.24)×0.3×0.24；构造柱伸入体积：0.24×0.24×0.3×8；圈梁兼作过梁体积：1.44 (12+8.4)×2×0.3×0.24+(4.2-0.24)×0.3×0.24－0.24×0.24×0.3×8－1.44	1.664
16	010503005001	过梁	m³	圈梁兼作过梁体积 (1.5+0.25×2)×0.24×0.3×10	1.440
17	010510003001	过梁	m³	预制过梁 M1521上 (1.5+0.25×2)×0.12×0.24	0.058
18	010505003001	平板	m³	梁内侧边净面积（四块板相同）×板厚 (6-0.24)×(4.2-0.24)×4×0.10	9.124

续表

序号	项目编码	项目名称	单位	计算说明	工程量
				计算式	
19	010505007001	天沟、挑檐板	m³	挑檐中心线长×宽度×板厚+挑檐翻边中心线长×上翻高度×板厚	2.806
				(0.40−0.08)×(12.88−0.32+9.28−0.32)×2×0.10+(12.88+0.08+9.28+0.08)×2×0.40×0.08	
20	010507001001	散水、坡道	m²	散水中心线长×散水宽600	26.496
				(12.24+0.60+8.64+0.60)×2×0.60	
21	010802001001	金属门	m²	洞口垂直投影面积	3.150
				1.5×2.1×1	
22	010802001002	金属门	m²	洞口垂直投影面积	4.050
				1.5×2.7×1	
23	010807001001	金属窗	m²	洞口垂直投影面积	24.300
				1.5×1.8×9	
24	010902001001	屋面卷材防水	m²	水平面积+翻边面积	128.390
				12.88×9.28+(12.88+9.28)×2×0.20	
25	010902004001	屋面排水管	m	檐口到室外地坪距离	6.300
				3.15×2	
26	011001001001	保温隔热屋面	m²	屋面翻边内面积	119.526
				(12.24+0.32+0.32)×(8.64+0.32+0.32)=12.88×9.28	
27	011101006001	平面砂浆找平层（屋面）	m²	屋面翻边内面积，两层	239.053
				12.88×9.28×2	
28	011201004001	立面砂浆找平层（屋面）	m²	翻边找平，单层计取	8.864
				(12.88+9.28)×2×0.2	
29	011102003001	块料楼地面	m²	墙围合净面积+门洞口增加面积	95.731
				(6−0.24)×(8.4−0.24)+(6−0.24)×(4.2−0.24)+4.2×6+1.50×0.24×2	
30	010404001001	垫层	m³	楼地面碎石垫层	13.893
				[(6−0.24)×(8.4−0.24)+(6−0.24)×(4.2−0.24)×2]×0.15	
31	010501001003	垫层	m³	楼地面混凝土垫层	7.601
				[(6−0.24)×(8.4−0.24)+(6−0.24)×(4.2−0.24)+6×4.2]×0.08	
32	011105003001	块料踢脚线	m²	扣除门洞，门洞侧边加设	6.525
				[(6−0.24+8.4−0.24)×2+(6−0.24+4.2−0.24)×2+0.24×3]×0.15−1.5×3×0.15	
33	011201001001	墙面一般抹灰（外墙）	m²	扣除门洞，门洞侧边不加 外墙外边周长×(3−0.6−0.1=2.3)扣面砖、扣顶板厚−门洞进入抹灰面积(2.7−0.6=2.1)−窗面积	68.598
				(8.64×2.3×2+12.240×2.3×2)−(1.5×2.1+1.5×1.8×9)	

7.1 工程量清单编制

续表

序号	项目编码	项目名称	单位	计算说明 / 计算式	工程量
34	011201001002	墙面一般抹灰（内墙）	m²	墙垂直投影面积（大房间＋小房间）－门洞口面积 [(6－0.24＋8.4－0.24)×2×2.90＋(6＋4.2－0.24×2)×2×2.90]－(1.5×1.80×9＋1.5×2.1×2＋1.5×2.7)	102.462
35	011407001001	墙面喷刷涂料（外墙）	m²	扣除门洞，门洞侧边展开加入 外墙外边周长×(3－0.6－0.1＝2.3)扣面砖、扣顶板厚－门洞进入抹灰面积(2.7－0.6＝2.1)－窗洞面积＋窗门内翻侧边一半面积 (8.64×2.3×2＋12.24×2.3×2)－(1.5×2.1＋1.5×1.8×9)＋(1.5＋1.8)×2×0.12×9＋(1.5＋2.1×2)×0.12	76.410
36	011407001002	墙面喷刷涂料（内墙）	m²	扣除门洞。门洞侧边展开加入 墙垂直投影面积（大房间＋小房间）－门洞口面积（9个窗洞内侧单面积＋M1521双面＋M1527内侧单面） [(6－0.24＋8.4－0.24)×2×2.90＋(6＋4.2－0.24×2)×2×2.90]－(1.5×1.80×9＋1.5×2.1×2＋1.5×2.7)＋(1.5＋1.8)×2×0.12×9＋(1.5×3＋2.1×4＋2.7×2)×0.12	111.736
37	011204003001	块料墙面	m²	扣除门洞，门洞侧边展开加入 （外墙外边周长－M1527宽）×贴面砖高度＋M1527内侧边贴面＋檐口翻边面砖面积 (8.64×2＋12.24×2－1.5)×(0.60＋0.15)＋0.60×2×0.12＋(13.04＋9.44)×2×(0.40－0.08)	51.920
38	011205002001	块料柱面	m²	周长×柱高（未考虑梁柱交接面扣减及局部室外地坪标高变化影响） 3.14×0.35×(2.9＋0.15)	3.352
39	011301001001	天棚抹灰	m²	天棚投影面＋雨篷投影面＋雨篷为翻边垂直投影面＋梁侧面（与圆柱交接处退0.127） (6－0.24)×(8.4－0.24)＋(6－0.24)×(4.2－0.24)＋4.2×6＋(12.24＋0.40＋8.64＋0.40)×2×0.40＋(12.24＋0.32＋8.64＋0.32)×2×0.10＋[6－0.24＋6＋4.2－(0.12＋0.127)×2]×0.3×2	125.939
40	011407002001	天棚喷刷涂料	m²	同上 (6－0.24)×(8.4－0.24)＋(6－0.24)×(4.2－0.24)＋4.2×6＋(12.24＋0.40＋8.64＋0.40)×2×0.40＋(12.24＋0.32＋8.64＋0.32)×2×0.10＋[6－0.24＋6＋4.2－(0.12＋0.127)×2]×0.3×2	125.939
41	011502007001	塑料装饰线	m	西立面线条＋东立面线条＋（南北立面线条） (8.64×3＋1.8×3)＋(4.2＋0.24－1.5－0.16)×2＋(4.2－1.5－0.16)×2＋{[12.24－(1.5＋0.16)×4]}×4	64.360

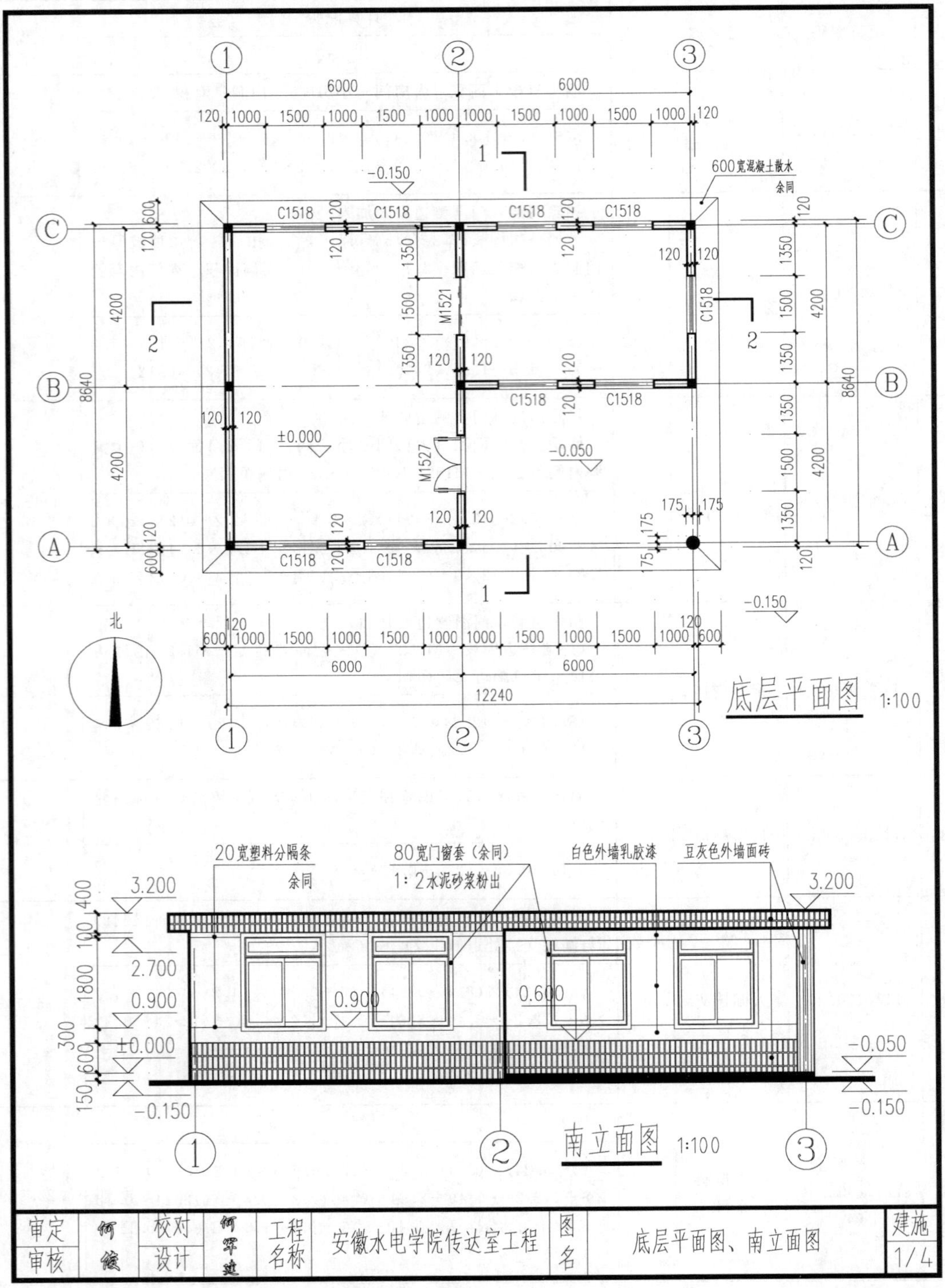

第7章 综合实例

图 7.1 底层平面图、南立面图（1）

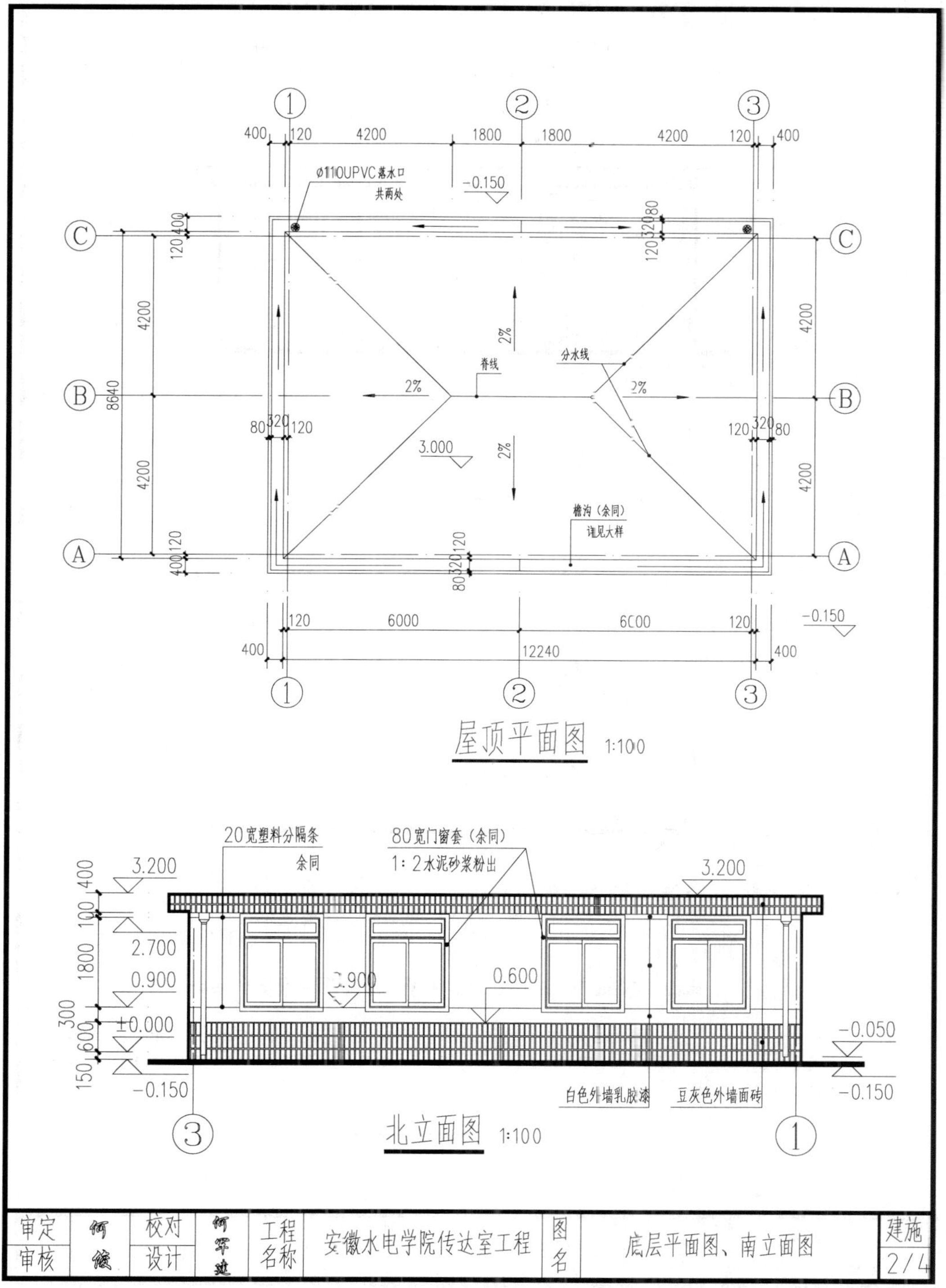

审定	何	校对	何	工程名称	安徽水电学院传达室工程	图名	底层平面图、南立面图	建施
审核		设计						2/4

图 7.2 底层平面图、南立面图（2）

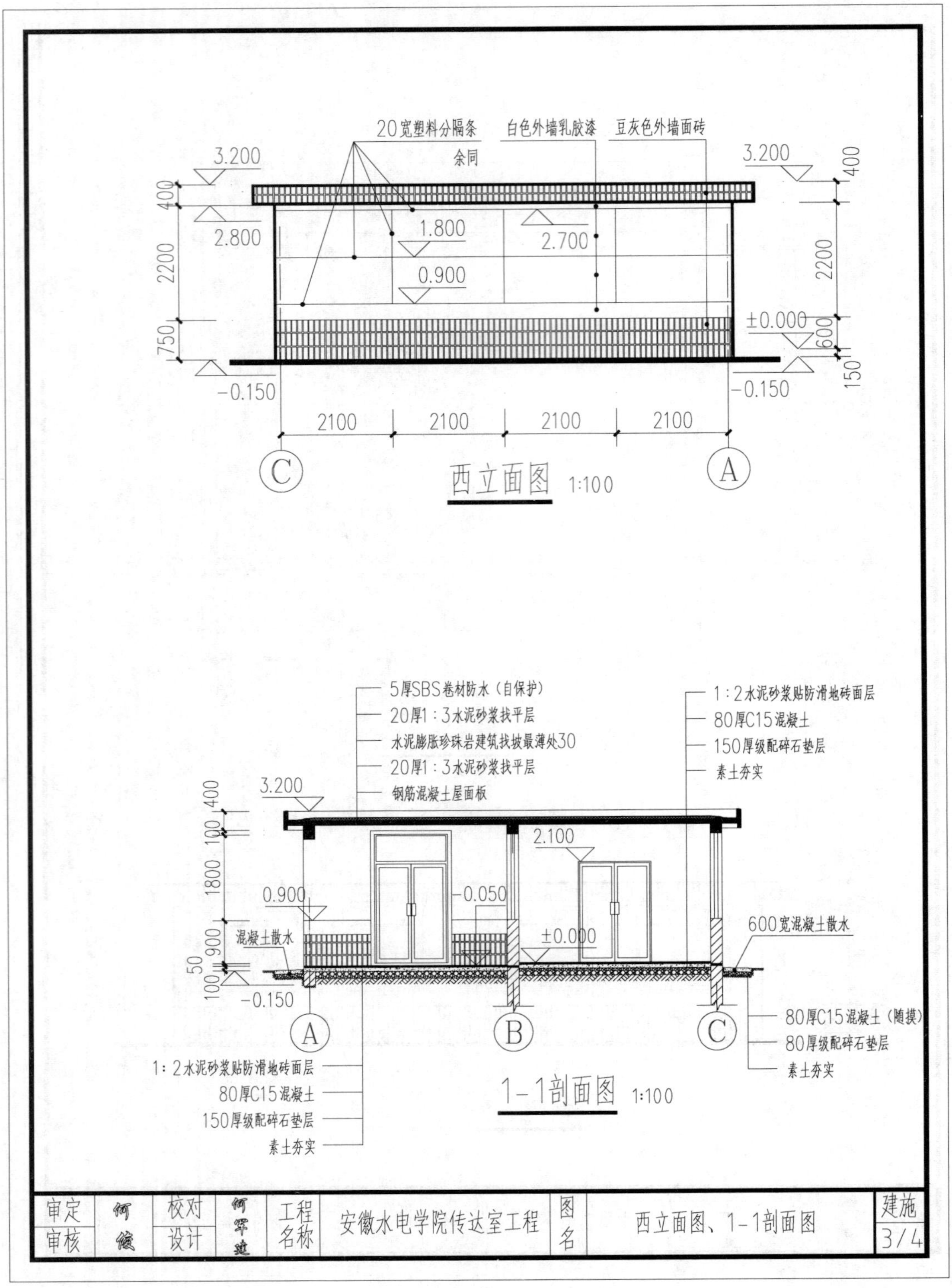

第7章 综合实例

图 7.3 西立面图、1-1 剖面图

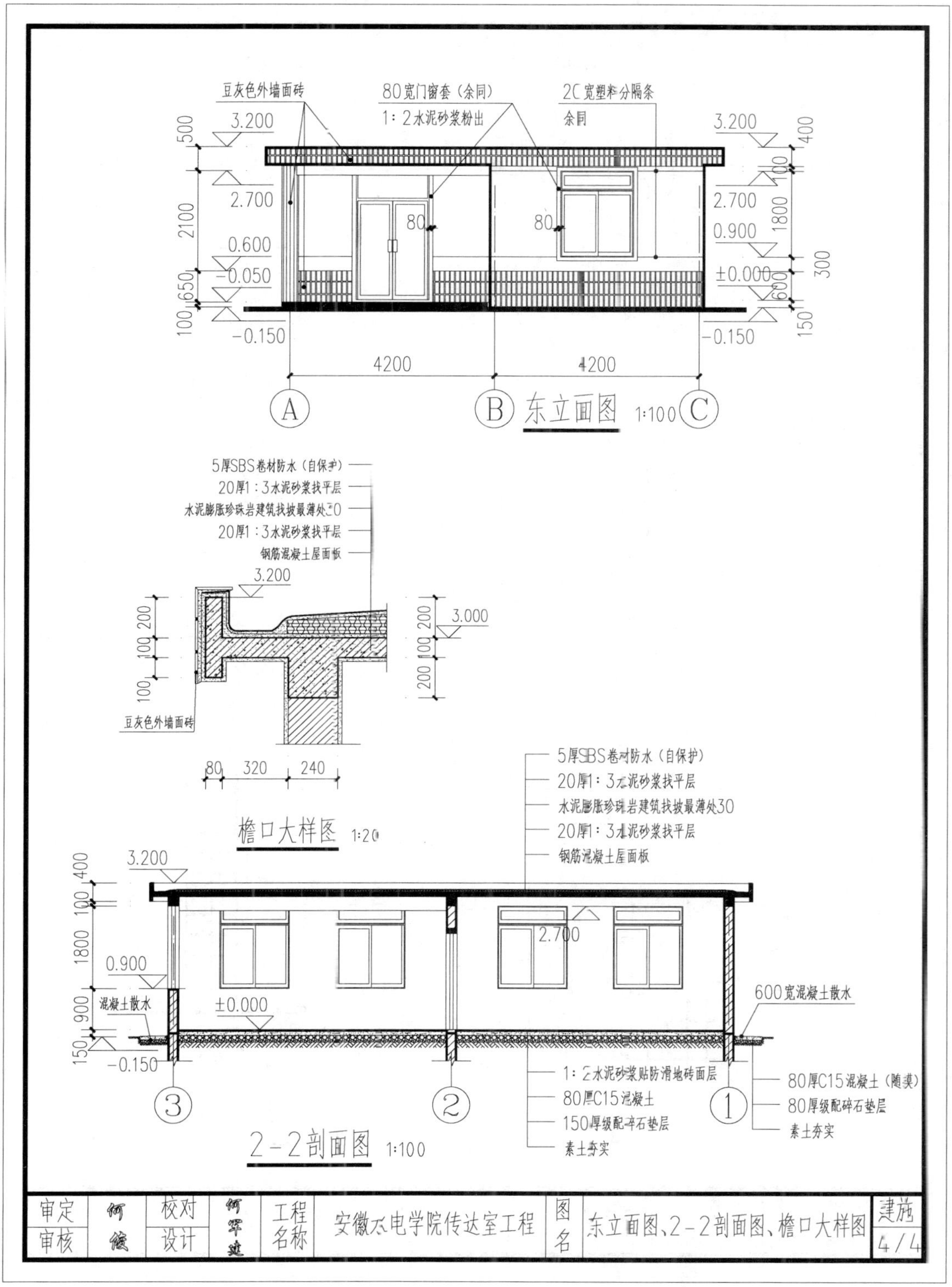

7.1 工程量清单编制

图 7.4 东立面图、2-2剖面图、檐口大样图

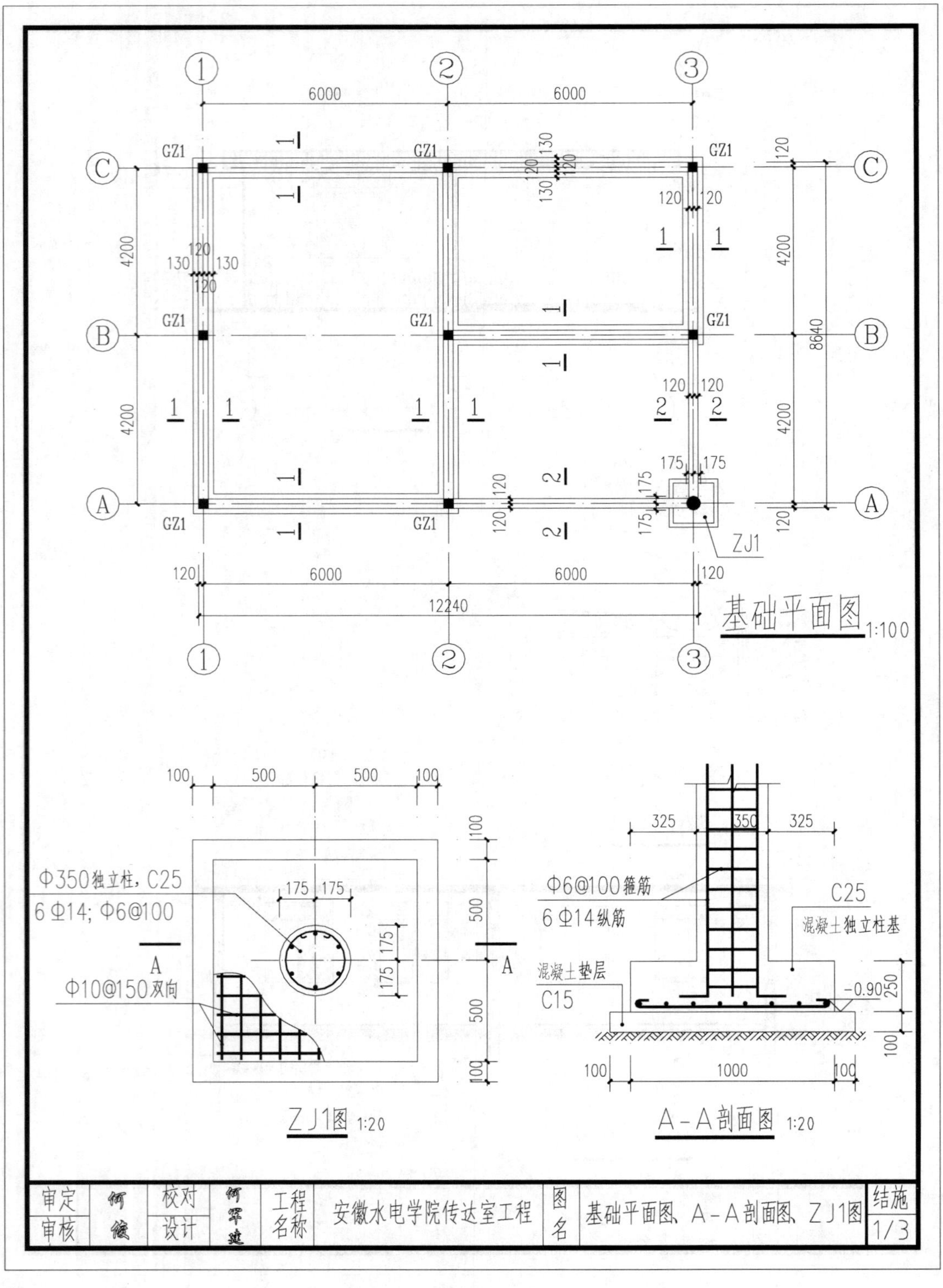

图 7.5 基础平面图、A-A 剖面图、ZJ1 图

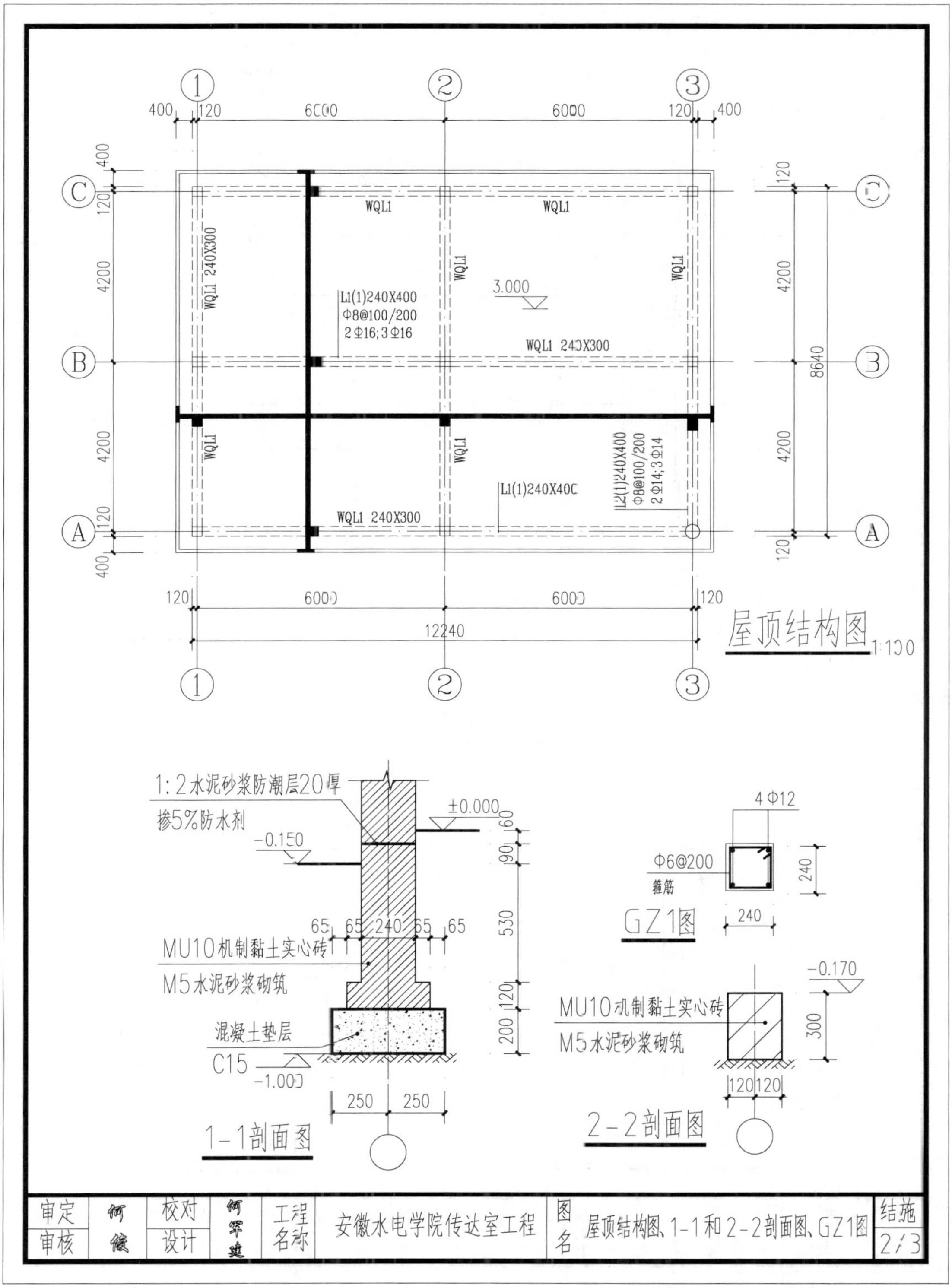

7.1 工程量清单编制

图 7.6 屋顶结构图、1-1 和 2-2 剖面图、GZ1 图

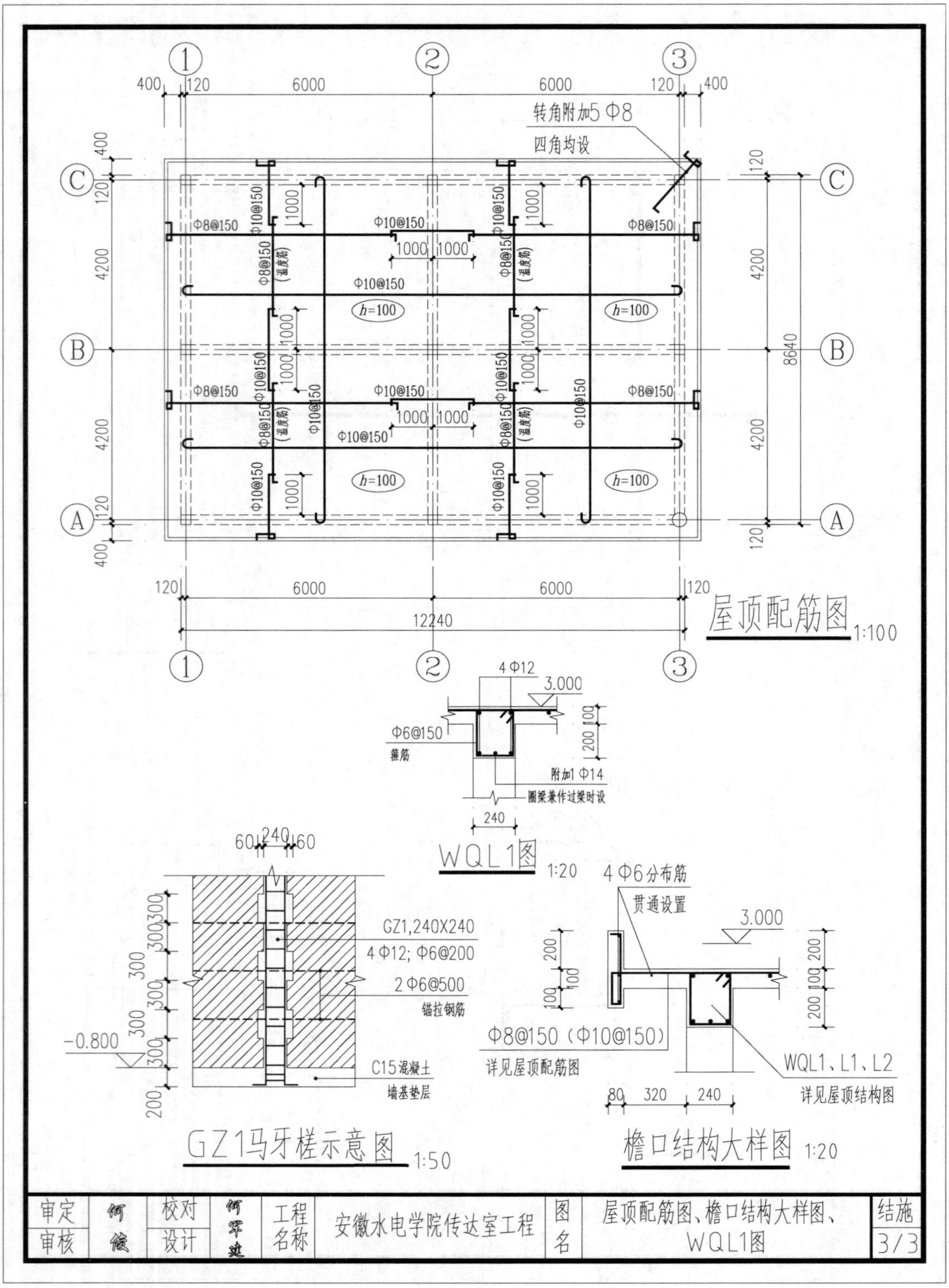

图 7.7 屋顶配筋图、檐口结构大样图、WQL1 图

7.1.3 传达室工程量清单的编制

7.1.3.1 招标工程量清单封面

<u>　　安徽水电学院传达室　　</u>工程

招标工程量清单

招　标　人：<u>　安徽水利水电职业技术学院　</u>
　　　　　　　　　　　（单位盖章）

造价咨询人：<u>　　　　　　　　　　　　　</u>
　　　　　　　　　　　（单位盖章）

2016 年 12 月 6 日

封-1

7.1.3.2 招标工程量清单扉页

<u>　　安徽水电学院传达室　　</u>工程

招标工程量清单

招 标 人：_____　　造价咨询人：_____
　　　　　　（单位盖章）　　　　　　　　　　　　（单位资质专用章）

法定代表人　　　　　　　　　　　　　　法定代表人
或其授权人：_____　　或其授权人：_____
　　　　　　（签字或盖章）　　　　　　　　　　　　（签字或盖章）

编 制 人：_____　　复 核 人：_____
　　　　（造价人员签字盖专用章）　　　　　　（造价工程师签字盖专用章）

编制时间：2016 年 12 月 6 日　　　　　复核时间：2016 年 12 月 9 日

扉-1

7.1.3.3 招标工程量清单总说明

清 单 编 制 说 明

一、工程概况

本工程为安徽水电学院内部传达室,单层砖混结构,墙下条形基础加独立柱基;层高3.0m。建筑面积:93.15m²

施工工期90天

施工现场邻近合马公路,交通运输方便

二、招标范围

具体详见图纸设计和招标补遗

三、编制依据

1. 安徽水电学院传达室工程施工图设计文件

2. 安徽水电学院传达室工程施工招标文件

3. 安徽水电学院传达室工程招标文件补遗

4. 具体详见本项目图纸目录

5. 执行国家和安徽省清单计价规范

四、清单编制及报价要求

1. 工程量清单列出的每个细目已包含涉及与该细目有关的全部工程内容,投标人应将工程量清单与投标人须知、合同通用条款、专用条款以及技术规范和图纸一起对照阅读

2. 除非合同另有规定,工程量清单中每一项单价均应已包括完成一个规定计量单位项目所需的人工费、材料费、机械使用费、管理费和利润,并考虑风险因素所发生的所有费用

3. 本清单依据《安徽省建设工程工程量清单计价规范》的编码列项;因项目编码内工作内容较多,特征项不能一一描述,清单只列主要特征,未描述或不完整之处,详见图纸、施工规范及相关说明要求。投标人必须注意,投标时所报的综合单价须是包含完成清单分项工程的所有工作内容及所需采取相应技术措施、施工方案等费用的报价

4. 投标人须认真阅读与项目有关的招标文件、设计图纸、地勘报告等,并通过现场勘查,考虑周边环境及施工期间可能出现的事宜,确定其各项可能产生的费用,且已包含在投标报价中,工程结算时不再调整该部分的费用

5. 措施项目费:清单所列项目仅供参考,投标人应根据其自行编制的施工组织设计文件,结合企业的技术装备情况,自行确定措施项目,但投标人必须是对施工现场实际勘察后结合工程经验,对所有的措施项目作出措施报价,没有报价的,视为已含在其他项目的报价中。一旦中标,措施项目费用不再调整

6. 投标人应填写工程量清单中所有工程细目的价格,凡技术规范和图纸中注明的工程内容,如在清单中未列项,均应视为包含其他相关项目中

五、其他说明

1. 本工程材料规格、选型等详见清单描述、图纸说明、招标文件及招标文件补遗

2. 本工程无预留金

3. 其余内容见招标文件、图纸、招标文件补遗、审图意见及回复等

7.1.3.4 分部分项工程和单价措施项目清单

分部分项工程和单价措施项目清单与计价见表7.3。

表7.3　　　　　　分部分项工程和单价措施项目清单与计价表

工程名称：安徽水电学院传达室工程　　　　　　　　　　　　　　　　第　页　共　页

序号	项目编码	项目名称	项目特征描述	计量单位	工程量	金额/元		
						综合单价	合价	其中 暂估价
			A. 土石方工程					
1	010101001001	平整场地	1. 土壤类别：一类、二类综合 2. 弃土运距：就地平衡 3. 取土运距：就地平衡	m²	93.15			
2	010101003001	挖沟槽土方（墙基）	1. 土壤类别：二类 2. 弃土运距：就地平衡 3. 取土运距：就地平衡	m³	19.57			
3	010101004001	挖基坑土方	1. 土壤类别：二类 2. 弃土运距：就地平衡 3. 取土运距：就地平衡	m³	1.22			
4	010103001001	土方回填	1. 密实度要求：压实系数≥0.94 2. 填方材料品种：素土回填 3. 填方来源、运距：就地平衡	m³	7.53			
5	010103002001	余方弃置	1. 废弃料品种：素土 2. 运距：50m	m³	13.26			
			D. 砌筑工程					
6	010401001001	砖基础（1-1剖面）	1. 砖品种、规格、强度等级：MU10煤矸石黏土实心砖 2. 基础类型：墙下条形基础 3. 砂浆强度等级：M5水泥砂浆 4. 防潮层材料种类：1:2水泥砂浆防潮层20厚，掺5%防水剂	m³	8.81			
7	010401001002	砖基础（2-2剖面）	1. 砖品种、规格、强度等级：MU10煤矸石黏土实心砖 2. 基础类型：条形 3. 砂浆强度等级：M5水泥砂浆 4. 防潮层材料种类：无	m³	0.69			
8	010401003001	实心砖墙	1. 砖品种、规格、强度等级：MU10煤矸石黏土实心砖 2. 墙体类型：240标准砖实砌 3. 砂浆强度等级、配合比：M5水泥混合砂浆	m³	18.41			
9	010404001001	垫层（地坪）	1. 材料种类：2、4、6级配碎石 2. 垫层厚度：150厚	m³	13.89			

续表

序号	项目编码	项目名称	项目特征描述	计量单位	工程量	金额/元		
						综合单价	合价	其中 暂估价
			E. 混凝土及钢筋混凝土工程					
10	010501001001	垫层（墙基）	1. 混凝土种类：商品混凝土 2. 混凝土强度等级：200厚C15	m³	4.45			
11	010501001002	垫层（柱基）	1. 混凝土种类：商品混凝土 2. 混凝土强度等级：100厚C15	m³	0.14			
12	010501001003	垫层（地坪）	1. 混凝土种类：商品混凝土 2. 混凝土强度等级：80厚C15	m³	7.60			
13	010501003001	独立基础	1. 混凝土种类：商品混凝土 2. 混凝土强度等级：C25	m³	0.25			
14	010502002001	构造柱	1. 混凝土上种类：商品混凝土 2. 混凝土强度等级：C20	m³	2.21			
15	010502003001	异形柱	1. 柱形状：圆柱 2. 混凝土上种类：商品混凝土 3. 混凝土强度等级：C25	m³	0.35			
16	010503002001	矩形梁	1. 混凝土种类：商品混凝土 2. 混凝土强度等级：C25	m³	1.48			
17	010503004001	圈梁	1. 混凝土种类：商品混凝土 2. 混凝土强度等级：C25	m³	1.64			
18	010503005001	过梁	1. 混凝土种类：商品混凝土 2. 混凝土强度等级：C25	m³	1.44			
19	010505003001	平板	1. 混凝土上种类：商品混凝土 2. 混凝土强度等级：C25	m³	9.12			
20	010505007001	天沟、挑檐板	1. 混凝土上种类：商品混凝土 2. 混凝土强度等级：C25	m³	2.81			
21	010507001001	散水、坡道	1. 垫层材料种类，厚度：80厚级配碎石垫层 2. 面层厚度：80厚 3. 混凝土种类：商品混凝土 4. 混凝土强度等级：C15 5. 变形缝填塞材料种类：沥青油膏	m²	26.50			
22	010510003001	过梁	1. 单件体积：0.058m³ 2. 安装高度：2.1m 3. 混凝土强度等级：C20 4. 砂浆强度等级、配合比：M5混合砂浆	m³	0.06			

7.1 工程量清单编制

续表

序号	项目编码	项目名称	项目特征描述	计量单位	工程量	金额/元		其中
						综合单价	合价	暂估价
			H. 门窗工程					
23	010802001001	金属（塑钢）门	1. 门代号及洞口尺寸：M1521 1500×2100 2. 门框或扇材质：塑钢推拉 3. 玻璃品种厚度：5厚钢化单玻	m²	3.15			
24	010802001002	金属（塑钢）门	1. 门代号及洞口尺寸：M1527 1500×2700 2. 门框或扇材质：塑钢有亮平开 3. 玻璃品种厚度：5厚钢化单玻	m²	4.05			
25	010807001001	金属窗	1. 窗代号及洞口尺寸：M1518 1500×1800 2. 窗、扇材质：塑钢推拉窗配纱扇 3. 玻璃品种、厚度：5厚单玻	m²	24.30			
			J. 屋面及防水工程					
26	010902001001	屋面卷材防水	1. 卷材品种、规格、厚度：5厚SBS自防护卷材防水 2. 防水层数：1层 3. 防水作法：冷黏	m²	128.39			
27	010902004001	屋面排水管	1. 排水管品种、规格：UFVC φ110 2. 雨水斗、山墙出水口品种、规格：UPVC雨水斗 3. 接缝、嵌缝材料种类：胶接冷黏 4. 油漆品种、刷漆遍数	m	6.30			
			K. 保温、隔热、防腐工程					
28	011001001001	保温隔热屋面	保温隔热材料品种、规格厚度：水泥膨胀珍珠岩，最薄处30厚	m²	119.53			
			L. 楼地面装饰工程					
29	011101006001	平面砂浆找平层（屋面）	找平层厚度、砂浆配合比：20厚1:3水泥砂浆找平层（两层）	m²	239.05			

续表

序号	项目编码	项目名称	项目特征描述	计量单位	工程量	金额/元		
						综合单价	合价	其中 暂估价
30	011102003001	块料楼地面	1. 结合层厚度砂浆配合比：1∶2水泥砂浆找平粘贴 2. 面层材料品种、规格、颜色：500mm×500mm防滑地砖 3. 嵌缝材料种类：同色嵌缝剂嵌缝 4. 酸洗打蜡要求：草酸清洗打蜡	m²	95.73			
31	011105003001	块料踢脚线	1. 踢脚线高度：150mm 2. 粘贴厚度材料种类：水泥砂浆 3. 面层材料品种、规格、颜色：地砖同色长条瓷砖高150mm	m²	6.53			
			M. 墙、柱面装饰与隔断、幕墙工程					
32	011201001001	墙面一般抹灰（砖外墙）	1. 墙体类型：砖外墙 2. 底层厚度、砂浆配合比：15mm厚1∶2.5水泥砂浆 3. 面层厚度、砂浆配合比：8mm厚1∶2水泥砂浆面 4. 装饰面材料种类：乳胶漆两遍 5. 分隔缝宽度材料、种类：20宽塑料分隔条	m²	68.60			
33	011201001002	墙面一般抹灰（砖内墙）	1. 墙体类型：砖内墙 2. 底层厚度、砂浆配合比：18mm厚混合砂浆 3. 面层厚度、砂浆配合比：8mm厚混合砂浆面 4. 装饰面材料种类：白色乳胶漆两遍	m²	102.46			
34	011201004001	立面砂浆找平层（屋面）	找平层厚度、砂浆配合比：20厚1∶3水泥砂浆找平层	m²	8.86			
35	011204003001	块料墙面	1. 墙体类型：砖外墙 2. 安装方式：水泥砂浆粘贴 3. 面层厚度、砂浆配合比：15厚1∶2.5水泥砂浆底，水泥砂浆贴豆灰色面砖 4. 缝宽嵌缝材料种类：专用嵌缝剂嵌缝 5. 防护材料种类 6. 磨光、酸洗、打蜡要求：草酸擦面、打蜡	m²	51.92			

续表

序号	项目编码	项目名称	项目特征描述	计量单位	工程量	金额/元		
						综合单价	合价	其中 暂估价
36	011205002001	块料柱面	1. 柱截面类型、尺寸：混凝土圆柱直径φ350mm 2. 安装方式：水泥砂浆粘贴 3. 面层材料品种、规格、颜色：15厚1:2.5水泥砂浆底，水泥砂浆贴豆灰色面砖 4. 缝宽嵌缝材料种类：专用嵌缝剂嵌缝 5. 防护材料种类 6. 磨光、酸洗、打蜡要求：草酸擦面、打蜡	m²	3.35			
			N. 天棚抹灰					
37	011301001001	天棚抹灰	1. 基层类型：钢筋混凝土面板 2. 抹灰厚度、材料种类：10mm厚混合砂浆底，满刮腻子两遍，天棚白色乳胶漆两遍 3. 砂浆配合比	m²	125.94			
			P. 油漆、涂料、裱糊工程					
38	011407001001	墙面喷刷涂料	1. 基层类型：砖外墙 2. 喷刷涂料部位：外墙面 3. 腻子种类：外墙腻子 4. 刮腻子要求：平整无明显刮痕 5. 涂料品种、喷刷遍数：白色外墙乳胶漆两遍	m²	76.41			
39	011407001002	墙面喷刷涂料	1. 基层类型：砖内墙 2. 喷刷涂料部位：内墙面 3. 腻子种类：墙面腻子 4. 刮腻子要求：两遍平整无刮痕 5. 涂料品种、喷刷遍数：白色内墙乳胶漆两遍	m²	111.79			
40	011407002001	天棚喷刷涂料	1. 基层类型：混凝土天棚 2. 喷刷涂料部位：天棚面 3. 腻子种类：天棚腻子 4. 刮腻子要求：两遍平整无刮痕 5. 涂料品种、喷刷遍数：白色内墙乳胶漆两遍	m²	125.94			
			Q. 其他装饰工程					
41	011502007001	塑料装饰线	1. 基层类型：水泥砂浆 2. 线条材料品种、规格、颜色：20mm宽豆灰色塑料分隔条 3. 防护层材料种类	m	64.36			

续表

序号	项目编码	项目名称	项目特征描述	计量单位	工程量	金额/元		
						综合单价	合价	其中
								暂估价
			S. 措施项目					
42	011701001001	综合脚手架	1. 建筑结构型式：砖混 2. 檐口高度：3.05m	m²	93.15			
43	011702001001	基础模板	基础类型：柱下独立阶型	m²	1.00			
44	011702003001	构造柱模板		m²	19.32			
45	011702004001	异形柱模板	柱截面形状：圆形	m²	3.90			
46	011702006001	矩形柱模板	支撑高度：2.9m	m²	12.91			
47	011702008001	圈梁模板		m²	11.71			
48	011702009001	过梁模板		m²	9.60			
49	011702016001	平板模板	支撑高度：2.9m	m²	91.24			

7.2 招标控制价编制

根据安徽水电学院传达室工程施工图纸和招标文件、分部分项工程和单价措施项目清单，编制安徽水电学院传达室工程房屋建筑与装饰工程工程量清单控制价。

7.2.1 传达室工程房屋建筑与装饰工程招标文件

一、招标公告
1. 项目名称：安徽水电学院传达室工程
2. 项目地点：合肥市东门肥东县龙塘
3. 项目单位：安徽水利水电职业技术学院
4. 项目概况：建筑面积为93.15m²，一层
5. 资金来源：自筹
6. 项目概算：120000元
7. 项目类别：工程施工
8. 标段划分：一个标段
9. 投标人资格、报名及招标文件发售办法、保证金账户等省略
二、投标人须知
1. 招标范围：招标文件、工程量清单、图纸以及补充答疑文件全部内容
2. 标段划分：一个标段
3. 计划工期：90天
4. 质量要求：合格
5. 其他：本工程采用商品混凝土、预拌砂浆
三、评标办法
略
四、计价依据和工程造价原则
1. 计价依据
1.1《安徽省建设工程工程量清单计价规范》(DBJ 34/T—206—2005) 及其配套计价依据
1.2 建设工程设计文件
1.3 与建设项目有关的标准、规范、技术资料

1.4 招标文件及其补充通知答疑纪要
1.5 施工现场情况、工程特点及常规施工方案
1.6 本工程涉及的人工、材料、机械台班的市场价格
1.7 施工期间的风险因素
2. 工程造价原则
2.1 工程造价计价方式为工程量清单计价方式
2.2 工程造价计价活动涉及工程量清单编制、招标控制价编制及投标报价等
五、图纸、技术标准和要求
图纸见附图，技术标准和要求（略）
传达室房屋建筑与装饰工程
六、投标文件格式
略
七、合同主要条款
略

7.2.1.1 安徽水电学院传达室工程招标控制价文件封面

<u>安徽水电学院传达室</u> 工程

招标控制价

招 标 人：_____
（单位盖章）

造价咨询人：_____
（单位盖章）

2016 年 12 月 6 日

封-2

7.2.1.2 安徽水电学院传达室工程招标控制价文件扉页

<u>　　安徽水电学院传达室　　</u>工程

招标控制价

　　　　　招标控制价(小写)：<u>　　107615.00 元　　</u>

　　　　　　　　　　(大写)：<u>　拾万柒仟陆佰壹拾伍元　</u>

招　标　人：<u>　　　　　　　</u>　　　造价咨询人：<u>　　　　　　　</u>

　　　　　　　(单位盖章)　　　　　　　　　　　　　(单位资质专用章)

法定代表人　　　　　　　　　　　　　法定代表人
或其授权人：<u>　　　　　　　</u>　　　或其授权人：<u>　　　　　　　</u>

　　　　　　　(签字或盖章)　　　　　　　　　　　　(签字或盖章)

编　制　人：<u>　　　　　　　</u>　　　复　核　人：<u>　　　　　　　</u>

　　　　　(造价人员签字盖专用章)　　　　　　　(造价工程师签字盖专用章)

编制时间：2016 年 12 月 6 日　　　　复核时间：2016 年 12 月 9 日

扉 - 2

7.2.2 传达室工程招标控制价编制

招标控制价编制详见表 7.4～表 7.9。

控 制 价 编 制 说 明

工程名称：安徽水电学院传达室工程

一、工程概况
安徽水电学院传达室工程共分为：土建(不包括钢筋工程)和装饰工程，安装工程不在控制价范围内
二、招标范围
见本项目招标文件及答疑中的招标范围
三、本工程控制价编制依据
1.《安徽省建设工程工程量清单计价规范》(DBJ 34/T—206—2005) 及其配套计价依据
2.《建设工程工程量清单计价规范》(GB 50500—2013)
3. 建设项目设计文件及相关资料
4. 招标文件中的工程量清单及有关要求
5. 与建设项目有关的标准、规范、技术资料
6. 工程造价管理机构发布的工程造价信息，工程造价信息没有发布的参照市场价格
7. 施工现场情况、工程特点及常规施工方案
四、根据合造价〔2016〕2 号文，不可竞争费的计取如下
1. 暂列金额
本工程暂列金额 6000.00 元，列入其他项目清单中招标人部分，不计取税金

2. 规费

序号	项目名称	计算基数	费率/%	工程名称
1	养老保险费	分部分项目清单定额人工费＋施工技术措施项目清单定额人工费	20.00	建筑、装饰、安装、市政、城市轨道交通、园林绿化及古建筑、抗震加固
2	失业保险费		1.50	
3	医疗保险费		7.00	
4	生育保险费		1.00	
5	工伤保险费		1.00	
6	住房公积金		5.00	
7	工程排污费	发生时，按环保部门规定计取		

3. 税金税率

序号	项目名称	计算基数	税率/% 市区	税率/% 县城、镇	税率/% 其他
1	增值税	税前工程造价	11		
2	城市维护建设税	增值税	7.00	5.00	1.00
3	教育附加费	增值税	3.00		
4	地方教育附加费	增值税	2.00		
5	水利建设基金	税前工程造价	0.06		

4. 暂定价、暂估价
（1）列入其他项目清单中招标人部分，均不计取税金
（2）列入分部分项清单中的，均须计取税金
本工程无暂定价、暂估价

5. 组织措施费中的不可竞争费

序号	项目名称	计费基数	费率/% 建筑	费率/% 装饰
1	环境保护	（分部分项目清单定额人工费＋施工技术措施项目清单定额人工费）＋（分部分项目清单定额机械费＋施工技术措施项目清单定额机械费）	0.69	0.69
2	安全施工		4.90	4.41
3	文明施工		3.92	3.55
4	临时设施		6.86	6.72
5	扬尘防治增加费		2.00	1.00

五、其他说明
1. 主要材料价格：采用2016年11月合肥地区建设工程市场价格信息主刊"不含进项税价格"；信息价没有的材料、设备按照市场询价（"不含进项税"）计入
2. 人工费按照68元/工日进行组价，其中31元参与取费，另外37元仅计取税金
3. 本工程管理费费率和利润率分别按27.5%、20%计取
4. 税金采用增值税一般计税模式

表 7.4 单位工程招标控制价

工程名称：安徽水电学院传达室工程   标段：   第 页 共 页

序号	汇总内容	金额/元	其中：暂估价/元
1	分部分项工程费	63021.47	
1.1	土石方工程	1083.70	
1.2	砌筑工程	10738.02	
1.3	混凝土及钢筋混凝土工程	12845.09	
1.4	门窗工程	8964.00	
1.5	屋面及防水工程	5589.81	
1.6	保温、隔热、防腐工程	2130.02	
1.7	楼地面装饰工程	8505.28	
1.8	墙、柱面装饰与隔断、幕墙工程	6605.09	
1.9	天棚抹灰	1376.52	
1.10	油漆、涂料、裱糊工程	4943.00	
1.11	其他装饰工程	237.94	
2	措施项目费	11113.71	
2.1	总价措施项目费	8246.38	
2.2	单价措施项目费	2867.33	
3	其他项目	6000	
3.1	其中：暂列金额	6000	
3.2	其中：专业工程暂估价		
3.3	其中：计日工		
3.4	其中：总承包服务费		
4	规费	3581.02	
5	人工费调整	12377.53	
6	机械费调整	327.50	
7	税金	11193.30	
	合计	107641.53	

表 7.5 分部分项工程和单价措施项目清单与计价表

工程名称：安徽水电学院传达室工程   第 页 共 页

序号	项目编码	项目名称	项目特征描述	计量单位	工程量	金额/元		
						综合单价	合价	其中暂估价
			A. 土石方工程				1083.70	
1	010101001001	平整场地	1. 土壤类别：一类、二类综合 2. 弃土运距：就地平衡 3. 取土运距：就地平衡	m²	93.15	2.43	226.35	

续表

序号	项目编码	项目名称	项目特征描述	计量单位	工程量	综合单价	合价	其中 暂估价
2	010101003001	挖沟槽土方（墙基）	1. 土壤类别：二类 2. 弃土运距：就地平衡 3. 取土运距：就地平衡	m³	19.57	12.38	242.28	
3	010101004001	挖基坑土方	1. 土壤类别：二类 2. 弃土运距：就地平衡 3. 取土运距：就地平衡	m³	1.22	26.93	32.85	
4	010103001001	土方回填	1. 密实度要求：压实系数≥0.94 2. 填方材料品种：素土回填 3. 填方来源、运距：就地平衡	m³	7.53	56.03	421.91	
5	010103002001	余方弃置	1. 废弃料品种：素土 2. 运距：50m	m³	13.26	12.09	160.31	
		D. 砌筑工程					10738.02	
6	010401001001	砖基础（1-1剖面）	1. 砖品种、规格、强度等级：MU10煤矸石黏土实心砖 2. 基础类型：墙下条形基础 3. 砂浆强度等级：M5水泥砂浆 4. 防潮层材料种类：1:2水泥砂浆防潮层20厚，掺5%防水剂	m³	8.81	278.23	2451.21	
7	010401001002	砖基础（2-2剖面）	1. 砖品种、规格、强度等级：MU10煤矸石黏土实心砖 2. 基础类型：条形 3. 砂浆强度等级：M5水泥砂浆 4. 防潮层材料种类：无	m³	0.69	268.55	185.30	
8	010401003001	实心砖墙	1. 砖品种、规格、强度等级：MU10煤矸石黏土实心砖 2. 墙体类型：240标准砖实砌 3. 砂浆强度等级、配合比：M5水泥混合砂浆	m³	18.41	306.17	5636.59	
9	010404001001	垫层（地坪）	1. 材料种类：2、4、6级配碎石 2. 垫层厚度：150厚	m³	13.89	177.46	2464.92	
		E. 混凝土及钢筋混凝土工程					12845.09	
10	010501001001	垫层（墙基）	1. 混凝土种类：商品混凝土 2. 混凝土强度等级：200厚C15	m³	4.45	347.96	1548.42	
11	010501001002	垫层（柱基）	1. 混凝土种类：商品混凝土 2. 混凝土强度等级：100厚C15	m³	0.14	347.96	48.71	

续表

序号	项目编码	项目名称	项目特征描述	计量单位	工程量	金额/元		
						综合单价	合价	其中 暂估价
12	010501001003	垫层（地坪）	1. 混凝土种类：商品混凝土 2. 混凝土强度等级：80 厚 C15	m³	7.60	347.96	2644.50	
13	010501003001	独立基础	1. 混凝土种类：商品混凝土 2. 混凝土强度等级：C25	m³	0.25	370.43	92.61	
14	010502002001	构造柱	1. 混凝土上种类：商品混凝土 2. 混凝土强度等级：C20	m³	2.21	385.06	850.98	
15	010502003001	异形柱	1. 柱形状：圆柱 2. 混凝土上种类：商品混凝土 3. 混凝土强度等级：C25	m³	0.35	389.11	136.19	
			本页小计					
16	010503002001	矩形梁	1. 混凝土种类：商品混凝土 2. 混凝土强度等级：C25	m³	1.48	380.91	563.75	
17	010503004001	圈梁	1. 混凝土种类：商品混凝土 2. 混凝土强度等级：C25	m³	1.64	397.08	651.21	
18	010503005001	过梁	1. 混凝土种类：商品混凝土 2. 混凝土强度等级：C25	m³	1.44	404.03	581.80	
19	010505003001	平板	1. 混凝土上种类：商品混凝土 2. 混凝土强度等级：C25	m³	9.12	378.42	3451.19	
20	010505007001	天沟、挑檐板	1. 混凝土上种类：商品混凝土 2. 混凝土强度等级：C25	m³	2.81	405.09	1138.30	
21	010507001001	散水、坡道	1. 垫层材料种类，厚度：80 厚级配碎石垫层 2. 面层厚度：80 厚 3. 混凝土种类：商品混凝土 4. 混凝土强度等级：C15 5. 变形缝填塞材料种类：沥青油膏	m²	26.50	42.03	1113.80	
22	010510003001	过梁	1. 单件体积：0.058m³ 2. 安装高度：2.1m 3. 混凝土强度等级：C20 4. 砂浆强度等级、配合比：M5 混合砂浆	m³	0.06	393.83	23.63	
			H. 门窗工程				8964.00	
23	010802001001	金属（塑钢）门	1. 门代号及洞口尺寸：M1521 1500mm×2100mm 2. 门框或扇材质：塑钢推拉 3. 玻璃品种厚度：5 厚钢化单玻	m²	3.15	300.00	945.00	

7.2 招标控制价编制

续表

序号	项目编码	项目名称	项目特征描述	计量单位	工程量	金额/元 综合单价	金额/元 合价	其中 暂估价
24	010802001002	金属（塑钢）门	1. 门代号及洞口尺寸：M1527 1500mm×2700mm 2. 门框或扇材质：塑钢有亮平开 3. 玻璃品种厚度：5厚钢化单玻	m²	4.05	300.00	1215.00	
25	010807001001	金属窗	1. 窗代号及洞口尺寸：M1518 1500mm×1800mm 2. 窗、扇材质：塑钢推拉窗配纱扇 3. 玻璃品种、厚度：5厚单玻	m²	24.30	280.00	6804.00	
		J. 屋面及防水工程					5589.81	
26	010902001001	屋面卷材防水	1. 卷材品种、规格、厚度：5厚SBS自防护卷材防水 2. 防水层数：1层 3. 防水作法：冷黏	m²	128.39	42.10	5405.22	
27	010902004001	屋面排水管	1. 排水管品种、规格：UPVC φ110 2. 雨水斗、山墙出水口品种、规格：UPVC雨水斗 3. 接缝、嵌缝材料种类：胶接冷黏 4. 油漆品种、刷漆遍数	m	6.30	29.30	184.59	
		本页小计						
		K. 保温、隔热、防腐工程					2130.02	
28	011001001001	保温隔热屋面	1. 保温隔热材料品种、规格厚度：水泥膨胀珍珠岩，最薄处30厚 2. 隔气层材料品种、厚度 3. 黏结材料种类、做法	m²	119.53	17.82	2130.02	
		L. 楼地面装饰工程					8508.28	
29	011101006001	平面砂浆找平层（屋面）	找平层厚度、砂浆配合比：20厚1:3水泥砂浆找平层（两层）	m²	239.05	8.02	1917.18	
30	011102003001	块料楼地面	1. 结合层厚度砂浆配合比：1:2水泥砂浆找平粘贴 2. 面层材料品种、规格、颜色 500mm×500mm防滑地砖 3. 嵌缝材料种类：同色嵌缝剂嵌缝 4. 酸洗打蜡要求：草酸清洗打蜡	m²	95.73	63.46	6075.03	

241

续表

序号	项目编码	项目名称	项目特征描述	计量单位	工程量	金额/元		其中
						综合单价	合价	暂估价
31	011105003001	块料踢脚线	1. 踢脚线高度：150mm 2. 粘贴厚度材料种类：水泥砂浆 3. 面层材料品种、规格、颜色：地砖同色长条瓷砖高150mm	m²	6.53	79.03	516.07	
		M. 墙、柱面装饰与隔断、幕墙工程					6605.09	
32	011201001001	墙面一般抹灰（砖外墙）	1. 墙体类型：砖外墙 2. 底层厚度、砂浆配合比：15mm 厚 1:2.5 水泥砂浆 3. 面层厚度、砂浆配合比：8mm 厚 1:2 水泥砂浆面 4. 装饰面材料种类：乳胶漆两遍 5. 分隔缝宽度材料、种类：20 宽塑料分隔条	m²	68.60	13.18	904.15	
33	011201001002	墙面一般抹灰（砖内墙）	1. 墙体类型：砖内墙 2. 底层厚度、砂浆配合比：18mm 厚混合砂浆 3. 面层厚度、砂浆配合比：8mm 厚混合砂浆面 4. 装饰面材料种类：白色乳胶漆两遍	m²	102.46	14.51	1486.69	
34	011201004001	立面砂浆找平层（屋面）	找平层厚度、砂浆配合比：20 厚 1:3 水泥砂浆找平层	m²	8.86	8.02	71.06	
35	011204003001	块料墙面	1. 墙体类型：砖外墙 2. 安装方式：水泥砂浆粘贴 3. 面层厚度、砂浆配合比：15mm 厚 1:2.5 水泥砂浆底，水泥砂浆贴豆灰色面砖 4. 缝宽嵌缝材料种类：专用嵌缝剂嵌缝 5. 磨光、酸洗、打蜡要求：草酸擦面、打蜡	m²	51.92	74.97	3892.44	
		本页小计						
36	011205002001	块料柱面	1. 柱截面类型、尺寸：混凝土圆柱直径φ350mm 2. 安装方式：水泥砂浆粘贴 3. 面层材料品种、规格、颜色：15 厚 1:2.5 水泥砂浆底，水泥砂浆贴豆灰色面砖 4. 缝宽嵌缝材料种类：专用嵌缝剂嵌缝 5. 磨光、酸洗、打蜡要求：草酸擦面、打蜡	m²	3.35	74.85	250.75	

7.2 招标控制价编制

续表

序号	项目编码	项目名称	项目特征描述	计量单位	工程量	金额/元 综合单价	合价	其中 暂估价
		N. 天棚抹灰					1376.52	
37	011301001001	天棚抹灰	1. 基层类型：钢筋混凝土面板 2. 抹灰厚度、材料种类：10mm厚混合砂浆底，满刮腻子两遍，天棚白色乳胶漆两遍 3. 砂浆配合比	m²	125.94	10.93	1376.52	
		P. 油漆、涂料、裱糊工程					4943.00	
38	011407001001	墙面喷刷涂料	1. 基层类型：砖外墙 2. 喷刷涂料部位：外墙面 3. 腻子种类：外墙腻子 4. 刮腻子要求：平整无明显刮痕 5. 涂料品种、喷刷遍数：白色外墙乳胶漆两遍	m²	76.41	13.51	1032.30	
39	011407001002	墙面喷刷涂料	1. 基层类型：砖内墙 2. 喷刷涂料部位：内墙面 3. 腻子种类：墙面腻子 4. 刮腻子要求：两遍平整无刮痕 5. 涂料品种、喷刷遍数：白色内墙乳胶漆两遍	m²	111.79	13.51	1510.28	
40	011407002001	天棚喷刷涂料	1. 基层类型：混凝土天棚 2. 喷刷涂料部位：天棚面 3. 腻子种类：天棚腻子 4. 刮腻子要求：两遍平整无刮痕 5. 涂料品种、喷刷遍数：白色内墙乳胶漆两遍	m²	125.94	19.06	2400.42	
		Q. 其他装饰工程					237.49	
41	011502007001	塑料装饰线	1. 基层类型：水泥砂浆 2. 线条材料品种、规格、颜色：20mm宽豆灰色塑料分隔条 3. 防护层材料种类：	m	64.36	3.69	237.49	
		分部分项工程费合计					63021.47	
		S. 措施项目					8246.38	
		混凝土、钢筋混凝土模板及支架		项	1	6178.57	6178.57	
		脚手架		项	1	705.62	705.62	
		二次搬运费		项	1			
		大型机械设备进出场及安拆		项	1	1362.19	1362.19	
		单价措施项目工程费合计					8246.38	
		本页小计						

表 7.6　　　　　　　　　　　　总价措施项目清单与计价表

工程名称：安徽水电学院传达室工程　　　　标段：　　　　　　　　　　第　页　共　页

序号	项目编码	项目名称	计算基础	费率/%	金额/元	调整费率/%	调整后金额/元	备注
1		（土建）环境保护费（营改增）	7201.99	0.690	49.69			
2		（土建）文明施工费（营改增）	7201.99	4.900	352.90			
3		（土建）安全施工费（营改增）	7201.99	3.920	282.32			
4		（土建）临时设施费（营改增）	7201.99	6.860	494.06			
5		（土建）二次搬运费（营改增）	7201.99	0.910	65.54			
6		（土建）已完工程及设备保护（营改增）	7201.99	0.100	7.20			
7		（土建）冬雨季施工增加费（营改增）	7201.99	1.300	93.63			
8		（土建）工程定位复测、工程点交、场地清理（营改增）	7201.99	2.000	144.04			
9		（土建）生产工具用具使用费（营改增）	7201.99	1.800	129.64			
10		（土建）扬尘污染防治增加费（营改增）	7201.99	2.000	144.04			
11		（装饰）环境保护费（营改增）	4725.17	0.690	32.60			
12		（装饰）文明施工费（营改增）	4725.17	4.410	208.38			
13		（装饰）安全施工费（营改增）	4725.17	3.550	167.74			
14		（装饰）临时设施费（营改增）	4725.17	6.720	317.53			
15		（装饰）二次搬运费（营改增）	4725.17	1.900	89.78			
16		（装饰）已完工程及设备保护（营改增）	4725.17	0.300	14.18			
17		（装饰）冬雨季施工增加费（营改增）	4725.17	1.300	61.43			
18		（装饰）工程定位复测、工程点交、场地清理（营改增）	4725.17	1.600	75.60			
19		（装饰）生产工具用具使用费（营改增）	4725.17	1.900	89.78			
20		（装饰）扬尘污染防治增加费（营改增）	4725.17	1.000	47.25			
		合　　计			2867.33			

编制人（造价人员）：　　　　　　　　　　　　　　　　复核人（造价工程师）：

7.2 招标控制价编制

表 7.7　　　　　　　　　　**其他项目清单与计价汇总表**

工程名称：安徽水电学院传达室工程　　　　标段：　　　　　　　　第　页　共　页

序号	项目名称	金额/元	结算金额/元	备注
1	暂列金额	6000.00		
2	暂估价			
3	计日工			
4	总承包服务费			
5	索赔与现场签证			
	合　计	6000.00		—

表 7.8　　　　　　　　　　**规费、税金项目清单与计价表**

工程名称：安徽水电学院传达室工程　　　　标段：　　　　　　　　第　页　共　页

序号	项目名称	计算基础	计算基数/元	费率/%	金额/元
1	规费	定额人工费	3581.02	100.000	3581.02
1.1	社会保险费	定额人工费			3076.65
(1)	养老保险费	定额人工费	10087.42	20.000	2017.43
(2)	失业保险费	定额人工费	10087.42	1.500	151.31
(3)	医疗保险费	定额人工费	10087.42	7.000	706.12
(4)	工伤保险费	定额人工费	10087.42	1.000	100.87
(5)	生育保险费	定额人工费	10087.42	1.000	100.87
1.2	住房公积金	定额人工费	10087.42	5.000	504.37
1.3	工程排污费	按工程所在主地环境保护部门收取标准		100	
2	税金		11193.30	100.000	11193.30
2.1	增值税		90414.39	11.000	9945.58
2.2	城市维护建设税		9945.58	7.000	696.19
2.3	教育附加费		9945.58	3.000	298.37
2.4	地方教育附加费		9945.58	2.000	198.91
2.5	水利建设基金		90414.39	0.060	54.25
三	合计				14774.32
	合　　计				

编制人（造价人员）：　　　　　　　　　　　　　　　复核人（造价工程师）：

表 7.9　　　　　　　　　　**主要材料价格表**

工程名称：安徽水电学院传达室工程　　　　标段：　　　　　　　　第　页　共　页

序号	材料编码	材　料　名　称	单位	数量	单价/元	合价/元	备注
1	100002	107胶	kg	21.0029	2.220	46.63	
2	100003	107胶水	kg	79.8933	2.220	177.36	

续表

序号	材料编码	材料名称	单位	数量	单价/元	合价/元	备注
3	100007	APP及SBS基层处理剂	kg	40.0577	6.680	267.59	
4	100020	PVC检查口 φ110	个	0.6363	7.780	4.95	
5	100023	PVC伸缩节 φ110	个	6.9930	7.780	54.41	
6	100027	PVC水落管 φ110	m	6.6276	15.990	105.98	
7	100030	SBS、APP封口油膏	kg	7.9602	5.140	40.92	
8	100031	SBS改性沥青卷材3	m²	159.4604	15.970	2546.58	
9	100048	MU10煤矸石黏土实心砖 240mm×115mm×53mm	百块	148.6456	34.000	5053.95	
10	100051	白乳胶	kg	0.3797	6.240	2.37	
11	100056	白水泥	kg	173.2821	0.480	83.18	
12	100073	草袋	m²	20.4329	1.110	22.68	
13	100074	草袋	片	10.0000	0.850	8.50	
14	100104	底座	个	0.2422	58.120	14.08	
15	100129	镀锌铁丝	kg	4.6985	2.790	13.11	
16	100130	镀锌铁丝12号	kg	6.9307	2.790	19.34	
17	100133	镀锌铁丝8号	kg	0.7452	2.790	2.08	
18	100137	对接扣件	个	2.4034	0.610	1.47	
19	100156	防水粉	kg	5.7099	1.180	6.74	
20	100158	防锈漆	kg	2.1798	7.690	16.76	
21	100169	复合木模板	m²	39.5139	19.150	756.69	
22	100170	改性沥青黏结剂	kg	170.2451	12.700	2162.11	
23	100180	钢钉	kg	0.3595	5.090	1.83	
24	100182	钢管 φ48×3.5mm	kg	53.8337	3.730	200.80	
25	100203	钢压条 φ6	kg	6.4195	3.340	21.44	
26	100204	钢支撑	kg	58.5767	3.420	200.33	
27	100258	回转扣件	个	0.6800	3.500	2.38	
28	100295	地砖 300mm×300mm	m²	6.6555	45.000	299.50	
29	100298	防滑地砖 500mm×500mm	m²	97.6456	45.000	4394.05	
30	100320	卡箍膨胀螺栓110	套	4.4982	1.030	4.63	
31	100350	梁卡具	kg	3.7126	3.590	13.33	
32	100356	零星卡具	kg	20.0490	3.640	72.98	
33	100415	密封胶	kg	0.0756	16.670	1.26	
34	100417	密目网围护	m²	7.9833	5.440	43.43	
35	100420	模板木材	m³	0.7720	940.170	725.80	
36	100428	木脚手板	m³	0.0177	940.170	16.64	
37	100435	木支撑	m³	0.5281	957.260	505.54	

续表

序号	材料编码	材料名称	单位	数量	单价/元	合价/元	备注
38	100500	商品混凝土C15（泵送）	m³	14.5294	325.000	4722.06	
39	100502	商品混凝土C20（泵送）	m³	2.2443	335.000	751.85	
40	100530	水	m³	26.1682	3.360	87.93	
41	100530	水	m³	0.3868	1.460	0.56	
42	100538	水泥	kg	2132.0173	0.220	469.04	
43	100540	水泥32.5	t	1.3919	222.220	309.31	
44	100580	锯木屑	m³	0.6135	14.430	8.85	
45	100587	碎石粒径40	t	27.3497	65.000	1777.73	
46	100599	铁钉	kg	32.8663	3.040	99.91	
47	100680	油漆溶剂油	kg	0.2515	3.400	0.86	
48	100715	枕木	m³	0.0400	940.170	37.61	
49	100721	直角扣件	个	8.0671	3.560	28.72	
50	100724	中（粗）砂	t	6.6613	65.000	432.98	
51	100732	麻刀	kg	15.4164	1.280	19.73	
52	100735	竹笆	m²	10.5637	5.210	55.04	
53	100751	棉纱头	kg	1.5753	3.930	6.19	
54	100800	商品混凝土C25（泵送）	m³	17.4247	345.000	6011.51	
55	100886	全瓷墙面砖450mm×450mm	m²	53.9968	51.810	2797.57	
56	100898	乳胶漆	kg	137.7808	24.000	3306.74	
57	100949	石膏粉	kg	37.5968	0.560	21.05	
58	100958	石灰膏	t	1.9215	130.000	249.79	
59	100963	石料切割锯片	片	0.8432	47.860	40.35	
60	100982	水	m³	11.6722	3.360	39.22	
61	100987	水泥32.5	kg	6503.3198	0.220	1430.73	
62	101018	松厚板	m³	0.0202	957.260	19.29	
63	101058	灰色面砖	m²	3.4190	45.000	153.86	
64	101170	硬塑料线条40mm×30mm	m	67.5780	2.550	172.32	
65	101220	中（粗）砂	t	21.5033	65.000	1397.71	
66	400966	水泥	kg	113.2832	0.260	29.45	
67	401434	石灰膏	t	0.5834	130.000	75.85	
68	401519	中（粗）砂	t	0.1086	65.000	7.06	
69	401519	中（粗）砂	t	0.2819	50.000	14.09	
70	401525	中砂	t	9.9841	65.000	648.97	
71	409842	珍珠岩	m³	14.4196	85.470	1232.44	
72	410519	水	m³	6.7577	3.360	22.71	
73	410519	水	m³	0.0617	1.460	0.09	

续表

序号	材料编码	材料名称	单位	数量	单价/元	合价/元	备注
74	D00002	塑钢门	m²	3.1500	300.000	945.00	
75	D00003	塑钢门	m²	4.0500	300.000	1215.00	
76	D00004	塑钢推拉窗	m²	24.3000	280.000	6804.00	
77	100421	模板维修费占材料费	‰	23.0047	1.000	23.00	
78	100473	其他材料费占材料费	‰	256.1521	1.000	256.15	
79	100767	回程费占材料费用	‰	13.6200	1.000	13.62	
80	100844	其他材料费占材料费	‰	22.1078	1.000	22.11	

参考文献

[1] 安淑兰,何俊. 建筑工程计量与计价 [M]. 北京:中国电力出版社,2010.
[2] 王朝霞. 建筑工程量清单计量与计价 [M]. 3版,北京:机械工业出版社,2015.
[3] 肖明和,简红. 建筑工程计量与计价 [M]. 北京:北京大学电出版社,2009.
[4] 张强,易红霞. 建筑工程计量与计价 [M]. 北京:北京大学电出版社,2010.
[5] 袁建新. 建筑工程计量与计价 [M]. 重庆:重庆大学出版社,2016.
[6] 何俊. 房屋建筑与装饰工程计量与计价 [M]. 北京:中国电力出版社,2016.
[7] GB 50500—2013 建设工程工程量清单计价规范 [S]. 北京:中国计划出版社,2013.
[8] GB 50854—2013 房屋建筑与装饰工程工程量计算规范 [S]. 北京:中国计划出版社,2013.
[9] 2013 建设工程计价计量规范辅导 [M]. 北京:中国计划出版社,2013.
[10] GB/T 50353—2013 建筑工程建筑面积计算规范 [S]. 北京:中国计划出版社,2014.
[11] 11G101 国家建筑标准设计图集 [S]. 北京:中国计划出版社,2011.
[12] DBJ34/T—206—2005 安徽省建设工程工程量清单计价规范 [S]. 北京:中国计划出版社,2005.